■ 高腾云　张云涛　主编

生态养殖场管理手册

中国农业出版社

内 容 简 介

编写本书的目的在于为养殖技术人员提供一本贯穿生态养殖理念的养殖业综合技术手册，通过生态养殖技术的普及，既提高养殖生产技术水平，又实现无公害和生态化养殖，达到现代生态养殖的新境界。

本书的编写是以生态学思想为指导，着眼于可持续畜牧业的发展。强调动物的保健和环境，关注动物的福利和良好管理，致力于畜产品质量安全，注重于环境保护。从产业链的角度出发，针对主要环节分生产过程进行论述。

本书共包括七章内容。

第一章，提高牛群健康水平。首先叙述了生物安全程序重要性。强调了动物的隔离处理及动物传染病防治措施。介绍了动物年度接种疫苗和寄生虫控制的计划及实施，还介绍了兽药的规范合理使用。针对牛的肢蹄病和乳房炎疾病，提出了保健预防措施。介绍了养殖场的空气消毒、粪便污物消毒、污水消毒、场所消毒及常见传染病的消毒，推荐了对病死畜的深埋法及焚烧处理法。

第二章，保证畜产品质量安全。介绍了家畜饮用水水质安全指标及冲洗用水的水质要求；同时介绍了挤奶设备与储奶（罐）设备的清洗消毒及使用的化学消毒剂的标准。给出了饲料添加剂的限制性要求，无公害饲料添加剂及其正确贮藏和使用方法。从感官指标和理化指标，介绍了牛奶出场时的最低质量标准及检测方法；从感官指标、安全指标和生物学指标，介绍了出场牛肉的安全指标及测定方法。

第三章，环境保护。介绍了牛场的粪污管理，包括粪污的收集、贮存、运输、处理以及合理利用，重点阐述了堆肥和颗粒有机肥的加工流程以及相关参数设计。在粪污处理后的还田利用方面，给出了还田利用的具体方法步骤，并提出了还田利用时的相关要求以及土地承载力问题。苍蝇及异味控制中主要介绍了控制苍蝇的具体方法和控制异味的具体措施。

第四章，保障适宜的环境管理。首先，从畜舍设计原则和畜舍类型的角度阐述了不同品种、不同生理阶段牛只对畜舍和运动场空间的要求。此外，还介绍了河南省不同类别动物对舍饲环境的要求，并根据此要求提出了适宜的环境管理措施，其中包括夏季防暑降温措施、冬季防寒措施和通风换气措施。其次，本章介绍了牛只短途运输和长途运输时的相关要求及管理方法，如运输前的准备工作、运输过程中的管理以及到达目的地后的饲养管理等。最后，介绍了对可治愈牛和不可治愈牛的管理方法以及人道主义的要求。

第五章，提高奶牛与肉牛的生产力。本章从营养与饲养技术、遗传改良和饲养管理三个方面进行了阐述。首先，营养与饲料部分重点列举了常用的粗饲料产品和加工方法，以及全混日粮（TMR）的加工工艺及方法。其次，通过生产性能测定的内容和方法、牛的选择与淘汰等内容介绍，给出了遗传改良的具体措施。最后，重点介绍了牛的饲养管理，分阶段分别对犊牛、育成牛、青年牛、围产牛、泌乳牛和干奶牛的饲养管理措施进行了叙述，其中还单独介绍了夏季奶牛饲养管理的特殊措施；同时介绍了不同阶段肉牛饲养管理措施和肉牛的一些育肥方法及肉用基础母牛的管理措施。

第六章，养牛场财务管理与人员管理。首先介绍了牛场的财务管理，包括财务管理的具体内容，财务分析类型及需要记录的财务类型，并用实例进行了说明。人员管理部分从工人的劳动管理、养牛场技术管理人员的培训和员工安全三个方面分节介绍，主要内容包括生产定额的制定、工人的岗位职责及管理要求、如何组织一场培训及牛场培训的要点、员工安全制度和牛场卫生与工人保健等方面。

第七章，规模化养猪与环境管理。本章节从规模化养猪生产工艺、养猪生长过程良好农业规范控制、规模化养猪场的环境控制和减少环境污染以及发酵床养猪生产工艺与技术五个方面详细阐述了现代化规模养猪与环境管理的相关理论与实践知识。规模化养猪生产工艺方面重点叙述了不同方式的养猪生产工艺流程和生产工艺组织方法；养猪生长过程良好农业规范一节则详细阐述了为了有效解决养猪生产源头污染问题和快速提高生猪及其产品的品质需要遵循的良好农业规范要求；规模化养猪场的环境控制方面主要从猪场舍外和舍内环境两个方面阐述了怎样为猪群创造适宜的温度、相对湿度、通风、光照及饲养密度等环境；减少规模化养猪环境污染一节则详细阐述了规模化养猪对大气、水体、土壤等环境产生的污染及减少污染物的措施；最后一节主要从发酵床养猪技术的基本原理、技术体系、发酵床菌种选择与制作、发酵床日常管理与使用年限及垫料处理等方面详细叙述了全新环保养猪方式——发酵床养猪的生产工艺与技术

本书突出手册的特点，分条目编写。在有关的章节，既介绍了动物生产的工艺过程，又给出了必要的技术参数。在章节内容中贯穿了良好农业规范及有关技术规程。内容具有多学科交叉，注重于技术和工艺的新颖性和可行性。本书理论与实践并重，图文并茂，可供养殖场、养殖小区的养殖者和初中级技术人员及大专院校师生阅读参考。

前　言

SHENGTAIYANGZHICHANGGUANLISHOUCE

　　本书是"河南省世行贷款黄河滩区生态畜牧业示范项目"内容的一部分，是与项目的生态养殖建设相配套的培训手册，是在项目的资金和技术支持下编写的。

　　河南省世行贷款黄河滩区生态畜牧业示范项目，涉及河南省8个市的30个县（市、区），改扩建、新建589个养殖场（区）。其中，改扩建肉牛养殖场（区）272个、奶牛养殖场（区）182个、生态养猪场（区）18个，新建奶牛养殖场（区）66个、肉牛养殖场（区）51个。

　　该项目以科学发展观为指导，遵循生态畜牧业的原则，通过完善黄河滩区养殖场（区）基础设施建设和加强环境管理，示范带动项目区乃至全省畜牧业转变生产方式，优化产业结构；将饲料调制、全日粮饲喂、疫病防控、污染物综合利用等先进适用技术组装配套推广应用；建设资源节约型、科技密集型和生态环保型、专业化、集约化、标准化养殖场（区），形成基础设施完善、科技先进、结构优化、服务体系健全、生态环境优美的发展格局和良性循环产业链，把畜牧业建成具有显著经济效益、社会效益和生态效益的现代化产业，带动场（区）周围市县乃至全省养殖场（区）可持续发展。

　　通过标准化养殖场（区）建设，减少废弃物排放量，降低周围环境污染程度；采用堆肥、生物发酵床、有机肥精加工等技术，实现污染物无害化处理。加强对项目养殖场（区）的环境管理以及畜禽粪尿的综合利用，使规划区内各种污染物得到规范管理。项目实施，可以有效带动周围农户入驻养殖场（区），提高养殖业综合管理能力。

通过项目的建设，能够带动项目区畜牧业标准化、规模化养殖业的发展，提高畜禽生产效率，大幅提升畜产品年产量，拉动项目区相关产业的发展，拓展农民致富渠道，增加农民收入。通过标准化规模养殖场（区）污染物治理和综合利用，促进农牧业良性循环和可持续发展；改善项目区人居环境，提高农村公共卫生水平，促进新农村建设。

作为黄河滩区生态畜牧业示范项目的完整设计内容，农民培训、技术支持及养殖场管理是重要的组成部分。这方面的工作主要以培训为主，一是从畜牧养殖业环境管理源头的饲料质量控制和制定最佳饲料配比知识开始，提高畜牧养殖业环境管理的能力；二是强化农民环境管理技术培训、饲养技术支持和养殖场管理支持。为了保证农民培训、技术支持的质量与效果，河南省世行项目管理办公室特组织编写了这本《生态养殖场管理手册》。

在本书的编写过程中，得到了世界银行有关专家的指导。高级环境经济学家加亚涅·梅亚娜（Gayane Minasyan）等专家提出了编写思路和拟定了编写提纲，还提供了样本参考书，有关专家先后两次审阅了初稿并提出了重要的修改意见，在第一次世行项目检查中（2011 年 5 月），畜牧专家布如斯（Bruce）先生对书稿进行了现场讨论、审阅和指导，项目助理赵钧也提出了好的建议。

在本书的编写过程中，得到了河南省世行项目管理办公室的大力支持。张云涛处长、秦江主任提出了编写指导思想和修改思路，并组织河南省畜牧局的有关专家审阅了初稿，办公室的王俊峰也提供了很多服务工作。

在本书的编写过程中，河南农业大学动物科学系的研究生

（孙凯佳、张丽、王笑笑、吕超、刘博、韩志国、付春丽、秦雯霄、江燕、钟晓琳、白雪利）参与了初稿及定稿的翻译工作。

　　本书的编写成功是集体智慧的结晶，在此对提供指导帮助的领导和专家及有关人员表示衷心的感谢。

编　者

2011 年 9 月

目　录

SHENGTAIYANGZHICHANGGUANLISHOUCE

第一章　提高牛群健康水平

第一节　生物安全程序

一、生物安全程序的重要性

牛场必须有生物安全措施，以便将牛场内和各牛场间疾病传播的风险降到最低，尤其是使用经批准的消毒剂清洗、消毒靴子、服装、车辆和其他可能需要的设施。

生物安全程序在于防止传染病、寄生虫和有害生物在牛群内部、牛群之间、人畜及昆虫、野生动物和家畜害虫间的传播。

制定出一个有效的生物安全计划的优点在于：可以防止牛场发生新的疫病，减少疫病在牛场内的传播，减少疾病预防和治疗的开支，提高牛场生产效率，并有利于保护邻居和农村免受疫病危害。

疫病传播的主要途径包括：动物间接触，人和动物的接触，动物、人和机器在牛场内和农村间的移动，牛场访客——人和车辆，新进动物，与邻近牲畜的接触，共用农场设备，虫和野生鸟类的污染，饮用被污染的河水和泉水。

如果出现疫病，如何有效地防止其传播是关系牛场效益的首要问题，而卫生及清洁是防止疫病蔓延的关键因素。因此，意识到生物安全是必须的。第一，要制定一个健康计划，包括隔离新进牛群。不要把传染病带到牛场，或是让它在牛场周围传播，不要让可能的传染源沾染上衣服、鞋子或是手。第二，在可能的情况下限制农场访客——人和车辆。保持农场通道、停车区、园子、饲喂区和储存区干净整洁。提供按压式洗手液、刷子、软管、水和消毒液，并确保访客使用。第三，禁止牛与邻近牛群接触，保证栅栏能拦住其他牲畜。不要共用注射和计量设备，如果不能避免，就要彻底清洁和消毒。第四，如果和邻近牛场共用机械设备，必须对其进行清洁和消毒。实施虫害控制程序。用围栏封闭溪流和河流，供应清洁槽、新鲜的饮用水。新开放的沼液、沼渣6周以内禁止牛群接触。确保牛的鉴定和保存记录是准确的和最新的。第五，妥善处理牲畜死尸。

生物安全程序对肉牛、奶牛养殖场（小区）是非常重要的。因为会持续买入新的牛，这些牛有可能给农场带来潜在的疫病，而很多疾病是很明显，尤其是在初期阶段。如果这些疫病难以根除，就会造成严重损失。

保持清洁卫生，尤其是在处置牛群、转群和转舍的时候。当购入新的牛只，应考虑潜伏期和已知的传染病问题，新进的牛需要与原先的牛分开。此外，使用隔离设备处理被隔离的牛只，应保证隔离区距离其他牲畜饲养区 3m 以外，并且清除病牛舍里的垫料，不能让其他牲畜接触到。其要点是：

①接种该地区常见疾病的疫苗。

②从已知的健康渠道购买牛，只购买和引进健康的牛，隔离新进牲畜至少3 周，期间不允许与其他动物接触。

③确保检疫区的污水不会流向其他牲畜饲养区，检疫区的饲料不会被风刮到其他肉牛、奶牛养殖场（小区）。

④在检疫区处置牛群的前后要洗手。在检疫区结束处理牛群工作后，要清洁和消毒鞋子、衣服，尽可能限制牛与人，尤其是与养殖场（小区）外来访客的接触。

⑤禁止高危访客（从患病地区来的或是接触过病畜的人）和牛接触。给所有访客提供干净的工作服、靴子、帽子和口罩，必须让访客在访问牛场前后做好个人清洁工作——使用商业消毒剂或 50% 稀醋液，清洁鞋上的牛粪，然后消毒鞋子，来访的车辆以及设备必须经过清洁消毒后方可进入牛场，保证生物安全。

⑥在牛场使用清洁、消毒过的衣服和鞋子，只要有可能与牛的体液或粪便接触，就必须穿长袖衣服，戴一次性塑料手套。所有设备在使用前后都必须清洁消毒，尽可能使用一次性针头和注射器，识别所有动物，保存精确的记录。

⑦控制牲畜和野生动物、害虫接触。

二、隔离处理

将动物饲养控制在一个有利于生产和防疫的地方，称之为隔离饲养。隔离饲养的目的是防止或减少有害生物（病原微生物、寄生虫、虻、蚊、蝇、鼠等）进入和感染（或危害）健康动物群，也就是防止从外界传入疫病。

隔离患病动物和可疑感染动物是防控传染病的重要措施之一。隔离的目的是控制传染源，防止传染病传播蔓延，以便将疫情控制在最小范围内并加以就地扑灭。隔离期间，必须要执行生物安全程序。

(一) 操作步骤

1. 建立隔离区 在本场、饲养区，原则上按假定健康动物、可疑感染动物和患病动物顺序，由上风向、地势较高处往下风向、地势较低处排列，选择不易散播病原微生物、容易消毒处理的场所或房舍隔离可疑感染动物和患病动物。隔离区必须是一个独立的建筑物或是建筑物的一部分，有独立的空间，禁止与其他动物有任何的直接接触。隔离区的内墙必须有至少2m高可洗的内部装饰，并且有距离可渗透的地面至少3m远独立的可洗门。隔离区必须有足够宽的出入通道，并且得到兽医重视。如若需要，必须提供适当的限制设施和人工照明。隔离设施必须在需要的3h内提供。

2. 隔离区的消毒 隔离区选好后，根据消毒对象可选用来苏儿、漂白粉、福尔马林、过氧乙酸、烧碱、百毒杀、环氧乙烷等无公害消毒药进行消毒。动物进场前后动物舍的消毒按有关章节介绍的步骤和方法进行，工作人员的消毒按有关章节介绍的方法进行。疫源地内的患病动物解除封锁、痊愈或死亡后，或者在疫区解除封锁时，为了彻底消灭疫区内可能残存的病原体，须进行一次全面彻底的终末消毒。消毒的对象是传染源和可能污染的所有动物舍、饲料、饮水、用具、场地及其他物品等。最终消毒一定要全面、彻底、认真实施。

3. 分群 在传染病流行时，首先应对动物群进行疫情监测，查明动物群感染的程度。应逐头（只）检查临诊症状，必要时进行血清学和变态反应检查。根据疫情监测的结果，可将全部动物分为患病动物、可疑感染动物和假定健康动物3类，以便分别处置。

4. 不同类群的处置方法

（1）患病动物 包括有典型症状或类似症状，或其他特殊检查呈阳性的动物。它们是危险性最大的传染源。隔离的病畜，须有专人看管、饲养、护理，及时进行治疗；隔离场所禁止其他人畜出入；工作人员出入应遵守消毒制度；隔离区内的用具、饲料、粪便等，未经彻底消毒处理不得运出；没有治疗价值的或患烈性传染病不宜治疗的动物应扑杀、销毁或按国家有关规定进行处理。

（2）可疑感染动物 未发现任何症状，但与患病动物及其污染的环境有过接触，如同圈、同槽、同牧及使用共同的水源、用具等。这类动物有可能处于潜伏期，并有携带菌（病毒）的危险，应在消毒后另选地方将其隔离、看管，限制其活动，详加观察，出现症状的则按患病动物处理。有条件时应立即进行紧急免疫接种或预防性治疗。隔离观察时间根据该种传染病潜伏期长短而定，经一定时间不发病者，可取消其限制。

（3）假定健康动物 除上述两类外，疫区内其他易感动物都属于此类，对这类动物应采取保护措施。应与上述两类动物严格分开隔离饲养，加强防疫消毒和相应的保护措施，立即进行紧急免疫接种，必要时可根据实际情况转移至其他地方饲养。

5. 注意事项

（1）合理划分类群。对假定健康动物群要严格检测，合理划分，及时免疫接种。

（2）隔离时间至少要在该传染病一个潜伏期以上。

三、新进牛的处理措施

为使疾病不进入牛场，新进牛适应新的环境，在到达牛场后，新进的牛应该在隔离区待 7～10 天。

1. 第 1 天 到达牛场。应给新进牛打上耳标以便识别，在进食和喝水前称重，引导其喝干净的饮用水，引导进食，评估每一只牛，确保它们是健康的，任何受伤的牛都应与群体分开并接受治疗。

2. 第 2 天 到达之后。观察牛群健康状况。有条件的话，应在牛只运输前接种疫苗，这样在进场前就能产生免疫能力。其次，进行体内和体表寄生虫处理。有条件的话，运输前就应该喷洒及灌服相应药物，这样到达养殖场前牛身上就不会有体内和体表寄生虫。

对于新进牛，在隔离期间适应新环境和饲料也是很重要的。应注意以下事项：

（1）隔离区应建设良好，水质良好，并有防牲畜栏。

（2）对 300kg 的牛来说，牲畜栅栏圈起的放养密度应该在 5m²/头。

（3）必须每天供给牛只干草或青贮饲料。

（4）与其他牛分开至少 10 天。

（5）每天至少检查牛两次。

（6）牛舍地面有一定坡度，表面无积水。牛刚进入养殖密度高的牛场会感到紧张，易患呼吸系统疾病或增重缓慢。

四、牛群的传染病预防

为预防、控制和消灭动物传染疾病的流行和发生而采取的对策和措施，称之为动物传染病防治措施。

1. 动物传染病防治基本原则

（1）依法治疫 《中华人民共和国动物防疫法》是我国动物疫病防治工作的法律依据，是防疫灭病的有力武器，"依法治疫"是防治动物传染病的基本方略。

（2）认真贯彻"预防为主"的方针 动物传染病易传播蔓延，造成大批动物发病、死亡，严重危害人、畜健康。并且动物传染病一旦传播流行，控制和消灭难度很大，不仅要消耗巨大的人力、物力和财力，而且还需要相当长的时间。因此，认真贯彻"预防为主"的方针，下大力气做好预防工作是十分重要的。

（3）采取综合性防治措施，并狠抓主导措施落实 影响动物传染病流行的因素十分复杂，任何一种防治措施都有其局限性，因此，预防、控制和消灭任何一种传染病都必须针对动物传染病流行的3个环节采取综合性措施，相辅相成，才能收到较好的效果。但是，采取综合性防治措施，也不能把针对3个环节的措施同等对待，而应根据不同的传染病、不同时期、不同地区等具体情况，经科学分析，选择最易控制和消灭动物传染病的措施为重点（这些措施称为主导措施），并狠抓落实，才能取得成效。

（4）因地制宜，持之以恒 每种动物传染病流行特点各不相同，每种传染病不同时期、不同地区流行特点也各不相同。因此，预防、控制和消灭动物传染病必须根据各种传染病的不同特点，以及在不同时期、不同地区具体特点，因地制宜，采取有针对性的措施，才能取得成效。动物传染病流行因素十分复杂，控制和消灭一种传染病，必须经过一个相当长的艰巨过程，才能取得成效。因此，必须坚持不懈、持之以恒，才能最终控制和消灭一种传染病。

2. 动物传染病防治的主要措施 预防、控制和扑灭动物传染病，一方面平时应做好预防工作，另一方面一旦发生了动物传染病，应迅速采取措施，尽快扑灭。因此，动物传染病防治措施可以分为平时预防性措施和发生传染病的扑灭措施。

（1）平时预防性措施

①控制和消灭传染源

a. 场址选择：动物饲养场应选择地势高燥、平坦、背风、向阳、水源充足、水质良好、排水方便、无污染的地方，远离铁路、公路干线、城镇、居民区和其他公共场所，特别应远离其他动物饲养场、屠宰场、畜产品加工厂、集贸市场、垃圾和污水处理场所、风景旅游区等。

b. 动物饲养场建设应符合动物防疫条件：动物饲养场要分区规划，生活区、生产管理区、辅助生产区、生产区、病死动物和粪便污物、污水处理区，应严格分开并相距一定距离；生产区应按人员、动物、物资单一流向的原则安排建设布局，防止交叉感染；栋与栋之间应有一定距离；净道和污道应分设，互不交叉；生产区大门口应设置值班室和消毒设施等。

c. 要建立严格的卫生防疫管理制度：严格管理人员、车辆、饲料、用具、物品等流动和出入，防止病原微生物侵入动物饲养场。

d. 要严把引进动物关：凡需从外地引进动物，必须首先调查了解产地传染病流行情况，以保证从非疫区健康动物群中购买，再经当地动物检疫机构检疫，签发检疫合格证后方可起运；运回后，隔离期间进行临床观察、实验室检查，确认健康无病，方可混群饲养，严防带入传染源。

e. 定期开展检疫和疫情监测：通过检疫和疫情监测，及时发现患病动物和病原携带者，以便及时清除，防止疫病传播蔓延。

f. 科学使用药物预防：使用药物防治动物群体疾病，可以收到有病治病，无病防病的功效，特别是对于那些目前没有有效疫苗可以预防的疾病，使用药物防治是一项非常重要的措施。

②切断传播途径

a. 消毒：建立科学的消毒制度，认真执行消毒制度，及时消灭外界环境（圈舍、运动场、道路、设备、用具、车辆、人员等）中的病原微生物，切断传播途径，阻止传染病传播蔓延。

b. 杀虫：虻、蝇、蚊、蜱等节肢动物是传播疫病的重要媒介。因此，杀灭这些媒介昆虫，对于预防和扑灭动物传染病有重要的意义。

c. 灭鼠：鼠类是很多种人畜传染病的传播媒介和传染源。因此，灭鼠对于预防和扑灭传染病有着重大意义。

d. 实行"全进全出"饲养制：同一饲养单元只饲养同一批次的动物，同时进、同时出的管理制度称为"全进全出"饲养制。同一饲养单元动物出栏后，经彻底清扫、认真清洗、严格消毒（火焰烧灼、喷洒消毒药、熏蒸等）并空舍（圈）半个月以上，再进另一批动物，可消除连续感染、交叉感染。

e. 严防饲料、饮水被病原微生物污染。

③提高易感动物的抵抗力

a. 科学饲养：喂给全价、优质饲料，满足动物生长、发育、繁育和生产需要，增强动物体质。

b. 科学管理：动物厩舍保持适宜的温度、湿度、光照、通风和空气新鲜，给动物创造一个适宜的环境，增强动物的抵抗力和免疫力。

c. 免疫接种：给动物接种疫苗，使机体产生特异性抵抗力，使易感染动物转化为不易感染动物。

（2）发生动物传染病时的扑灭措施

①迅速报告疫情　任何单位和个人发现动物传染病或疑似动物传染病时，应立即向当地动物防疫部门报告，并就地隔离患病动物或疑似动物，并采取相应的防治措施。

②尽快做出正确诊断和查清疫情来源　动物防疫机构接到疫情报告后，应立即派技术人员奔赴现场，认真进行流行病学调查、临床诊断、病理解剖检查，并根据需要采取病料，进一步进行实验室诊断和调查疫情来源，尽快做出正确诊断和查清疫源。

③隔离和处理患病动物　确诊的患病动物和疑似感染动物应立即隔离，指派专人看管，禁止移动，并根据疫病种类、性质，采取扑杀、无害化处理或隔离治疗。

④封锁疫点、疫区　当发生一类动物疫病，或二、三类动物疫病呈暴发态势时，当地畜牧兽医行政部门应立即派人到现场，划定疫点、疫区、受威胁区，并报请当地政府实行封锁。封锁要"早、快、严、小"，即封锁要早、行

动要快、封锁要严、范围要小。封锁区内应采取以下措施：

a. 在封锁区边缘地区，设立明显警示标志，在出入疫区的交通路口设置动物检疫消毒站；在封锁期间，禁止染疫和疑似染疫动物、动物产品流出疫区；禁止非疫区的动物进入疫区；并根据扑灭传染病的需要对出入封锁区的人员、运输工具及有关物品采取消毒和其他限制性措施。

b. 对病畜和疑似病畜使用过的垫草、残余饲料、粪便、污染物等采取集中焚烧或深埋等无害化处理措施。

c. 对染疫动物污染的场地、物品、用具、交通工具、圈舍等进行严格彻底消毒。

d. 暂停畜禽的集市交易和其他集散活动。

e. 在疫区，根据需要对易感动物及时进行紧急预防接种。

f. 开展杀虫、灭鼠工作。

g. 对病死的动物进行无害化处理。

⑤受威胁区要严密防范，防止疫病传入。要采取以下措施：

a. 对易感动物进行紧急免疫接种。

b. 管好本区人、畜，禁止出入疫区。

c. 加强环境消毒。

d. 加强疫情监测，及时掌握疫情动态。

⑥解除封锁　在最后一头患病动物经宰、扑杀或痊愈并且不再排出病原体时，且经过该病一个最长潜伏期，再无疫情发生时，经全面、彻底的终末消毒，再由动物防疫监督机构验收后，由原决定封锁机关宣布解除封锁。

第二节　健康状况检查及新到场牛的检疫程序

一、健康状况检查

1. 健康动物的外观　健康动物精神状态良好，对外部刺激反应敏捷，步态平稳，被毛平顺有光泽，皮肤光滑且富有弹性，呼吸运动均匀，饮食欲旺盛，天然孔干净无分泌物，粪便具有该动物应有的形状、硬度、颜色和气味。叫声悦耳有节律，心律平稳、规则，呼吸均匀无杂音。

牛正常体温为 37.5～39.5℃，每分钟脉搏数为 40～80 次，呼吸次数为10～30 次/min。

2. 区分健康动物与患病动物

（1）从精神状态上区分

①观察病牛的神态。

②观察病牛的运动，表情及各种反应、举动。

正常状态：健康牛头耳灵活，两眼有神，行动灵活协调，对外界刺激反应迅速敏捷。被毛光滑且富有光泽。

患病状态：患病动物常表现精神沉郁、低头闭眼、反应迟钝、离群独处等；也有的表现为精神亢奋、骚动不安，甚至狂奔乱跑等。

（2）从食欲上区分　给牛投喂饲料和饮水，观察其采食和饮水状态。

正常状态：健康牛食欲旺盛，每天采食大量的粗饲料和精饲料，采食过程中不断饮水。

患病状态：患病牛食欲减少或废绝，对饲喂饲料反应淡漠，或勉强采食几口后离群独处，有发热或拉稀表现的病畜可能饮水量增加或喜饮脏水。严重的病畜可能饮食废绝。

（3）从姿势上区分　观察牛站立的姿势及行走的步态。

正常状态：健康牛喜欢卧地，常有间歇性反刍及舌舔鼻镜和被毛的动作。

患病状态：患病牛常出现姿势异常，如破伤风病牛常见鼻孔开张，两耳直立，头颈伸直，后肢僵直，尾竖起，步态僵硬，牙关紧闭，口含黏涎等。牛便秘常见病畜拱背翘尾，不断努责，两后肢向外展开站立。

（4）从牛机体营养状况上区分　观察牛的肌肉丰满度、被毛光泽度；用手触摸感知牛皮下脂肪厚度；称量牛体重，确定是否合格。根据肌肉、皮下脂肪及被毛光泽度等情况，判定家畜营养状况的好坏。一般可分为良好、中等和不良3种。

正常状态：健康家畜营养良好。

患病状态：患病牛营养不良，可由各种慢性水肿性疾病或寄生虫病引起；短期内很快消瘦，多由于急性高热性疾病、肠炎腹泻或采食和吞咽困难等病症引起。

（5）检查健康与患病动物的粪便

①查看牛新鲜粪便的形状，戴手套或用镊子检查新鲜粪便的硬度。

正常状态：正常牛粪较稀薄，落地后呈轮层状的粪堆。

患病状态：在疾病过程中，粪便比正常坚硬，常为便秘；比正常稀薄呈水样，则为腹泻。

②观察粪便颜色　观察牛舍里粪便的颜色，必要时可以采集新鲜粪便到自然光下观察。

正常状态：正常牛粪便颜色常为黄褐色或黄绿色，略带饲料或饲草的颜色。

患病状态：深部肠道出血时粪呈黑褐色；后部肠道出血时，可见血液附于粪便表面呈红色或鲜红色。

③闻粪便的气味　可以在牛舍内或者采集新鲜牛粪便，用手微微扇动，用鼻子嗅其气味。

正常的牛粪便有发酵的臭味，有时略带饲料或饲草的味道。

患肠炎的牛其粪便呈发酵败臭味；粪便混有脓汁或血液时，呈腐败腥臭味。

④检查粪便中的混杂物　可以用肉眼直接检查牛新鲜粪便里面是否有脓汁、血液、黏液及黏膜上皮等，必要时，可以采用清水淘洗粪便，检查粪便中有无砂石、皮毛及其他杂物。此外，可以采用漂浮、沉淀等措施查看粪便里有无虫体或虫卵。

正常状态：正常牛的粪便里无杂物，有时含有未消化完全的饲料和饲草。

患病状态：牛患肠炎时粪便常混有黏液及脱落的黏膜上皮，有时混有脓汁、血液等；有异食癖的牛，粪便内混有砂石、皮毛等异物；有寄生虫时可见虫体或虫卵。

二、检疫程序

新进牛只入场时，首先应了解当地疫情，确定所运输牛只饲养地是否为非疫区；其次，必须查看相关证明，如动物产地检疫合格证明或运输检疫证明和消毒证明及检查有无免疫标识。并且核对相关数据（证物是否相符，是否超过有效期），同时对所运载的牛进行检查，如有异常情况进行隔离观察，进一步确诊，按相关法律法规妥善处理，查验认可的牛只准许进入待宰圈。

1. 临床检查　主要对待检动物实施群体和个体检查。群体检查主要是指对待检动物的群体进行临诊观察，检查时以群为单位，包括静态、动态和饮食状态检查。个体检查主要是对群体检查中发现的异常个体或抽检5％～20％的个体进行检查，主要方法有视检、触检、听诊以及检查三项生理常数是否正常等。

群体检查是对牛群按入场批次分批分圈进行检查，主要包括"三态检查"和逐头测温。"三态检查"首先是静态检查，仔细观察牛群在安静状态下的表现是否异常，有无咳嗽、气喘、流涎、昏睡、嗜睡等病态；其次是动态检查，将圈内牛群哄起或在卸载后的活动过程中，观察牛的运动状态有无异常；最后是状态检查，在牛群的生理活动中，观察生理状态是否异常。进行"三态检查"时，可不分前后顺序。在经过群体检查后，牛群休息一段时间进行逐头体温检查。牛正常体温 37.5～39.5℃，疑似病牛逐头进行临床诊断，必要时进行实验室诊断。

2. 实验室检验　在临床检查的基础上，对疑似患病牛需进一步做实验室检验。种用、乳用、役用和实验用动物，按规定进行实验室检验。

3. 检疫后处理　发现动物传染病时，应隔离动物并立即向当地兽医管理部门报告，同时对污染产地、用具进行严格消毒。合格的动物经隔离适应新环境后，方能与本场牛只进行合群。

4. 运输工具消毒　兽医监督货主或承运人在装货前或卸货后进行清扫、冲刷，用规定药物消毒，消毒后出具运载工具消毒证明。

第三节　动物鉴别及疾病记录

一、动物鉴别

每只牛从出生到死亡/宰杀，都要能够被识别。这就要求每个牛场或牛舍都有一个标记或记录，使得每只牛能从出生到被屠宰都能识别和追踪。这是对牛只进行管理、疾病控制、食物安全、产品完整性和市场评估的需要。

牛个体可以从很多方面被识别，比如品种、可识别的耳标、电子耳标、电子设备（瘤胃丸）等。由于用于识别的方法必须是永久性的，而常用耳标有丢失的风险，所以，通常将几种鉴别方法结合使用。通过记录信息，保留记录，可以为后续工作打下良好基础，例如淘汰奶牛、挑选后备母牛或种公牛建立一个核心群。

保留记录清单要求包括下面信息：牛的信息、标记数字或其他识别信息、出生日期、公牛/母牛的记录或生育、体型、有角/无角、毛色（如果适用）、表现记录、保健细节、牛的生产性能、年度记录、配种、妊娠诊断、产犊日期、小牛鉴定、小牛性别、小牛断奶时体重、生产性能等级等。

个体记录必须以简单易懂的格式记录，常见保存记录的方法有记录卡片。记录卡片有以下优点：第一，可以清楚地看到完整的生产历史。第二，卡片能够以多种方式分类，比如按牛舍分组或是按年龄分组。第三，牛被宰杀和出售后，卡片从系统中移除，但仍需保留以便追溯。第四，产犊记录是用于记录牛场内产犊细节的，这样便于将信息立即转移到牛的记录卡上。第五，容易初选出最好和最差的母牛、年长母牛和小母牛。

记录卡片的范例见表 1-1，12.5cm×20cm 的记录卡型号较为适宜，检疫和健康细节可以记录在卡片背后。

表 1 - 1　记录卡片的范例

耳标号		公　母		出生日期		
日期	人工授精的公牛号	妊娠诊断	产犊日期	性别	200d 体重	等级	备注

二、健康记录

牛群的健康记录包括日期、预防保健、治疗日期和治疗总结。

临时识别或标识用来跟踪已接受治疗的动物，例如乳房炎和蹄叶炎患畜。标识系统可以采用以下的示例方法：①齿轮式塑料尾标签；②尾巴上系带子；③小腿或大腿上绑上尼龙扣；④在乳房或腿上涂上颜料（墨尾涂绘）。

牛的疾病检查首先应该询问养殖场的技术人员，主要包括以下内容：临床症状、发病时间、治疗和反应、受损的主要系统/脏器。其次，要了解牛的病史，包括：①年龄、性别、品种、生产阶段；②生产性能影响、发病头数、受损范围；③早期发病情况；④与之有关的其他牧场问题；⑤管理评估。

物理检查的内容包括：①视觉评估；②体温、脉搏、呼吸；③完整检查；④系统评估；⑤直肠检查；⑥病料收集。

经过上面的检查后，应利用资料列出应区别诊断的可疑疾病，主要依据病史、检查结果、生产阶段和地区流行性进行区别诊断。之后，为了进行治疗，必须做出假设性诊断，必要时需要进一步检查来支持诊断结果。进一步检查应依据病因学的诊断结果，具体包括：①血液分析；②粪便检查；③体液分析；④皮肤刮物；⑤活组织检查。

根据上面的一系列结果，对患病动物确定治疗方案。根据确诊后个体动物的病情，使用批准药物进行治疗，并注意停药期的安排。对治疗之后的动物，实时进行预后情况评估，比如获得期望的治疗结果，没有达到目的，没有治疗价值，淘汰或屠宰。并确定牛群其他动物是否存在危险，从而制定防治措施，必要时进行尸体解剖检查。

疾病确诊后，同时推荐出预防措施，对动物安全程序进行检查，调整相应的管理措施，营养上进行适当调整，对传染性疾病及时接种疫苗。

三、疾病记录

疾病记录必须包括以下信息：①药物名称和治疗方法；②药物用量和治疗次数；③购买日期和服药日期；④供应商名称及地址；⑤服药的牛或牛群，治疗的头数；⑥牛肉符合人食用标准的日期，牛肉的休药期；⑦药物和治疗管理负责人的名字；⑧使用的药品批号及保质期。具体包括处方、病历和死亡记录。

1. 处方　处方须用纯蓝或纯黑墨水书写，字迹清晰，不得涂改。内容包括下列各项，必须填写完全。

（1）畜主单位、姓名、畜种、性别、年（月、日）龄、毛色、病历号。

（2）处方中每一种药品都须另起一行（指西药），药物顺序一般可依主药、辅药、矫正药的次序排列。

（3）处方日期和兽医签名。

（4）剧毒药品只限兽医当时治疗使用，不能交给畜主带回使用。

（5）没有处方权的实习学生或进修人员应在兽医指导下开处方，并经兽医审阅、签字。需要注意的是，药品名称以兽药典为准，不得使用化学元素符号。药品剂量一律用阿拉伯数字书写，并注明单位。用法应写明用药途径（如肌肉注射、静脉注射、口服、外用等）、每次用量、用药次数。

2. 病历

（1）病历是记录疾病发生、发展和转归的经过和临床上进行诊断和治疗过程的档案材料，也是总结诊疗经验的重要资料。因此，病历内容要全面详细，系统而科学，具体而肯定。

（2）病历要按规定的格式书写。词句要通顺简练，名词、术语要规范，字迹要工整清楚。

（3）病历由经治兽医书写。下班时间内，住院病畜病情发生变化或出现死亡等情况时，则由值班兽医书写。病历的各项记录后面，必须签名或盖章，修改和补充之处亦需盖章。签名要用全名，应清楚可辨。实习生或进修人员记录后，除本人签名外，还必须经经治兽医师审阅后盖章。

（4）兽医院院长应定期检查病历，必要时做重点修改。对病情复杂或疑难病症，应记载自己的分析意见。

（5）病历记录均要注明记录日期。病情变化速度快或危重病例还应记录时间。

（6）病历按顺序编页，首页为病情综合页，末页粘贴各种检验单。病历页数要保持完整，不得缺页。

（7）病历记录均用蓝黑墨水钢笔书写，禁止用铅笔或圆珠笔。数字采用阿拉伯数字，时间按 24h 制，计量单位一律用国家规定的法定计量单位。

（8）书写中兽医病历要有四诊和辨证施治内容。

（9）药品和制剂名称按药典规定书写。药典未记载的药品，可采用通用名称。简、缩写字需按统一规定书写，不得自造。药品的浓度、用量和用法，均应准确无误。

（10）手术治疗的病畜，经治兽医应于手术前写出术前记录，包括术前诊断、预施术式、麻醉方法、术前用药，术中可能发生的并发症和其他意外情况以及需要采取的相应措施，畜主对手术的态度，畜主同意手术的签字等。

（11）手术记录要按手术记录单所列项目逐项填写。内容包括手术部位、麻醉方法、皮肤消毒方法、切口及显露经过、手术中重要所见、采取的术式及根据（如因某些原因术中变更原订术式，要写明改变的原因）、操作经过、术终时术区情况和病畜全身状况、术中病情的特殊变化和采取的相应措施等。病变部位、范围、性质和重要手术步骤等可以图示说明。绘图应与实际基本近似，不可出入过大。大手术的记录须由术者亲自书写，并签名。术后至少每天记录 1 次，直至病情基本稳定。拆线时，应记录切口愈合情况。

3. 死亡记录　死亡记录着重记载病畜病情转危的过程、抢救经过、死亡时间、死亡原因和死亡诊断，并注明尸体处理情况（如焚烧、深埋等）。病畜若系患烈性传染病死亡，或住院期间意外死亡，必须及时上报有关主管部门，并按规定处理尸体。对作过讨论的死亡病例，讨论记录附于死亡记录后面，一并装入病历内保存。

第四节　年度接种疫苗和寄生虫控制计划

一、年度接种疫苗计划的编写与实施

一个地区、一个动物饲养场发生的传染病往往不止一种，牛场往往需要多种疫苗来预防不同的疫病，根据各种疫病和疫苗特点来合理地设计免疫接种的种类、次数、时间和顺序，这就是免疫程序。制定免疫程序应充分考虑到上述影响免疫接种效果的因素，尽可能消除或避免一切不利因素的影响，充分发挥疫苗的效力，使动物体产生强的免疫力。外地的免疫程序只能作为参考，而不能盲目照搬。国内外没有一个可供各地使用的通用免疫程序，各地应在实践中总结经验，设计出符合本地区和本场具体情况的免疫程序，并在使用一段时间后，根据免疫效果及时调整。

1. 制定免疫程序的依据

（1）疫病流行情况　免疫接种前首先要进行流行病学调查，了解当地及周边地区有哪些传染病流行及流行特点（季节、畜别、年龄、发病率、死亡率），然后制定适合本地区或本场的免疫计划。免疫接种的种类主要是有可能在该地区暴发与流行的疫病，有目的地开展免疫接种。对当地没有发生可能，也没有从外地传入可能性的传染病，就没有必要进行传染病的免疫接种。尤其是毒力较强和有散毒危险的弱毒疫苗，更不能轻率地使用。

（2）抗体水平　动物体内的抗体水平（先天所获得的母源抗体和后天免疫所获得的抗体）与免疫效果有直接关系，抗体水平越高，对免疫接种效果干扰越大。科学的免疫程序应该是先进行抗体水平监测，依据使用情况、抗体消长规律等来确定免疫接种时机。

（3）疫病的发生规律　不同的疫病各有其发生发展规律，因此，应依据不同疫病发生的日龄、季节设计免疫程序，免疫的时间应在该病发病高峰前1～2周。这样，一则可以减少不必要的免疫次数，二则可以把不同疫病的免疫时间分隔开，避免了同时接种多种疫苗所导致的疫苗间相互干扰及免疫应激，这是免疫程序的时间设计基础。

（4）生产需求　要根据奶牛、肉牛场生产需要制定不同的免疫程序。

（5）饲养管理水平　农村散养动物，小、中、大型饲养场，其饲养管理水平不同，传染病发生的情况及免疫程序实施情况也不一样，免疫程序设计也应有所不同。

（6）疫苗的性质　不同类型的疫苗其免疫期、免疫途径、用途等均不相同。因此，设计免疫程序时应充分考虑选择合理的免疫途径、合理的疫苗类型去刺激动物产生有效的免疫力。

（7）免疫效果　一个免疫程序实行一段时间后，可根据免疫效果、免疫监测情况，进行适当调整或继续实行。

对免疫效果进行评价，一般可采用以下几种方法。

①抗体监测　大部分疫苗接种动物后可产生特异性的抗体，通过抗体来发挥免疫保护作用。因此，通过监测动物接种疫苗后是否产生了抗体以及抗体水平的高低，就可评价免疫接种的效果。

用免疫学方法随机抽样，检查免疫接种畜禽的血清抗体阳性率和抗体几何平均滴度。由血清抗体阳性率可以看出是否达到了该病的防疫密度，由抗体几何平均滴度可以看出是否达到了抵抗该疾病的总体免疫水平。

②攻毒保护试验　如无法进行免疫监测时，可选用攻毒保护试验来评价免疫接种的效果。一般是从免疫接种动物中抽取一定数量的动物，用对应于疫苗的强毒的病原微生物进行人工感染，若实验动物可以很好地抵抗强毒攻击，则说明免疫效果良好。如果攻毒后部分动物或大部分动物仍然发病，则说明免疫效果不好或免疫失败（此方法有散毒危险，只限于科研单位研究疫苗时应用）。

③流行病学评价　可通过流行病学调查，用发病率、病死率、成活率、生

长发育与生产性能等指标与免疫接种前的或同期的未免疫接种畜禽群的相应指标进行对比，可初步评价免疫接种效果。

正确的免疫效果评价结论，应将抗体检测、攻毒保护试验与流行病学效果评价结合起来综合评定。

2. 牛场的一般免疫程序

（1）犊牛的免疫程序

1日龄：牛瘟弱毒苗超免。犊牛生后在未采食初乳前，先注射一头份牛瘟弱毒苗，隔1～2h后再让犊牛吃初乳，这适用于常发牛瘟的牛场。

7～15日龄：气喘病疫疫苗。

10日龄：传染性萎缩性鼻炎疫苗，肌注或皮下注射。

10～15日龄：犊牛水肿疫苗。

20日龄：肌注牛瘟疫苗。

25～30日龄：肌注伪狂犬病弱毒苗。

30日龄：肌注传染性萎缩性鼻炎疫苗。

35～40日龄：犊牛副伤寒菌苗，口服或肌注（在疫区，首免后，隔3～4周再二免）。

60日龄：牛瘟、肺疫、丹毒三联苗，2倍量肌注。

（2）后备公、母牛的免疫程序

①配种前1个月肌注细小病毒疫苗。

②配种前20～30天注射牛瘟、牛丹毒二联苗（或加牛肺疫的三联苗），4倍量肌注。

③每年春天（3～4月份），肌注乙型脑炎疫苗1次。

④配种前1个月接种1次伪狂犬病疫苗。

（3）经产母牛免疫程序

①空怀期注射牛瘟、牛丹毒二联苗（或加牛肺疫的三联苗），4倍量肌注。

②每年肌注一次细小病毒灭活苗，3年后可不注。

③每年春天（3～4月份）肌注1次乙型脑炎疫苗，3年后可不注。

④产前2周肌注气喘病灭活苗。

⑤产前45天、15天，分别注射K88、K99、987P大肠杆菌苗。

⑥产前45天，肌注传染性胃肠炎、流行性腹泻二联苗。

⑦产前35天，皮下注射传染性萎缩性鼻炎灭活苗。

⑧产前30天，肌注仔牛红痢疫苗。

⑨产前25天，肌注传染性胃肠炎、流行性腹泻二联苗。

⑩产前13天，肌注牛伪狂犬病灭活苗。

（4）其他疾病的防疫

①口蹄疫　常发区：常规灭活苗，首免35日龄，二免90日龄，以后每3个月免疫1次；高效灭活苗，首免35日龄，二免180日龄，以后每6个月免疫1次。非常发区：常规灭活苗，每年9、12月份和次年1月份免疫1次；高效灭活苗，每年9月份和次年1月份各免疫1次。

②牛传染性胸膜肺炎　犊牛1、3、5周各免1次。

③牛链球菌病　成年母牛每年春、秋各免1次，犊牛10日龄首免，60日龄二免，或出生后24h首免，断奶后2周二免。

3. 处理接种后的不良反应

（1）观察免疫接种后动物的反应　免疫接种后，在免疫反应时间内，动物防疫员要对被接种动物进行反应情况观察，详细观察饮食、精神等情况，并抽测体温，对有反应的动物应予登记，反应严重的应及时救治。一般经7～10天没有反应，可以停止观察。

①正常反应　是指因疫苗本身的特性而引起的反应，其性质与反应强度因疫苗制品不同而异，一般表现为短时间精神不好或食欲稍减等。对此类反应一般可不作任何处理，很快会自行消退。

②严重反应　这和正常反应在性质上没有区别，主要表现在反应程度较严重或反应动物超过正常反应的比例。常见的反应有震颤、流涎、流产、瘙痒、皮肤丘疹、注射部位出现肿块、糜烂等，最为严重的可引起免疫动物的急性死亡。引起严重反应的原因可能是某批疫苗质量问题，或免疫方法不当或某些动物敏感性不同等。

③合并症　是指与通常反应性质不同的反应，主要与接种生物制品性质和动物个体体质有关，只发生在个别动物，反应比较重，需要及时救治。

（2）处理动物免疫接种后的不良反应

①免疫接种后如产生严重不良反应，应根据不同的反应及时进行救治，可以采用的急救措施有抗休克、抗过敏、抗炎症、抗感染、强心补液、镇静解痉等。

②局部处理常用的措施有消炎、消肿、止痒，对神经、肌肉、肛管损伤等病例采用理疗、药疗和手术的方法治疗。

③对合并感染的病例用抗生素治疗。

（3）预防动物免疫接种后的不良反应

①保持动物舍适宜的温度、湿度、光照，通风良好，做好日常消毒工作。

②制定科学的免疫程序，选用适宜毒力或毒株的疫苗。

③应严格按照疫苗的使用说明进行免疫接种，注射部位要准确，接种操作方法要规范，接种剂量要适当。

④免疫接种前对动物进行健康检查，掌握动物健康状况。凡发病的，精

神、食欲、体温不正常的，体质瘦弱的，幼小的，年老的，怀孕后期的动物均应不予接种或暂缓接种。

⑤对疫苗的质量、保存条件、保存期均要认真检查，必要时先做小群动物接种实验，然后再大群免疫。

⑥免疫接种前，避免动物受到寒冷、转群、运输、脱水、突然换料、噪声、惊吓等应激反应。可在免疫前后3～5天在饮水中添加速溶多维或维生素C、维生素E等，以降低应激反应。

⑦免疫前后给动物提供营养丰富、均衡的优质饲料，提高机体非特异性免疫力。

二、寄生虫控制计划的编写与实施

寄生虫是暂时或永久地寄居于另一种生物（宿主）的体表或体内，夺取被寄居者（宿主）的营养物质并给被寄居者（宿主）造成不同程度危害的动物。

牛的寄生虫主要分为体内寄生虫和体表寄生虫两种。寄生虫病防治是一个极其复杂的问题，寄生虫病的发生和传播与环境卫生、动物饲养卫生、饲养管理制度、人的卫生习惯等有密切的联系。只有认真贯彻执行"预防为主"的方针，采取综合性防治措施，才能收到成效。综合防治措施的制定需以寄生虫发育史、流行病学特征等为基础。

（一）预防寄生虫疾病的传播

1. 控制和消灭传染源　有计划地定期进行预防性驱虫是控制和消灭传染源的重要方法，即按照寄生虫病的流行规律，在计划的时间内用药物驱除或杀灭寄生虫。这种方法有双重意义，一方面是杀灭或驱除宿主体内或体表寄生虫，从而使宿主康复；另一方面，杀灭寄牛虫就是减少了（宿土）向自然界散布病原体，对健康动物起到了预防作用。

驱虫时，一要注意药物的选择，要选择高效、低毒、广谱、价廉、使用方便的药物。二要注意驱虫时间的确定，一般应在虫体性成熟前驱虫，防止性成熟的成虫排出虫卵或幼虫，污染外界环境。或采取秋、冬季驱虫，此时驱虫有利于保护畜禽安全过冬。另外，秋、冬季节外界寒冷，不利于大多数虫卵或幼虫存活发育，可以减少对环境的污染。三要在有隔离条件的场所进行驱虫。四要在驱虫后及时收集排出的虫体和粪便，用生物热发酵法进行无害化处理，防止散播病原。五要在组织大规模驱虫、杀虫工作前，先选小群动物做药效及药物安全性试验，在取得经验之后再全面开展。

2. 切断传播途径　杀灭外界环境中的病原体，包括虫卵、幼虫、成虫等，防止外界环境被病原体污染；同时，杀灭寄生虫的传播媒介和无经济价值的中间宿主，防止其传播疾病。主要方法有：

（1）生物法　最常用的方法是粪便堆积发酵和沼气发酵，利用生物热杀灭随粪便排出的寄生虫虫卵、幼虫、绦虫节片和卵囊等，防止病原随粪便散播。

（2）物理法　逐日打扫厩舍，清除粪便，减少宿主与寄生虫卵、幼虫、中间宿主、传播媒介的接触机会，减少虫卵、幼虫、中间宿主、传播媒介污染饲料、饮水的机会。保持动物厩舍空气流通、光照充足、干燥，动物厩舍和活动场地做成水泥地面，破坏寄生虫及中间宿主的发育、孳生地。此外，也可人工捕捉中间宿主、传播媒介和外寄生虫。

（3）化学法（药物法）　用杀虫药喷洒动物圈舍、活动场地及用具等，杀灭各发育阶段的虫体、传播媒介和中间宿主等。

（4）加强肉品卫生检验　对于经肉传播的寄生虫病，特别是肉源性人兽共患寄生虫病，如旋毛虫病、猪囊虫病等，应加强肉品卫生检验，对检出的寄生虫病病肉要严格按照规定，采取高温、冷冻或盐腌等措施无害化处理，杀灭病原体，防止病原散播及感染人畜。

3. 保护易感动物　保护易感动物是指提高动物抵抗寄生虫感染的能力和减少动物接触病原体、免遭寄生虫侵袭的一些措施。

提高动物抵抗力的措施有：科学饲养，饲喂全价、优质饲料，增强动物体质，人工免疫接种等。

减少动物遭受寄生虫侵袭的措施有：加强饲养管理，防止饲料、饮水、用具等被病原体污染，在动物体上喷洒杀虫剂、驱避剂，防止吸血昆虫叮咬等。

（二）对已经发生寄生虫病的牛要及时治疗

1. 治疗原则　寄生虫病确诊后，要根据牛的病情和体质制定治疗方案。在治疗过程中，要采取药物驱虫、杀虫和对症相结合的原则。

驱虫药物的选择原则是高效、低毒、广谱、经济及使用方便。大规模驱虫时一定要先进行驱虫试验，对驱虫的药物剂量、用法、驱虫效果及毒副反应有一定的了解后再大规模应用。此外，还应注意驱虫的场所，应选择在利于处理粪便和控制病原扩散的地方。常用的驱虫药有虫克星、阿福丁、吡喃酮、丙硫苯咪唑、驱虫灵、硫双二氯酚、左旋咪唑、精制敌百虫等。

2. 驱虫程序

（1）胃肠道、肺线虫与疥螨驱治　所有新购牛选用丙硫苯咪唑，按每千克体重10mg灌服。虫克星针剂按每千克体重0.2mg皮下注射，或用粉剂按每千克体重5～7mg灌服，进行一次驱虫。以后每年春秋（2～3月份和8～9月份）各驱虫1次，寄生虫病严重地区，在5～6月份可增加驱虫1次。幼畜一般在断奶前后进行1次保护性驱虫，8～9月龄再进行1次驱虫。母畜在分娩前驱虫 1 次，在寄生虫病严重地区产后 3～4 周再进行 1 次驱虫。

（2）肝片吸虫污染区　选用硫双二氯酚，按每千克体重 70～80mg，丙硫苯咪唑按每千克体重 15mg，混合灌服，每年 2～3 月份和 9～10 月份各驱虫 1 次。

（3）合理处理粪便　驱虫后及时清除粪便，堆积发酵，杀灭成虫及虫卵。

3. 驱虫时间　要根据具体情况确定驱虫时间，如牛蠕虫的驱虫时间如下：

（1）春、秋季两次驱虫　春季驱虫可以减少牛的荷虫量，有利于春季放牧催肥和减少病的污染和扩散；秋季驱除牛体内的寄生虫，有利于牛冬季保膘和顺利过冬。

（2）冬季一次驱虫　在冬季一次大剂量地用药将牛体内的成虫和幼虫全部驱除，从而降低牛的荷虫量，避免牛在春季死亡。

（3）成熟前驱虫　该方法是针对一些蠕虫，趁其在宿主体内尚未发育成熟的时候驱虫。其优点有二，一是将虫体消灭于成熟产卵之前，防止虫卵和幼虫对外界环境的污染；二是可阻止宿主病程的发展，有利于保护牛的健康。

第五节　兽药的标签、存放与使用

兽药是指用于预防、治疗、诊断畜禽等动物疾病，有目的地调节其生理机能并规定作用用途、用法、用量的物质（含饲料药物添加剂）。包括：①血清、菌（疫）苗、诊断液等生物制品；②兽用的中药材、中成药、化学原料药及其制剂；③抗生素、生化药品、放射性药品。

为加强兽药的监督管理，保证兽药质量，有效防治畜禽等动物疾病，促进畜牧业的发展和维护人体健康，兽药需要打标签，妥善存放与使用。

一、兽药的标签

标签即是说明兽药内容的一切附签、吊牌、文字、图形及其他说明物。

标签基本内容含有兽药名称，所含成分，分析保证值，净重，生产年、月、日，保质期，厂名，厂址和产品标准代号等。

兽药的标签要符合国家颁布的相关原则，如标签要符合国家法令和经济技术法规，并符合相应标准的规定。兽药包装必须贴有标签，注明"兽用"字样，并附有说明书。标签或者说明书上必须注明商标、兽药名称、规格、企业名称、产品批号和批准文号，写明兽药的主要成分、含量、作用、用途、用法、用量、有效期和注意事项等。此外，标签所应用的语言、图形、符号及其他设计内容应准确、科学、易懂，不得使用虚假、夸大或易引起误解的语言。

(一) 标签的基本内容

(1) 兽药名称必须采用表明兽药真实属性的名称并含有使用对象。

(2) 必须标明兽药产品在每个包装物中的净重（净含量）。当多个小包装（袋或瓶）又以大包装物进行包装者，还应在大包装物上标明内含小包装件数及净重（净含量），散装运输的兽药标明每个运输单位的净重（净含量）。

固态兽药产品一般采用重量（质量）表示，液态兽药产品可采用容积或重量（质量）表示。

重量（质量）、容积一律采用国家法定计量单位：克（或 g）、千克（或 kg）、吨（或 t），毫升（或 mL）、升（或 L）。

产品成分分析保证值及原料组成。

(3) 标签中应准确标明产品生产年、月、日；不能以产品出厂日期代替生产日期。生产日期采用国际方法标明，但必须按年、月、日顺序依次标出。生产年、月、日的表示采用国际标准方法，如 2010 - 06 - 19，表示 2010 年 6 月 19 日。必要时可在后面标明批号。

(4) 保质期系指在标签标明的保存条件下，保证兽药产品质量的期限。在此期限内，兽药质量符合标签上所规定的各项指标。保质期用"保质期……个月"表示。

(5) 生产企业必须标明与其营业执照一致的厂名；经销者必须证明与其营业执照一致的企业名称；代销者必须在已有标签上、兽药包装上或发货票上标明与代销者营业执照一致的名称。

(6) 必须标明与营业执照一致的企业地址、邮政编码和电话。

(7) 必须标明企业所执行的产品标准代号。

(二) 标签要求

(1) 饲料标签不得与包装物分离。可以直接印刷在包装物上，也可悬挂或缝于包装袋缝口处或粘贴在包装容器上。缝于包装袋口的标签，外露部分必须包括生产日期、保质期。对散装运输的饲料，可将一个罐装车作为一个包装件，标签随发货单一起传送到用户。

(2) 饲料标签不得在流通过程中变得模糊或脱落，必须保证用户在购买或使用时醒目，易于辨认和识读，一切内容必须清晰、简要、醒目。

(3) 标签必须使用合乎规范的汉字，所用的语言、图形、符号及其他设计内容应准确、科学、易懂。

二、兽药的保管

药品的贮存保管要做到安全、合理和有效。首先，应将外用药与内服药分开贮存；对化学性质相反的如酸类与碱类、氧化剂与还原剂等药品也要分开贮存。其次，要了解药品本身理化性质和外来因素对药品质量的影响，针对不同类别的药品采取有效的措施和方法进行贮藏保管。兽用药品种类很多，应按兽药使用说明书中该药"贮藏"项下的规定条件妥善贮藏与保管。

1. 基本操作步骤

（1）阅读兽药使用说明书，明确该药的贮藏事项。

（2）选择清洁干燥容器盛放药品。

（3）加盖密封容器。

（4）贴药品标签，注明药品名称、封存日期、有效期等。

（5）放于通风干燥的贮藏地点。

（6）在药品保管台账上，记录药品的名称、入库日期、存放地点、经办人等。

（7）定期检查，防止失效。

（8）按照"先进先出"和"失效期近的先出"的原则出库。

（9）及时淘汰过期失效药品。

2. 注意事项

（1）药品在保存过程中应注意干燥、避光、防潮、防虫（鼠）。

（2）易挥发药品保管应用蜡封口。

（3）易受光线影响药品应放于棕色瓶内避光保存。

（4）易受温度影响的药品必须注意保存温度，应根据每种药物说明书的最适宜保存温度贮藏。

（5）危险品、麻醉药、剧毒药的保管应专人、专柜、专账，加锁保管，加明显标记，出入药品严格登记。

（6）药品管理应建立药房管理台账进行药品保管管理。

3. 药房管理

（1）操作步骤

①建立药品保管出入库台账（表1-2、表1-3），保证账目与药品相符。

表1-2 药品入库记录表（格式）

药品通用名	生产批号	生产企业	购入单位	单位	数量	验收人	入库时间

表1-3 药品出库记录表（格式）

出库时间	药品通用名	生产批号	生产企业	单位	数量	销往单位	发货人

②根据药品的性质、剂型，并结合药房的具体情况，采取"分区分类存放，货位编号"的方法妥善保管。

③对有毒有害药品、危险药品的保管要专人、专柜、专账，加锁保管。

④经常检查，定期盘点。

（2）注意事项

①注意外用药与内服药要分别存放，性质相反的药（如强氧化剂与还原剂，酸与碱）以及名称易混淆的药物均要分别存放。

②药房、药库应该经常保持清洁卫生，并采取有效措施，防止发霉、虫蛀和鼠咬。

③加强防火、防盗等安全措施，确保人员与药品的安全。

4. 易受湿度影响药品的保管 有的药物易受湿度的影响，药品吸潮后易变质，如阿司匹林、青霉素粉剂、胃蛋白酶等；有的药物受潮后则自行潮解（溶解），如氯化钠、碘化钾、氯化铵、溴化钠、氯化钙等；有的药物在空气较干燥的时候，易失去结晶水而变成粉末状态（风化），如硫酸钠、硫酸镁、硼砂、吐酒石和咖啡因等；中草药受潮则易发霉等。对这类药品保管的操作步骤为：

（1）将易受湿度影响的药品贮存于密闭容器内。

（2）放于干燥处。

（3）注意通风防潮。

（4）定期检查。

（5）填写出入库记录和检查记录。

5. 易挥发药品的保管 易挥发的药品如氨溶液、氯仿、乙醚、薄荷、樟脑等应该密闭保存，必要时还应当用蜡或其他物质封口保存。

6. 易受光线影响药品的保管 阳光能引起不少药物发生化学变化，使药物变质。如盐酸肾上腺素在光的作用下即分解，由白色（或淡棕色）变成红色；硝酸银受紫外线的照射后能被还原放出游离状态的银，由白色变为灰色或黑色；硫酸阿托品注射液、维生素C注射液、肾上腺素注射液、脑垂体后叶注射液、过氧化氢等药物，阳光照射均能使其发生化学反应。对这类药品保管的操作步骤为：

（1）将易受光线影响的药品装在有色（棕色或蓝色）的瓶内或黑纸包裹的

容器内。

（2）存放于避光处。

（3）填写出入库记录和检查记录。

7. 易受温度影响药品的保管　温度过低或过高都可对药物的质量产生一定的影响，特别是温度较高时，能使药物的某些性质发生变化。例如各种生物制剂（疫苗、血清等）、激素制剂、抗生素制剂等，贮存在较高的温度下，药物的效价会迅速降低或完全失效；含脂肪和油类的药物若遇过高的温度，则易发生酸败。对这类药品保管的操作步骤为：

（1）按使用说明书要求的贮藏温度对药品进行分别保存。

（2）填写出入库记录。

（3）定期检查保存的温度是否合乎要求。

8. 危险药品的保管　危险品是指遇光、热、空气等易爆炸、自燃、助燃或有强腐蚀性、刺激性的药品，应贮存于危险品库内分类单独存放，并间隔一定距离，禁止与其他药品混放。

（1）氧化剂保存：避免高温、日晒、潮湿及搬动中摩擦和撞击。

（2）易燃易爆药品保存：如乙醇、乙醚等，应远离火源、热源，严密封口，并配备消防设备。

（3）强腐蚀性药品保存：密封保存，避免泄漏。

9. 麻醉药、毒药及剧毒药的保管　麻醉药系指连续使用以后有成瘾性的药品，如吗啡、度冷丁等，不包括外科用的乙醚、普鲁卡因等。毒药系指药理作用剧烈、安全范围小，极量与致死量非常接近，容易引起中毒或死亡的药品，如洋地黄毒苷、硫酸阿托品等。剧毒药系指药理作用剧烈，极量与致死量比较接近，对机体容易引起严重危害的药品，如溴化新斯的明、盐酸普鲁卡因等。对这类药品保管的操作步骤为：①专人、专柜、专账，加锁保管；②加上明显标记；③出入药品严格登记。

10. 中草药的保管　中草药保管的操作步骤为：①将中草药保存于干燥通风处；②经常翻晒，尤其是在梅雨季节更应勤晒；③勤检查，以防发霉、虫蛀和被鼠咬。

11. 易过期失效药品的保管　易过期失效药品保管的操作步骤为：①按有效期分类存放于一定位置；②加上明显标记，注明有效日期，失效期短的放在外边；③定期检查，防止失效；④按照"先进先出"和"失效期近的先出"的原则出库；⑤凡超过有效期的药品，都不得再用。

三、兽药的合理使用

保持良好的饲养管理，增强牛自身的免疫力，尽量减少疾病的发生，减少药物的使用量；确需使用治疗用药的，经实验室确诊后，在充分考虑影响药物作用各种因素的基础上，正确选择药物，制定对动物和病情都合适的给药方案。兽药的使用应有兽医处方并在兽医的指导下进行。

（一）兽药质量要求

预防、诊断和治疗疾病所用兽药，必须符合以下条件：

（1）必须符合《中华人民共和国兽药典》、《中华人民共和国兽药规范》、《兽药质量标准》、《兽用生物制品质量标准》、《进口兽药质量标准》和《饲料药物添加剂使用规范》的相关规定。

（2）必须是具有《兽药生产许可证》的企业生产、具有产品批准文号的兽药或者具有《进口兽药许可证》的进口兽药；必须从具有《兽药经营许可证》的企业采购。

（3）兽药的标签应符合《兽药管理条例》的规定。

（二）兽药使用要求

使用兽药时应遵循以下原则：

（1）任何药物的合理应用的先决条件是正确的诊断，对动物发病过程无足够的认识，药物治疗便是无的放矢，非但无益，反而有可能延误诊断，耽误疾病的治疗。优先使用疫苗预防疫病。

（2）允许使用对人和牛安全卫生、没有残留毒性、对设备没有破坏、不会在牛体内产生有害积累的消毒防腐剂对饲养环境、厩舍和器具进行消毒，但奶牛饲养不能使用酚类消毒剂（如石炭酸、来苏儿、克辽林、菌毒敌、农福等）。

（3）允许使用《中华人民共和国兽药典》（二部）及《中华人民共和国兽药规范》（二部）收载的用于奶牛和肉牛的兽用中药材、中药成方制剂。

（4）允许在兽医的指导下使用钙、磷、硒、钾等补充药、酸碱平衡药、体液补充药、电解质补充药、营养药、血容量补充药、抗贫血药、维生素类药、吸附药、泻药、润滑剂、酸化剂、局部止血药、收敛药和助消化药。

（5）允许使用国家兽药管理部门批准的微生态制剂。

（6）允许使用《奶牛饲养兽药使用准则》、《肉牛饲养兽药使用准则》所列的抗寄生虫药和抗菌药，其中治疗药应凭兽医处方购买，还应注意严格遵守规定的给药途径、使用剂量、疗程和注意事项，应严格遵守奶废弃期规定的时间；未规定奶废弃期的品种，奶废弃期不应少于7天，抗寄生虫药外用时注意避免污染鲜奶。

（7）使用的药物饲料添加剂必须是农业部发布的《饲料药物添加剂使用规范》收载的品种及农业部今后批准的品种，药物饲料添加剂的使用应严格执行规定的用法、用量、休药期和注意事项等。

长期使用化学药物防治疫病，肉、乳产品中会有一定的药物残留，被人食用后会影响人类的身体健康。为了加强兽药使用管理，保证动物性产品质量安全，2003 年 5 月 22 日农业部公告第 278 号公布了 202 种兽药的停药期规定。停药期是指食品动物从停止给药到许可屠宰或它们的产品（蛋、乳）许可上市的间隔时间。弃奶期是指奶牛从停止给药到它们所产的奶许可上市的间隔时间。开处方的兽医必须告知管理员或值班人员适当的休药期，必须遵守休药期的相关规定。需要指出，有些兽药不需要停药期。

（8）慎用作用于神经系统、循环系统、呼吸系统、泌尿系统的兽药及其他兽药。

（9）禁用农业部发布的《食品动物禁用的兽药及其他化合物清单》所列药物；禁用农业部发布的《禁止在饲料和动物饮水中使用的药物品种目录》所列药物；禁用未经农业部批准的用基因工程方法生产的兽药；禁用未经农业部批准或已淘汰的兽药。

（10）建立并保存免疫程序记录、治疗用药记录、预防或促生长混饲给药记录。治疗用药记录包括牛编号、发病时间及症状、治疗用药物名称（商品名及有效成分）、给药剂量、疗程、治疗时间等。预防或促生长混饲给药记录包括药物名称（商品名及有效成分）、给药剂量、疗程等。

第六节　治疗乳房炎的程序及抗生素的使用

奶牛乳房炎是奶牛的乳腺组织炎症，病因复杂，是奶牛的一种常见、多发病，也是奶牛业危害最大的疾病之一。尽管进行了多年的研究，但乳房炎仍然是引起奶牛业经济损失最大的疾病。据国际奶牛联合会统计，20 世纪 70 年代，奶牛临床型乳房炎的发病率约为 2%，隐性乳房炎的发病率约为 50%。据报道，我国奶牛乳房炎的阳性率在 46.4%～85.7%，乳区阳性率在 28%～59%。根据有无临床症状，奶牛乳房炎可分为临床型乳房炎和隐性乳房炎两大类，具体见表 1-4。

表 1-4　常见乳房炎的表现形式

乳房炎的形式	牛	乳房	牛奶
临床型乳房炎严重的临床乳房炎	病情很重，精神萎靡，可能死亡	可能成为坏疽（黑乳房炎）	虽然母牛已经病得很严重，牛奶刚开始看起来可能较正常，但很快就会变得稀薄，有血色

（续）

乳房炎的形式	牛	乳房	牛奶
急性临床乳房炎	不一定会生病	热，肿胀和疼痛	不正常，褪色，含有血块和/或血
临床乳房炎	没有明显变化	有一点变化	会看到异常
轻度临床乳房炎	没有明显变化	没有异常	少数出现凝块或片状
慢性乳房炎	没有明显变化	可以感受到肿胀	变化较小，比如奶质稀薄
隐性乳房炎	没有明显变化	没有明显变化	没有明显改变，但牛奶成分有较大变化

乳房炎可由下列原因引起：①乳房的外伤；②化学物质的刺激；③最常见的是微生物（即细菌）感染。乳腺的炎症反应是一种保护机制，以便杀灭感染细菌及中和细菌产生的毒素，帮助修复损伤的泌乳组织，使乳腺恢复正常功能。炎症的严重程度变化范围很大，从隐性到不同程度的临床表现，这是由乳房对刺激源反应的剧烈程度决定的。引起奶牛乳房发病的病原微生物有细菌、真菌、病毒、支原体等，种类繁多，不同地区病原微生物的流行种类也不同。

乳房炎控制措施要能为奶牛场接受和应用，就需要具备下列 4 个特点：①能带来利润回报；②持久、方便、实用；③适用范围广，在各种不同的管理与环境条件下有效；④可减少临床乳房炎的发生率。

一、几种常见乳房炎的控制方法

奶牛乳房炎微生物包括传染性微生物和环境微生物两大类。其中传染性微生物主要包括无乳链球菌、停乳链球菌、金黄色葡萄球菌、牛化脓棒状杆菌及支原体等，此类微生物极易在乳区间和牛群中传播流行；环境微生物则通常包括牛乳房链球菌、大肠杆菌、克雷伯菌、产气肠杆菌及绿脓杆菌等，此类微生物主要寄生于牛体表及周围环境中，其中牛床垫料是其主要的栖息场所。

很多因素都可诱导乳房炎的发生。例如，环境恶化和管理不到位将会导致奶牛与致病菌接触机会的增加，降低奶牛对乳房炎致病菌的抵抗力，微生物通过乳头管进入乳房腺体，从而诱发乳房炎。因此，在奶牛生产中，要尽可能预防和消除乳房炎的发生。

1. 综合控制乳房炎的原则

（1）适当的挤奶卫生措施　保持良好的挤奶卫生，关键是保持乳头清洁干爽。挤奶乳头的清洁、干爽不仅有助于降低乳房炎发生率，而且有助于保证牛奶的高质量，能使牛奶中影响奶产品加工质量的微生物数量降到最低。在挤奶前清洗乳头和乳房时，要尽可能少用水或消毒液，在套乳杯前，要确保乳头完全干爽，纸巾或拭巾最好只使用一次。

（2）使用合格的挤奶器械 研究证明，微生物很可能通过乳头导管传递，挤奶器械容易成为传递乳房炎微生物的媒介。因此，要使用合格的挤奶器械，具体包括下列几点要求：确保挤奶系统达到设计和安装的性能标准；稳定挤奶真空度，奶流量最高时奶爪部分的真空度为 $3.67×10^4 \sim 4.0×10^4$ Pa；避免在挤奶过程中乳头杯内衬滑动或发出声响；确保在摘除乳头杯之前关闭奶爪部的真空。

（3）挤奶后乳头的药浴 即使环境卫生良好，在挤奶时也不可避免地存在一些致病菌。为了杀灭挤奶末期停留在乳头上的微生物，挤奶完毕后应迅速用适当的杀菌药物浸浴乳头。

采用乳头药浴方法进行消毒，并结合有效预防乳房炎的综合措施，可以使乳房炎新感染率显著降低。杀菌剂喷雾很难确保将药液喷洒到乳头的整个表面，因此一般不采用乳头喷雾，而采用乳头药浴。

（4）干奶时治疗所有乳区 使用长效干奶治疗药物治疗奶牛的每个乳区。

（5）及时治疗所有临床病例 尽早发现临床病例，并及时治疗。要遵循严格的治疗步骤，并避免牛奶中有药物残留。

（6）淘汰慢性感染奶牛 对治疗无效且经常复发的奶牛，应尽早淘汰，以防感染牛群中的其他奶牛。

2. 常见传染性乳房炎的病原菌

（1）无乳链球菌 无乳链球菌只存在于被感染的乳腺，因此只能在挤奶时传播。防止其传染的措施有：挤奶时采取适当的卫生措施，正确使用合格挤奶机，挤奶后对乳头进行有效的药浴。无乳链球菌很容易被抗生素杀灭，所以在泌乳期使用抗生素治疗可以清除感染。对少数产生抗药性的慢性感染奶牛，要在干奶期继续治疗或淘汰。如果采取有效的乳房炎综合控制措施，且不购头感染奶牛，$2 \sim 3$ 年就可扑灭牛群中的无乳链球菌。

（2）奥里斯葡萄球菌 奥里斯葡萄球菌的传染也主要发生在挤奶过程中。单独的抗生素治疗对奥里斯葡萄球菌引发的乳房炎基本无效，必须采取综合措施进行预防控制。

干奶时进行干奶治疗，可以治疗已存在的奥里斯葡萄球菌感染，并可防止干奶早期出现的新感染。根据感染的性质（慢性感染或急性感染）以及有无大面积的结痂组织进行治疗，其有效率为 $20\% \sim 70\%$。

奥里斯葡萄球菌可对若干种抗生素产生抗性，并能产生一种酶使青霉素失去活性。因此，在泌乳期内利用传统治疗方案进行抗生素治疗效果甚微，仅有 $10\% \sim 30\%$ 的感染乳区可被治愈。在临床性感染的乳区内灌注药物，可暂时性减少体细胞数，提高牛奶的表观质量。因此，一般在泌乳期内不使用传统的治疗方式治疗亚临床感染。通常在干奶期内利用乳房内灌注药物，结合肌肉注射抗生素，或通过延期用药治疗奥里斯葡萄球菌引起的慢性乳房炎。

正确的挤奶方式能减少奥里斯葡萄球菌在牛群的扩散。在挤奶厅集中挤奶时，头产奶牛先于其他奶牛挤奶，接着给未感染奶牛挤奶，已知感染的奶牛最后挤奶。

（3）牛支原体 支原体易在引进奶牛时被带入。一些专家认为新生犊牛饮用已感染牛的奶（包括初乳）就可能被感染，感染可发展到关节、耳部或肺部。支原体还可通过空气在牛群内传播，导致泌乳牛发生乳房炎，也可通过阴道排泄物传播到乳头，从而感染乳房，然后通过初乳感染犊牛。

感染支原体的牛体细胞数通常超过 1×10^6 个/mL。该病菌有很高的传染性，可迅速在牛群内传染并造成严重的后果。当出现以下情况时，应怀疑是否发生了该疾病：①有 1 个以上乳区（常常是同时 4 个乳区）出现临床性乳房炎；②感染乳区对治疗无反应；③奶产量急剧下降；④乳房出现水肿并伴有一些初乳状小凝块异常物质；⑤慢性感染的牛乳房分泌淡褐色的物质，伴随有沙状或片状沉淀。乳房分泌物可变成脓，症状可持续数周。通常要立即淘汰有此症状的牛只，并采取良好的挤奶措施，进行有效的乳头药浴，将可避免该病的传播，至少也可将感染降到最低程度。

当向乳房灌注药物时，要使用专用的乳房炎注射器。另外，严格执行卫生程序，防止在对乳头进行治疗时把乳头口的牛支原菌带入乳腺。

每月对牛奶进行一次细菌培养，并及时对临床乳房炎病例进行细菌培养，可以及时监控牛群感染状态。所有刚投产的青年母牛和其他经产牛初次挤奶前都应进行细菌检测，如呈阳性就要隔离。对间歇发作牛支原体乳房炎的牛在哺乳后期应该淘汰。

（4）牛棒状杆菌 牛棒状杆菌很少造成临床型乳房炎，仅引起中度的体细胞数增加。挤奶后乳头药浴可预防牛棒状杆菌的感染。另外，牛棒状杆菌对青霉素非常敏感（敏感率大于 90%）。牛群内此病症流行的主要原因是奶牛挤奶后没有进行充分的乳头药浴，或是没有执行干乳治疗措施。

二、传染性乳房炎的应对措施

1. 病牛隔离 采用隔离方法，给牛挤奶时按头胎牛→未感染牛→感染牛的顺序进行，可减少传染性乳房炎的传染。头胎母牛乳房炎感染率最低，因此，先挤头胎母牛的牛奶，乳房炎致病菌残留在挤奶器上的可能性最小。如果先给高感染率的成年牛挤奶，则残留在挤奶器上的乳房炎致病菌将极易感染年轻牛及未感染乳房炎的牛。

牛是否感染只能通过对全群的所有乳样进行细菌培养才能确定，而且在很多舍饲条件下又不方便隔离，因此，隔离病牛常常在生产上不好操作，故采用有效的卫生防疫措施预防乳房炎非常重要。为了控制传染性病原体（如奥里斯葡萄状球菌）或牛支原体引起的感染，对乳样进行细菌培养并隔离感染牛也是控制措施的重要组成部分。

购入的后备奶牛，特别是在其他牛群中挤过奶的奶牛，应视为一个潜在的感染源，必须将其隔离并进行健康状况检查。未产犊的小母牛携带病原体的可能性要小于成年母牛。购买的牛在进入挤奶牛群前，应进行乳样细菌培养，只有证实牛体未携带传染性病原体，才能将其并入挤奶牛群。有研究表明，将感染葡萄球菌的牛隔离，可在两年内使葡萄球菌流行率从 29.5％降到 16.3％，体细胞数从 600 000 个/mL 降到 345 000 个/mL。

2. 挤奶后冲洗 在已感染的乳区上使用过的挤奶机的乳头杯内衬极有可能被病原体严重污染。将挤奶杯仅仅放在消毒剂中浸泡不是减少感染的一个有效方法。在摘除挤奶杯后，应先用水自动漂洗挤奶器（后冲洗），然后使用消毒剂进行漂洗，可减少传染性乳房炎病原体的扩散。

三、奶牛隐性乳房炎的应对措施

1. 治疗 一旦监测发现奶牛存在隐性乳房炎，就需进行治疗。实践中常用的方法有下面几种。

①应用盐酸左旋咪唑 每季度用 CMT 法或体细胞检测仪等对奶牛普查一次，阳性者口服盐酸左旋咪唑（每千克体重 8mg）或肌肉注射（每千克体重 5mg），21 天再用药 1 次，以后每 3 个月重复用药 1 次。盐酸左旋咪唑为驱虫药，具有免疫调节作用，可以帮助牛恢复正常的免疫功能，防治效果明显。

②干奶前 7 天用盐酸左旋咪唑 1 次，临产前 10 天再用药 1 次，以后每 3 个月重复用药 1 次。

③补充亚硒酸钠或维生素 E。每头奶牛每天补硒 2mg，或每头奶牛日粮中添加 0.74mg 维生素 E，均可提高机体抗病能力，降低隐性乳房炎发生率（尤其在缺硒地区）。

④用中草药对奶牛隐性乳房炎进行防治。

2. 预防 推行标准化饲养管理，做到精、青、粗饲料搭配合理，建立青绿多汁饲料轮供体系，并以奶定料，按牛给料；建立健全各种规章制度和岗位责任制，建立稳定、训练有素的挤奶员队伍；搞好环境卫生，保持牛体清洁，改牛床铺垫草为铺沙土（黄沙或河沙）或炉灰渣；做好夏季防暑、冬节保温工作，牛舍保持安静，减少应激，使奶牛生活在最佳的环境中。

另外，还应加强挤奶卫生保健，严格执行挤奶操作规程，做好以下工作。

①坚持乳头药浴。将配制好的药液（0.5％洗必泰、0.5％～1％碘伏、

0.1%新洁尔灭等）装入药浴杯中，于挤奶后立即进行药浴（在挤完乳后 45s 内进行为宜），以浸入半个以上乳头为好。药液现配现用，用后弃掉。药浴次数：干奶期每日 1 次；临产期产前 10 天每日 2 次；泌乳期每日 3 次，持续一个泌乳期（严冬季节为防止乳头冻伤，可酌情暂停）。药浴后，在乳头管口部涂碘甘油效果更好。

②使用干奶药物：将青霉素 100 万 IU、新霉素 0.5g、灭菌豆油 5～10mL 制成油剂，或应用商用干奶药物，于干奶时注入乳头。

③定期普查，每个季度 1 次，对每头成母奶牛进行隐性乳房炎检测，了解防治效果，制定防治措施；及时淘汰病牛，对病情严重而疗效不明显的病牛，应及时淘汰。

四、环境性乳房炎的应对措施

在多数现代化且管理规范的奶牛场里，环境中的微生物引起的乳房炎已经成为乳房炎的主要病因。该类乳房炎的比例占所有乳房炎的 3%～10%，成年奶牛的 12%～16%，最常见的病原菌是乳房链球菌。

发生环境性乳房炎的牛群其特点是：传染性乳房炎已降至最低水平；牛群体细胞数常低于 200 000 个/mL；临床乳房炎发病率相当高，管理方面尤其在卫生方面存在问题。因此，对环境和挤奶程序进行评估是判断乳房炎发生的最好依据。

1. 引起环境乳房炎的病原菌 环境微生物可分成两大类：①链球菌属；②革兰氏阴性菌，主要是大肠杆菌类。这些微生物有时被称为"粪便微生物"。最主要的链球菌种包括：乳头链球菌、泌乳障碍链球菌、牛链球菌。革兰氏阴性菌包括：大肠杆菌、克雷伯菌、柠檬酸细菌属和沙雷氏菌。环境中其他的乳房炎病原菌有：脓分泌菌属、诺卡菌属、芽孢杆菌属、假单胞菌属、变形菌属、酵母菌属、霉菌和藻类等。

由于乳头与牛床垫料接触频繁，因此垫料是乳头微生物的主要来源。在所有有机垫料中，尤其是在湿度和周围的温度适宜微生物生长时，环境链球菌和大肠杆菌都非常活跃。用稻草作垫料特别适合乳头链球菌的生长。牛在以稻草作垫草地面散栏圈养，感染新乳房炎的危险性很高。大肠杆菌和克雷伯菌在锯末屑、刨花、循环的粪便中更容易生存。由于它们大量存在于奶牛生活的环境中，故致传统的乳房炎控制方法具有局限性。

与传染性乳房炎微生物相比，环境微生物具有以下特点：感染的持续时间短；更易引起临床乳房炎；往往不引起牛群的亚临床乳房炎和体细胞数升高。

2. 环境乳房炎的控制方法 控制环境性乳房炎的重点应该放在降低环境湿度以及减少乳头在环境病原菌中的暴露时间。减少乳头在环境病菌中的暴露主要有如下途径：使用通风良好的牛舍，确保奶牛舒适；在尽可能清洁的环境中饲养干奶牛和青年母牛，尤其在产犊前2个星期；保证奶牛在清洁的牧草地上放牧（遮阴区域也应干净）；采用无机垫料，能够有效地降低水分含量，防止有机物污染；做好挤乳前卫生工作，包括挤奶前药浴乳头消毒。

五、其他几种乳房炎的应对措施

除了上述讨论的乳房炎病原菌外，大概还有140种微生物能引起乳房炎，但大多情况下很少引起临床症状，对奶牛业也很少造成严重的经济损失。表1-5列出了其他几种比较重要的病原菌的控制方法。

表1-5 其他几种重要病原菌的控制方法

病原菌	感染途径	临床症状	控制措施
凝固酶阴性葡萄球菌（CNS）	乳腺皮肤（管）、阴道、被毛、鼻腔等组织	病情比较温和，可降低奶产量，在乳腺内一般仅引起轻微的炎症	乳头药浴和干奶治疗
沙雷氏菌属	乳腺	产奶量急剧下降，乳房红肿，乳汁有脓块	提供卫生的生活环境，尽可能减少乳头末端接触病原的机会，挤奶前利用有效的乳房药液消毒奶头
假单胞菌属	细菌通过潮湿的环境、污染的挤奶设备、注射器及药浴液感染乳腺	临床症状从慢性到特急性，然而大多数病例呈慢性临床乳房炎	保持清洁卫生的环境，采用有效的挤奶前乳头药浴方法，挤奶前擦干乳头，用突变革兰氏阴性抗原疫苗免疫
沙门氏菌	通过环境感染	有些感染可导致瘘管，甚至有脓液流出	用突变的革兰氏阴性抗原疫苗接种牛群
星状诺卡菌属	从土壤、水、饲料和草中传染	乳腺慢性硬化，带有明显小瘤和严重纤维化	在散栏和露天牛舍使用干净的无机垫料，尽量防止牛进入可能被污染的潮湿牛栏和牧地
念珠球菌（酵母菌）	细菌主要来源于啤酒糟之类的饲料产品	临床症状不明显	大多数临床症状能够自行恢复。应隔离感染牛，并在泌乳期间采取特殊护理，以防止该菌传播
脓分泌菌属	通过吸血飞虫传染	感染乳区有脓汁分泌，有强烈的恶臭味	感染乳区通常停止泌乳，故一般建议停奶或破坏该乳区的分泌组织

（续）

病原菌	感染途径	临床症状	控制措施
变形菌属	病菌存在于垫料、饲料和水中，主要在挤奶间期传播	感染率极小，但感染的牛往往转成慢性	保证环境清洁卫生。挤奶前药浴乳头，用大肠杆菌 J5 疫苗亦有助于降低发病率和临床症状的严重性
巴斯德菌属	传播途径不清楚	个体病情常较严重，其分泌物较厚，具有黏性，呈乳黄色，有恶臭味	抗生素治疗无效

第七节　牛的肢蹄健康

蹄是奶牛重要的支柱器官。由于蹄具有坚实的角质趾壳，因此具有保护知觉和支持体重的功能。奶牛肢、蹄的健康，是高产保证的重要前提之一。

蹄病是奶牛蹄的病理变化过程，包括蹄病和蹄变形两种。随着乳产量的提高，近年来在生产中发现奶牛蹄病也增多。

一、修　　蹄

1. 修蹄操作　修蹄分为预防性修蹄和功能性修蹄两种。

术前准备：器械：蹄刀、剪、锉或电动修蹄机、绳等。药品：消毒棉、20％甲醛溶液、10％戊二醛、硫酸铜、7％碘酊、松馏油、高锰酸钾、绷带以及奶牛蹄病专用护理鞋等。保定：二柱栏、六柱栏或（专用翻滚）修蹄架，站立和横卧保定。

2. 修蹄须知　第一，准确判断蹄形（正常牛前蹄 75～85mm，后蹄长 80～90mm），蹄底厚度为 5～7mm），防止过削。悬蹄长度为 30～40mm，蹄底宽度为 45～55mm。硬角质起始到趾尖与蹄底之间基本成 45°角。第二，保证蹄的稳定和好的功能，少削内侧趾，使内侧趾尽量高，使两趾等高。注意蹄底的倾斜度，在趾的后半部，越靠近趾间隙，倾斜度也应越大。检查负重的均匀性，修剪后的蹄底或两趾必须在同一个平面，才能保证负重的均匀分布。将刀柄横向放置在蹄底的前后端，竖向放置在每个趾指底部，可检查它们是否平整。第三，将角质病灶趾后方尽量削低，除去蹄底球部和蹄壁的松脱角质。用"L"蹄刀将创内真皮的增生肉芽组织整个切除；用"直"刀的前卷部将蹄底及蹄踵部分黑色的点状和块状逐一抠除，患有蹄底溃疡、蹄底脓肿和白线病的，将患病的蹄瓣削薄，并将腐烂的腔洞扩创成反漏斗形，排出淤血，让其流出鲜血，用3％的过氧化氢溶液清除创腔内脓血等分泌物，而后用高锰酸钾填塞创腔止血，接着用30％～50％的高锰酸钾溶液清洗创腔。第四，用消毒棉拭干后将木瓜酶粉撒在清创后的创腔内，再用松溜油棉球封闭，最后以麻布包扎固定，一般5～6天换药一次，换药2～3次就可痊愈。做过蹄部手术的母牛，必须单独饲养在干燥松软的牛床地面上，隔5～7天检查一次。如绷带未脱落则无需处理，否则再补一次，一般1～3次即可治愈。

二、蹄　　浴

1. 蹄浴的方法　蹄浴指用一定浓度的消毒液处理牛蹄，借以达到预防、改善或治疗蹄病的一种经常性的卫生措施。

（1）喷洒浴蹄　用清水充分洗净蹄部的泥土、粪尿等脏物，将药液（15％硫酸铜或福尔马林）直接喷在牛蹄上（但应注意乳房的保护）。

（2）浸泡浴蹄　用5％～10％硫酸铜，用量为浴蹄池深度的10cm，每月2～3次，每次浸蹄20～30min。

（3）日常蹄浴消毒　在挤奶厅或奶牛每天出入的通道设立两道池，即清洗池和药浴池；清洗池长度在5m以上，在清洗池内铺入棕垫（或其他能增加摩擦以便于清洁牛蹄），加入深20cm以上的清水，隔2.5m再设立一个深5m以上的药浴池。

2. 蹄浴注意事项

（1）为使吸附于蹄部皮肤上的药物发挥作用，在奶牛浴蹄后应置于干燥场地，使蹄保持干燥30～60min。

（2）保证药效，池内药液每次更换。

（3）药液温度在15℃以下时药效下降，部分药物要根据季节性使用。

（4）在蹄浴中，要采取适当的措施防止药物对乳房和其他部位的灼伤。当牛蹄皮肤受刺激而出现症状时，应立即停止浴蹄，并采用清水冲洗。

（5）患有较为严重指（趾）间蜂窝织炎的病牛，不能进行蹄浴。

三、建立肢蹄保健程序

为保证肢蹄健康，护蹄应是奶牛场的一个经常性措施。

（1）供应平衡日粮，满足奶牛对各种营养成分的需要量。日粮的供应根据奶牛不同生理阶段随时调整，其中要特别注意精粗比、蛋能比和钙磷比。

（2）经常保持圈舍、运动场的清洁、干燥，如粪便及时清扫，污水及时排除。

（3）坚持进行蹄浴，夏、秋季每 5～7 天 1～2 次，冬、春季可适当延长蹄浴间隙。

（4）建立定期修蹄制度，产犊后的 3 周内和 18 周，修蹄 1～2 次。加强观察，对蹄变形的牛应及时修正。

第八节　奶牛和肉牛的保健

一、牛保健的意义

牛保健即是保障牛群健康，而牛健康是指牛生理机能正常，没有疾病和遗传缺陷，能发挥正常的生产能力。牛保健的现实意义在于以下几方面：①牛保健能有效地保持牛生产能力，有助于把生产力提高到最佳水平，为生产者提供较高的经济效益。②母牛的健康状况直接影响到母牛群的繁殖力，当母牛患生殖疾病时，如子宫、卵巢疾病，常常会影响受胎率。③牛的保健直接影响到牛的生产性能和利用年限。牛健康，则生产性能好，利用年限长；反之，利用年限缩短，经济价值降低。④某些牛传染病是人畜共患的，因此，保持牛的保健对于确保牛产品卫生、保障人民健康具有十分重要的意义。

随着牛场生产集约化程度的提高，对饲养管理条件的要求也逐步提高，各种外部条件及饲养管理水平直接影响到牛的健康。因此，了解牛场管理与牛疾病的辩证关系，能更好地扬长避短，减少不必要的损失，而疾病的监控则是降低牛病发生率的有效措施。

二、牛保健的基本要求

（1）保持牛舍内、运动场及其环境清洁卫生，定期消毒。

（2）设置足够的运动场地并使牛群达到足够的运动量。

（3）了解当地牛的发病情况，提前预防。

（4）坚持自繁自养，尽量不购进外来牛，若必须购进则须经严格检查，并经一段时间的隔离饲养。

（5）日常管理中注意观察牛个体，及早发现病牛并及时进行治疗。

（6）勿使牛接触到不该吃的有毒有害物质，防止中毒。

（7）饲喂时注意清除饲料中的铁钉、针等尖锐金属物。

（8）牛日粮应以青粗料为主，精料为辅，多种饲料结合。饲喂高精料日粮时，注意防止瘤胃酸中毒。

（9）在助产、人工授精、阴道检查时，进入生殖道的物品和器具要严格清洗消毒。

三、牛群保健计划与保健工作

牛的疾病常使牛场蒙受巨大的经济损失，增加生产成本。因此，在牛场提高生产效率的计划中，牛群保健计划应占有十分重要的位置。牛群保健计划的核心是以防为主，防重于治。实施有效的保健计划，可大幅度降低各种疾病的发生率，提高产品的产量和质量，减少疾病因素给牛场造成的经济损失。虽然治疗对于挽救个体病牛来说是至关重要的，但是对于挽救整个牛场生产来说，预防则重要得多，因为治疗仅是各种生产损失已经发生以后的补救性措施，是不得已而为之的手段，是被动的降低疾病造成损失的方法。在牛场的经营中，要想最大限度地降低疾病造成的损失就必须有一个切合自身实际的牛群保健计划，并确保在生产中实施。

1. 牛场牛群保健计划的制定依据　牛群保健的宗旨在于杜绝导致重大经济损失的疾病，减少一般性疾病的发生，从而提高牛场的经济效益。但是，各地区各牛场的情况千差万别，导致牛场经济损失的疾病各不相同，没有通用的保健计划，只能根据本地区本场的实际情况自行拟定。牛场兽医师的主要职责不是治病，而是了解并分析本场本地区疾病的发生规律、危害情况，各类疾病给牛场带来的损失状况，根据本场的实际情况，结合其他地区、其他牛场的相关经验提出保健计划，督促并参与计划全过程的实施。

一般情况下造成奶牛场重大经济损失的疾病主要有乳房炎、妊娠延迟和蹄病，三者造成的损失占疾病问题造成损失的80％以上，是保健计划中重点要考虑的问题。乳房炎是影响现代乳牛业效益的头号杀手，并有随奶牛生产性能提高而感染率增加、危害加大的趋势。因多种原因造成奶牛的妊娠延迟和肢蹄病在现代奶牛养殖中非常普遍，其造成的经济损失巨大且有一定的隐蔽性，有时往往被养殖者忽略。

此外，犊牛腹泻、犊牛肺炎、布氏杆菌病、创伤性网胃炎或创伤性心包炎、不孕、产后瘫痪、酮病等也是危害养牛业的常见病。这些疾病的发生和危害程度因地区和牛场不同差异很大。

2. 牛场保健工作内容

（1）详实的记录　在保健计划的实施过程中，保健记录十分重要，据此可以反映保健工作的成效和不足，并进行保健计划的修订，改善保健工作。详实的记录工作能真实地反映出一个牛场的牛群情况。每次对牛的异常情况、疾病发生原因都要及时进行简要的分析，并将分析结果记录在案。记录的目的是用于分析，至少每年要统计分析一次所有的记录项目，计算出各类牛各阶段各类疾病的发生率、死亡率、损失情况，据此调整计划，改进保健工作。以客观的数据说明牛场的健康问题，合理地应用牛健康状况的详细记录，可望提高经济效益。现代化的牛场，已广泛采用计算机参与饲养管理，使得繁杂的保健信息数据的处理和保存变得非常容易，因而记录的项目应更多更细一些，记录的保存期可更长一些，这样就能为保健计划的修订与保健工作的改进提供更详实的依据。

一般记录工作包括以下几个方面内容：①犊牛情况记录，包括犊牛号、出生日期、性别、出生重、母号、父号、防疫情况、每个月增重情况。②后备母牛情况记录，包括防疫情况、既经病史与治疗措施，不同月龄、体重的发情、配种情况、妊娠检查结果。③生产母牛情况的记录，包括产奶量、配种和繁殖情况、产后至第一次发情的时间、每次发情配种的时间、妊娠检查的结果、每次产犊的情况、每次防疫项目和时间、发病情况及治疗措施，以及各种疾病的发病时间和危害情况、病因、用药治疗情况、死亡原因和时间等。④病历档案记录。不少牛场无病历，或有但很零乱，多数牛场只有年、月的发病头（次）数统计，但对每头牛某年（月）和一生中的不同阶段易患哪些疾病的详细情况都不清楚，特别是对高产个体和群体的记录不清，导致从抗病力方面很难衡量牛的生产性能。建立健全系统的病历档案不单是一项兽医保健措施，而且也是畜牧技术措施的主要内容之一，应和育种、产奶量等档案资料一样系统详细地搞好。

（2）兽医诊断工作　兽医诊断工作对维持和发展牛群健康有重要的作用。除了对健康牛和病牛的常规检查之外，血清学试验和尸体剖检也是另一方面重要内容。

（3）疾病的监控措施　在奶牛场，目前用牛奶计量瓶能准确记录每头奶牛的产量，乳房体细胞数测定能直接监测乳腺的健康状况。全自动生化分析仪可以对牛的血液样本进行一系列的生化指标测定，对疾病的辅助诊断起决定性作用，对代谢性疾病也有监控作用。

（4）制定疾病定期检查制度　每年各场春、秋季两次对结核病、布氏杆菌病等传染病的检疫工作应按时进行，利用这两次检疫机会，在对畜群进行系统健康检查的同时，针对各场的具体情况，对血糖、血钙、血磷、肝功等进行部分抽查。

3. 保健计划的制定　制定牛群保健计划的主要目的，是避免能引起重大经济损失疾病的发生。不同牛场的管理、设备、技术水平和环境条件各不相同，因此，牛群保健计划方案的制定要根据各个牛场实际情况需要而定，且应随着条件的变化不断修改。牛群保健计划的范围很广，从常规的防疫注射、消毒到牛群的疾病监控、监测、治疗都属于保健的工作范围。在此仅列举乳牛保健的基本要求和乳牛场牛群保健的提纲，供制定具体的保健计划时参考。

4. 奶牛保健计划制定

（1）青年母牛　主要任务是确保育成牛正常生长发育，体况健壮的牛在15月龄时可达到初配的体况要求，进行疫病预防接种。

①3月龄时　接种牛传染性鼻气管炎、牛病毒性腹泻、钩端螺旋体病三联苗。

②15月龄时　配种（若母牛体重已达340kg）。

③24月龄时　加强运动，增加营养，确保母牛和胎儿正常发育直至产犊。从怀孕的中后期开始至产前两周，每天进行2～3次乳房按摩，刺激乳房发育。

（2）初产母牛和经产母牛　主要任务是防止产科疾病的发生，降低产科损失。重点预防母牛生殖道炎症、生产瘫痪、乳房炎、酮病等的发生，确保母牛高产。及时配种和进行妊娠诊断，防止空怀。

①接产　临产时将牛转入产房，专人24h值班，生产时及时助产。每次挤奶后，用消毒药水浸泡乳头。

②产后5天内　及早恢复母牛体况，消除乳房水肿。

③分娩后30天　生殖器官检查，接种钩端螺旋体疫苗。

④分娩后45～60天　配种。

⑤配种后40～60天　妊娠检查。

⑥干奶时　乳腺内注射干奶药物预防乳房炎发生。

5. 肉牛的保健计划制定

（1）防疫卫生　严格执行国家和地方政府制定的动物防疫法和有关卫生防疫条例。

建立规范的消毒制度，生产区出入口应设消毒室和消毒池，每个季度牛场应全面消毒一次，牛舍每个月消毒一次，牛床每周消毒一次，犊牛舍（栏）和饲槽定期刷洗消毒。

外来或购入的牛应持有法定检疫单位的健康证明，并经隔离观察和检疫后确认无传染病时方可并群饲养，当场内、外出现传染病时，应立即采取隔离封锁和其他应急措施，并向上级主管部门报告。

（2）免疫和检疫　每年秋季进行炭疽芽孢苗的免疫注射，免疫对象为初生1周以上的牛，次年春季补注一次。根据上级防疫部门的规定和要求，定期接种其他预防肉牛传染病的疫苗。健康牛群每年春、秋两季各进行一次结核病、布氏杆菌病检疫。对检出的阳性牛应及时扑杀处理；出现疑似反应的牛，应隔离复检；连续两次呈疑似反应的牛，视为阳性牛处理。

（3）健康管理

改善环境卫生和饲养条件：牛舍要保持干燥、清洁，并定期消毒；饲料中钙、磷的含量和比例要合理，不要经常突然改变饲喂条件等。

蹄部护理：除日常对肉牛变形蹄进行修蹄护蹄外，每年1～2次普检牛蹄底部，对增生的角质要修平，对腐烂、坏死的组织要及时清除并清理干净，及时治疗。在梅雨或潮湿季节，用3%福尔马林溶液或10%硫酸铜溶液定期喷洗蹄部，以预防蹄部感染。在春、秋两季各进行一次全面的检蹄、修蹄。

驱虫：在春、秋两季各进行一次寄生虫病普查，根据其发病规律和特点，及时采用药物进行驱虫。

第九节　消毒程序与材料

畜牧场消毒一般可分为畜舍空气及排泄物的消毒、污水的处理、场舍的消毒和常见传染性疫病消毒。

一、空气消毒

空气消毒有物理消毒法和化学消毒法两种方法。物理消毒法，常用的有通风和紫外线照射两种方法。通风可减少室内空气中微生物的数量，但不能杀死微生物；紫外线照射可杀灭空气中的病原微生物。化学消毒法，有喷雾和熏蒸两种方法。用于空气化学消毒的化学药品需具有迅速杀灭病原微生物、易溶于水、蒸汽压低等特点，如常用的甲醛、过氧乙酸等，当进行加热便迅速挥发为气体，其气体具有杀菌作用，可杀灭空气中的病原微生物。

（一）紫外线照射消毒

紫外灯能辐射出波长主要为253.7nm的紫外线，杀菌能力强且较稳定。不同的微生物灭活所需的紫外线照射量不同。革兰氏阴性无芽孢杆菌最易被紫外线杀死；而杀死葡萄球菌和链球菌等革兰氏阳性菌，照射量则需加大5～10倍；病毒对紫外线的抵抗力更大一些；需氧芽孢杆菌的芽孢对紫外线的抵抗力比其繁殖体要高许多倍。

1. 操作步骤

（1）消毒前准备　紫外线灯一般6～15m³安装一只，灯管距地面2.5～3m为宜。紫外线灯在室内温度10～15℃、相对湿度40%～60%的环境中使用杀菌效果最佳。

（2）将电源线正确接入电源，合上开关。

（3）照射的时间应不少于30min，否则杀菌效果不佳或无效，达不到消毒的目的。

（4）操作人员进入洁净区时应提前10min关掉紫外灯。

2. 注意事项

（1）紫外线对不同的微生物有不同的致死剂量，消毒时应根据微生物的种类而选择适宜的照射时间。

（2）在固定光源情况下，被照物体越远，效果越差，因此应根据被照面积、距离等安装紫外线灯（一般距离被消毒物 2m 左右）。

（3）紫外线对眼黏膜及视神经有损伤作用，对皮肤有刺激作用，所以工作人员应避免在紫外灯下工作，必要时需穿防护工作衣帽，并戴有色眼镜进行工作。

（4）房间内存放药物或原辅包装材料，而紫外灯开启后对其有影响和房间内有操作人员进行操作时，此房间不得开启紫外灯。

（5）应用毛巾蘸取无水乙醇擦拭紫外灯灯管，并不得用手直接接触灯管表面。

（6）紫外灯的杀菌强度会随着使用时间延长而逐渐衰减，故应在其杀菌强度降至 70% 后及时更换紫外灯，也就是使用 1 400h 后更换紫外灯。

（二）喷雾消毒

喷雾消毒是利用气泵将空气压缩，然后通过气雾发生器使稀释的消毒剂形成一定大小的雾化粒子，均匀地悬浮于空气中，或均匀地覆盖被消毒物体表面，从而达到消毒目的。

1. 操作步骤

（1）器械与防护用品准备 喷雾器、天平、量筒、容器等，高筒靴、防护服、口罩、护目镜、橡皮手套、毛巾、肥皂等。应根据消毒对象特点，选择高效低毒、使用简便、质量可靠、价格便宜、容易保存的消毒剂。

（2）配制 根据消毒药的性质进行配制，将配制的适量消毒药装入喷雾器中，以八成满为宜。

（3）打气 感觉有一定抵抗力（反弹力）时即可喷洒。

（4）喷洒 喷洒时将喷头高举空中，喷嘴向上以画圆圈方式先内后外逐步喷洒，使药液如雾一样缓缓下落。要喷到墙壁、屋顶、地面，以均匀湿润和畜禽体表稍湿为宜。不适用带畜禽消毒的消毒药，不得直喷畜禽。喷出的雾粒直径应控制在 $80 \sim 120 \mu m$，不要小于 $50 \mu m$。

（5）消毒结束后的清理工作 消毒完成后，当喷雾器内压力很强时，先打开旁边的小螺丝放完气，再打开桶盖倒出剩余的药液，用清水将喷管、喷头和管体冲干净，晾干或擦干后放在通风、阴凉、干燥处保存，切忌阳光暴晒。

2. 注意事项

（1）装药时消毒剂中的不溶性杂质和沉渣不能进入喷雾器，以免在喷洒过程中出现喷头堵塞现象。

（2）药物不能装得太满，以八成满为宜，否则，不易打气或易造成筒身爆裂。

（3）气雾消毒效果的好坏与雾滴粒子大小以及雾滴均匀度密切相关。喷出的雾粒直径应控制在 $80\sim120\mu m$，过大易造成喷雾不均匀和禽舍太潮湿，且在空中下降速度太快，与空气中的病原微生物、尘埃接触不充分，起不到消毒空气的作用；雾粒太小，则易被畜禽吸入肺泡，诱发呼吸道疾病。

（4）喷雾时房舍应密闭，关闭门、窗和通风口，减少空气流动。

（5）喷雾过程中要时时注意喷雾质量，发现问题或喷雾出现故障，应立即停止操作，进行校正或维修。

（6）使用者必须熟悉喷雾器的构造和性能，并按使用说明书操作。

（7）喷雾结束后，要用清水清洗喷雾器，让喷雾器充分干燥后包装保存好，注意防止腐蚀。不要用去污剂或消毒剂清洗容器内部。注意定期保养。

（三）熏蒸消毒

1. 操作步骤

（1）药品、器械与防护用品准备　消毒药品可选用福尔马林、高锰酸钾粉、固体甲醛、烟熏百斯特、过氧乙酸等；准备温度计、湿度计、加热器、容器等器材，防护服、口罩、手套、护目镜等防护用品。

（2）清洗消毒场所　先将需要熏蒸消毒的畜禽舍、孵化器等彻底清扫、冲洗干净，因有机物的存在会影响熏蒸消毒效果。

（3）分配消毒容器　将盛装消毒剂的容器均匀地摆放在要消毒的场所内，如动物舍长度超过50m，应每隔20m放一个容器。所使用的容器必须是耐燃烧的，通常用陶瓷或搪瓷制品。

（4）关闭所有门窗、排气孔。

（5）配制消毒药。

（6）熏蒸　根据消毒空间大小计算消毒药用量，然后进行熏蒸。

①固体甲醛熏蒸　按每 $3.5g/m^3$ 用量置于耐烧容器内，放在热源上加热，当温度达到20℃时即可挥发出甲醛气体。

②烟熏百斯特熏蒸　每套（主剂与副剂）可熏蒸 $120\sim160m^3$。主剂与副剂混匀，置于耐烧容器内，点燃。

③高锰酸钾与福尔马林混合熏蒸　进行空舍熏蒸消毒时，一般每立方米用福尔马林 $14\sim42mL$、高锰酸钾 $7\sim21g$、水 $7\sim21mL$，熏蒸消毒 $7\sim24h$。种蛋消毒时，用福尔马林28mL、高锰酸钾14g、水14mL，熏蒸消毒20min。杀灭芽孢时，每立方米需福尔马林50mL。如果反应完全，则只剩下褐色干燥粉

渣；如果残渣潮湿说明高锰酸钾用量不足；如果残渣呈紫色说明高锰酸钾加得太多。

④过氧乙酸熏蒸 使用浓度是 3‰～5‰，每立方米用 2.5mL，在相对湿度 60%～80%条件下熏蒸 1～2h。

2. 注意事项

（1）注意操作人员的防护 在消毒时，消毒人员要戴好口罩、护目镜，穿好防护服，防止消毒液损伤皮肤和黏膜，刺激眼睛。

（2）甲醛或甲醛与福尔马林熏蒸消毒的注意事项

①甲醛熏蒸消毒必须有适宜的温度和相对湿度，温度以 18～25℃较为适宜，相对湿度 60%～80%较为适宜。室温不能低于 15℃，相对湿度不能低于 50%。

②消毒结束后甲醛气味过浓，若想快速清除甲醛的刺激性，可用浓氨水（2～5mL/m³）加热蒸发以中和甲醛。

③用甲醛熏蒸消毒时，使用的容器容积应比甲醛溶液量大 10 倍，必须先放高锰酸钾，后加甲醛溶液，加入后人员要迅速离开。

（3）过氧乙酸性质不稳定，容易分解，因此应现用现配。

二、粪便污物消毒

粪便污物消毒方法有生物热消毒法、掩埋消毒法、焚烧消毒法和化学药品消毒法。

（一）生物热消毒法

生物热消毒法是一种最常用的粪便污物消毒法，这种方法能杀灭除细菌芽孢外的所有病原微生物，并且不丧失肥料的应用价值。粪便污物生物热消毒的基本原理是，将收集的粪便堆积起来后粪便中便形成了缺氧环境，粪中的嗜热厌氧微生物在缺氧环境中大量生长并产生热量，能使粪中温度达 60～75℃，这样就可以杀死粪便中的病毒、细菌（不能杀死芽孢）、寄生虫卵等病原体。此种方法通常有发酵池法和堆粪法两种。

1. 操作步骤

（1）发酵池法 适用于动物养殖场，多用于稀粪便的发酵。

①选址 在距离饲养场 200～250m 以外，远离居民、河流、水井等的地方挖两个或两个以上的发酵池（根据粪便的多少而定）。

②修建 消毒池可以筑为圆形或方形。池的边缘与池底用砖砌后再抹水泥，使其不渗漏。如果土质干固，地下水位低，也可不用砖和水泥。

③先在池底放一层干粪，然后将每天清除出的粪便、垫草、污物等倒入

池内。

④快满的时候在粪的表面铺层干粪或杂草，上面再用一层泥土封好，如条件许可，可用木板盖上，以利于发酵和保持卫生。

⑤经1～3个月即可出粪清池。在此期间每天清除的粪便可倒入另一个发酵池，如此轮换使用。

（2）堆粪法　适用于干固粪便的发酵消毒处理。

①选址　在距饲养场200～250m以外，远离居民区、河流、水井等的平地上设一个堆粪场，挖一个宽1.5～2.5m、深约20cm的浅坑，长度视粪便量而定。

②先在坑底放一层25cm厚的无传染病污染的粪便或干草，然后在其上堆放准备要消毒的粪便、垫草、污物等。

③堆到1～1.5m高度时，在欲消毒粪便的外面再铺上10cm厚的非传染性干粪或谷草（稻草等），最后再覆盖10cm厚的泥土。

④密封发酵，夏季2个月，冬季3个月以上，即可出粪清坑。如粪便较稀，应加些杂草；太干时倒入稀粪或加水，使其干湿适当，以促使其迅速发热。

2. 注意事项

（1）发酵池和堆粪场应选择远离学校、公共场所、居民住宅区、动物饲养和屠宰场所、村庄、饮用水源地、河流等。

（2）修建发酵池时要求坚固，防止渗漏。

（3）注意生物热消毒法的适用范围。

（二）掩埋法

此种方法简单易行，但缺点是粪便和污物中的病原微生物可渗入地下水，污染水源，并且损失肥料。适用于粪量较少时，且粪便不含细菌芽孢。

1. 操作步骤

①消毒前准备　准备漂白粉或新鲜的生石灰，高筒靴、防护服、口罩、橡皮手套等防护用品，铁锹等。

②将粪便与漂白粉或新鲜的生石灰混合均匀。

③混合后深埋在地下2m左右之处。

2. 注意事项

①掩埋地点应远离学校、公共场所、居民住宅区、村庄、饮用水源地、河流等。

②应选择地势高燥、地下水位较低的地方。

③注意掩埋消毒法的适用范围。

（三）焚烧法

焚烧法是消灭一切病原微生物最有效的方法，故用于消毒最危险的传染病（如炭疽、牛瘟等）患畜粪便。可用焚烧炉，如无焚烧炉，可以挖掘焚烧坑，进行焚烧消毒。

1. 操作步骤

①消毒前准备 准备燃料，高筒靴、防护服、口罩、橡皮手套等防护用品，铁锹，铁梁等。

②挖坑，坑宽 75～100cm、深 75cm，长度以粪便多少而定。

③在距壕底 40～50cm 处加一层铁梁（铁梁密度以不使粪便漏下为度），铁梁下放燃料，梁上放欲消毒粪便。如粪便太湿，可混一些干草，以便烧毁。

2. 注意事项

①焚烧产生的烟气应采取有效的净化措施，防止一氧化碳、烟尘、恶臭等对周围大气环境的污染。

②焚烧时应注意安全，防止火灾。

（四）化学药品消毒

用化学消毒药品，如含 2%～5%有效氯的漂白粉溶液、20%石灰乳等消毒粪便。这种方法既麻烦，又难达到消毒的目的，故实践中不常用。

三、污水消毒

污水中可能含有有害物质和病原微生物，如不经处理，任意排放，将污染江、河、湖、海和地下水，直接影响工业用水和城市居民生活用水的质量，甚至造成疫病传播，危害人、畜健康。污水的处理分为物理处理法（机械处理法）、化学处理法和生物处理法三种。

1. 物理处理法 也称机械处理法，是污水的预处理（初级处理或一级处理）。物理处理主要是去除可沉淀或上浮的固体物，从而减轻二级处理的负荷。最常用的处理手段是筛滤、隔油、沉淀等机械处理方法。筛滤是用金属筛板、平行金属栅条筛板或金属丝编织的筛网，来阻留悬浮固体碎屑等较大的物体。经过筛滤处理的污水，再经过沉淀池进行沉淀，然后进入生物处理或化学处理阶段。

2. 生物处理法 是利用自然界的大量微生物（主要是细菌）氧化分解有机物的能力，除去废水中呈胶体状态的有机污染物质，使其转化为稳定、无害的低分子水溶性物质、低分子气体和无机盐。根据微生物作用的不同，生物处理法又分为好氧生物处理法和厌氧生物处理法。好氧生物处理法是在有氧的条件下,借助于好氧菌和兼性厌氧菌的作用来净化废水的方法。大部分污水的生物处理都属于好氧处理,如活性污泥法、生物转盘法。厌氧生物处理法是在无氧条件下,借助于厌氧菌的作用来净化废水的方法,如厌氧消化法。

3. 化学处理法 经过生物处理后的污水一般还含有大量的菌类,特别是屠宰污水含有大量的病原菌,需经消毒药物处理后方可排出。常用的方法是氯化消毒,即将液态氯转变为气体通入消毒池,可杀死99%以上的有害细菌。也可用漂白粉消毒,即相当于1 000L相水中加有效氯0.5kg。

四、场所的消毒

(一) 养殖场

养殖场消毒的目的是消灭传染源散播于外界环境中的病原微生物,切断传播途径,阻止疫病继续蔓延。养殖场应建立切实可行的消毒制度,定期对畜禽舍地面土壤、粪便、污水、皮毛等进行消毒。

1. 操作步骤

(1) 入场消毒 养殖场大门入口处设立消毒池(池宽同大门,长为机动车轮1周半),内放2%氢氧化钠溶液,每半月更换1次。大门入口处设消毒室,室内两侧、顶壁设紫外线灯,一切人员皆要在此用漫射紫外线照射5～10min。进入生产区的工作人员,必须更换场区工作服、工作鞋,通过消毒池进入自己的工作区域,严禁相互串舍(圈)。不准带入可能感染的畜产品或物品。

(2) 畜舍消毒 畜舍除保持干燥、通风、冬暖、夏凉以外,平时还应做好消毒工作。一般分两个步骤进行:先进行机械清扫,再用消毒液消毒。畜舍及运动场应每天打扫,保持清洁卫生,料槽、水槽干净,每周消毒一次,圈舍内可用过氧乙酸进行带畜消毒。

(3) 空畜舍的常规消毒程序 首先应彻底清扫干净粪尿,然后用2%氢氧化钠喷洒和刷洗墙壁、笼架、槽具、地面,消毒1～2h后,用清水冲洗干净,待干燥后,用0.3%～0.5%过氧乙酸喷洒消毒。对于密闭畜舍,还应用甲醛熏蒸消毒,每立方米空间用40%甲醛30mL,倒入适当的容器内,再加入高锰酸钾15g,注意此时室温不应低于15℃,否则要加入热水20mL。为了减少成本,也可不加高锰酸钾,但是要用猛火加热甲醛,使甲醛迅速蒸发,然后熄灭火源,密封熏蒸12～14h。打开门窗,除去甲醛气味。

(4) 畜舍外环境消毒 畜舍外环境及道路要定期进行消毒,填平低洼地,铲除杂草、灭鼠、灭蚊蝇、防鸟等。

(5) 生产区专用设备消毒 生产区专用送料车每周消毒1次,可用0.3%过氧乙酸溶液喷雾消毒。进入生产区的物品、用具、器械、药品等要经过专门消毒后才能进入畜舍。可用紫外线照射消毒。

畜禽尸体可用掩埋法、焚烧法等方法进行消毒处理。应选择离养殖场100m之外的无人区，找土质干燥、地势高、地下水位低的地方挖坑，坑底部撒上生石灰，再放入尸体，放一层尸体撒一层生石灰，最后填土夯实。

2. 注意事项

（1）养殖场大门、生产区和畜舍入口处皆要设置消毒池，内放氢氧化钠溶液，一般10～15天更换新配的消毒液。畜舍内用具在消毒前一定要先彻底清扫干净。

（2）尽可能选用广谱的消毒剂或根据特定的病原体选用对其作用最强的消毒药。消毒药的稀释度要准确，应保证消毒药能有效杀灭病原微生物，并要防止腐蚀、中毒等问题的发生。

（3）有条件或必要的情况下，应对消毒质量进行监测，检测各种消毒药的使用方法和效果。并注意消毒药之间的相互作用，防止互作使药效降低。

（4）不准任意将两种不同的消毒药物混合使用或消毒同一种物品，因为两种消毒药合用时常因物理或化学配伍禁忌而使药物失效。

（5）消毒药物应定期替换，不要长时间使用同一种消毒药物，以免病原菌产生耐药性，影响消毒效果。

（二）隔离场

隔离场使用前后，货主用口岸动植物检疫机关指定的消毒药物，按动植物检疫机关的要求进行消毒，并接受口岸动植物检疫机关的监督。

1. 操作步骤

（1）运输工具的消毒 装载动物的车辆、器具及所有用具须经消毒后方可进出隔离场。

（2）铺垫材料的消毒 运输动物的铺垫材料须进行无害化处理，可采用焚烧方法进行消毒。

（3）工作人员的消毒 工作人员及饲养人员及经动植物检疫机关批准的其他人员方可进出隔离区，隔离场饲养人员须专职。所有人员均须消毒、淋浴、更衣，经消毒池、消毒道出入。

（4）畜舍和周围环境的消毒 保持动物体、畜舍（池）和所有用具的清洁卫生，定期清洗、消毒，做好灭鼠、防毒等工作。

（5）死亡和患有特定传染病动物的消毒 发现可疑患病动物或死亡的动物，应迅速报告口岸动植物检疫机关，并立即对患病动物停留过的地方和污染的用具、物品进行消毒，患病（死亡）动物按照相关规定进行消毒处理。

（6）动物排泄物及污染物的消毒 隔离动物的粪便、垫料及污物、污水，须经无害化处理后方可排出隔离场。

2. 注意事项

（1）经常更换消毒液，保持有效浓度。

（2）病死动物的消毒处理应按照有关的法律法规进行。

（3）工作人员进出隔离场必须遵守严格的卫生消毒制度。

（三）诊疗室

诊疗室是患病畜禽集中的场所，它们患有感染性疾病或非感染性疾病，往往处于抵抗力低下的状态；同时，诊疗室也是各种病原微生物聚集的地方，加上各种医疗活动，患病畜禽间、诊疗人员与畜禽间的特殊接触，常常造成诊疗室感染。

导致诊疗室感染的因素除患病畜禽自身抵抗力低下、微生物侵袭外，还有诊疗人员及器械消毒不规范，以及滥用抗生素和消毒剂促使抗性菌株产生。因此，合理使用消毒剂和抗生素是防止诊疗室感染的重要组成部分。在防止交叉感染中，诊疗室的消毒与灭菌工作显得尤为重要。

诊疗室消毒选择的灭菌剂一般应满足以下要求：可杀灭分枝杆菌和速效杀灭细菌繁殖体，可灭活常见病毒，即中效消毒剂以上；杀菌剂的杀菌作用受有机物的影响较小；消毒剂使用浓度对人畜无毒，不污染环境；使用方便，价格便宜。

诊疗室常用消毒灭菌方法如下：

（1）干热消毒

①焚烧 以电、煤气等作能源的专用焚烧炉用于焚烧医院具有传染性的废弃物〔如截除的残肢、切除的脏器、病理标本、敷料、引流条、一次性使用注射器、输液（血）器等〕，操作过程中应注意燃烧彻底，防止污染环境。

②烧灼 利用酒精灯或煤气灯火焰消毒微生物实验室的白金耳、接种棒、试管、剪刀、镊子等。使用时应注意将污染器材由操作者逐渐靠近火焰，防止污染物突然进入火焰而发生爆炸，造成周围污染。

③干烤 以电热、电磁辐射线等热源加热物体，主要用于耐高热物品的消毒或灭菌。常用的方法有电热干烤、红外线消毒和微波消毒。

（2）煮沸消毒 一般被污染的小件物品或耐热诊疗用品用蒸馏水煮沸20min，可杀灭细菌繁殖体和肝炎病毒，水中加碳酸氢钠效果更好。

（3）流动蒸汽消毒 在常压条件下，利用蒸屉或专用流动蒸汽消毒器，消毒时间以水煮沸时开始计算，20 可杀灭细菌繁殖体、肝炎病毒。在消毒设备条件不足时，可用此法消毒一般诊疗器具。

（4）压力蒸汽灭菌

①物品摆放时，包间应留有空隙，容器应侧放。

②排气软管插入侧壁套管中，加热水沸后排气 15～20min。

③柜室压力升至 103kPa，温度达到 121℃，维持 30min。

④慢放气，尤其是灭菌物品中有液体时，以防止减压过快液体溢出。需烘干物品可取出放入烘箱烘干保存。

（5）紫外线消毒 应根据消毒的环境、目的选择紫外灯的灯型、照射强度。一般说来，紫外线杀灭细菌繁殖体的剂量为 10 000μW·s/cm^2；小病毒、真菌为 50 000～60 000μW·s/cm^2；细菌芽孢为 100 000μW·s/cm^2；真菌孢子对紫外线有更大抗力，如黑曲霉菌孢子的杀灭剂量为 350 000μW·s/cm^2。

五、常见传染性疫病的消毒

（一）炭疽

炭疽的传染源是病畜（羊、牛、马、骡、猪等）和病人，人与带有炭疽杆菌的物品接触后，通过皮肤上的破损处或伤口感染可以形成皮肤炭疽；通过消化道感染可以形成肠炭疽；通过呼吸道感染可以形成肺炭疽。肺炭疽的病死率极高，传染性较强，在我国是乙类传染病中列为甲类管理的病种。

炭疽杆菌繁殖体在日光下 12h 死亡，加热到 75℃时 1min 死亡。此菌在缺乏营养和其他不利的生长条件下，当温度在 12～42℃，有氧气与足量水分时能形成芽孢。其芽孢抵抗力强，能耐受煮沸 10min，在水中可生存几年，在泥土中可生存 10 年以上。因芽孢的抵抗力强，故在草场、河滩易形成顽固性的疫源地，在动物间多年反复流行。此类病原体也适于制成生物战剂，危害性极大。对炭疽疫源地进行消毒时应使用高效消毒剂。

疫源地消毒要与封锁隔离，患病动物的扑杀与销毁，疑似患病动物的隔离观察，以及疫源地消毒前后的细菌学检测等措施配合使用。

疫点消毒时，对患畜活动的地面、饮食用具、排泄物及分泌物、污水、运输工具和病畜尸体等均应按前述一般消毒方法进行消毒和处理。舍内的墙壁、空气消毒，可采用过氧乙酸熏蒸，药量为 3g/m^3（即质量分数为 20% 的过氧乙酸 15mL，或 15% 的过氧乙酸 20 毫升 mL），熏蒸 1～2h。病畜圈舍与病畜或死畜停留处的地面、墙面，用 0.5% 过氧乙酸或 20% 漂白粉澄清液喷洒，药量为 150～300mL/m^2，连续喷洒 3 次，每次间隔 1h。若畜圈地面为泥土时，应将地面 10cm 的表层泥土挖起，按 1 质量份漂白粉加 5 质量份泥土混合后深埋 2m 以下。污染的饲料、垫草和其他有机垃圾应全部焚烧。病畜的粪尿，按 1 质量份漂白粉和 5 质量份粪尿，或 10kg 粪尿加 10% 次氯酸钠溶液（有效氯质量浓度 100g/L）1 千克。消毒作用 2h 后，深埋 2m 以下，不得用作肥料。

已确诊为炭疽的病畜应整体焚烧，严禁解剖。疫源地内要同时开展灭蝇、灭鼠工作。消毒人员要做好个人防护，必要时进行 12 天的医学观察。生活污水可按本书有关章、节所列方法进行消毒处理。

（二）布氏杆菌病

布氏杆菌病是由布氏杆菌引起的人畜共患病。布氏杆菌可以通过皮肤黏膜、消化道、呼吸道、生殖道侵入机体引起感染。含有布氏杆菌的食品及各种污染物均可成为传播媒介，如病畜流产物、乳、肉、内脏、皮毛，以及水、土壤、尘埃等。布氏杆菌对低温和干燥有较强的抵抗力，在适宜条件下能生存很长时间。对湿热、紫外线和各种射线以及常用的消毒剂、抗生素、化学药物均较敏感。

对病畜舍的地面和墙壁，病畜的排泄物，舍内空气，护理人员及接触患病动物的工作人员所穿工作衣帽，污染的手套、靴子等可用含氯消毒剂浸泡消毒。病畜的奶和制品可煮沸 3min，采用巴氏消毒法（60℃作用 30min）消毒。公牛、阉牛及猪的胴体和内脏可不限制出售。母牛、羊的胴体和内脏宜销毁或作为工业原料，病畜的内分泌腺体和血液，禁止制作药物和食用。病畜的皮毛可集中用环氧乙烷消毒。病畜圈舍与病畜或死畜停留处的地面、墙面，用质量分数为 0.5％过氧乙酸或 20％漂白粉澄清液喷洒，药量为 150～300mL/m²，连续喷洒 3 次，每次间隔 1h。病畜污染的饲料、杂草和垃圾应焚烧处理。病畜的粪尿，按 1 质量份漂白粉加 5 质量份粪尿，或 10kg 粪尿加 10％次氯酸钠溶液（有效氯质量浓度 100g/L）1kg 消毒作用 2h。养殖场污水按本书有关污水的消毒方法进行消毒。污染牧场须停止放牧 2 个月，污染的不流动水池应停止使用 3 个月。

（三）结核

结核病是由分枝杆菌引起的一种人畜共患的慢性传染病，世界动物卫生组织将其列为 B 类动物疫病，我国将其列为二类动物疫病。其病理特征是在多种组织器官形成结核性肉芽肿（结核结节），继而结节中心干酪样坏死或钙化。牛、猪、人最容易感染，经呼吸道、消化道以及交配传染，畜间、人间、人畜间都能互相传染。

本病可侵害人和多种动物。家畜中牛最易感，特别是奶牛，其次为黄牛、牦牛、水牛，猪和家禽易感性也较强。病人和患病畜禽，其痰液、粪尿、乳汁和生殖道分泌物中都可带菌，污染饲料、食物、饮水、空气和环境而散播传染。本病主要经呼吸道、消化道感染。饲养管理不当与本病的传播有密切关系，畜舍通风不良、拥挤、潮湿、阳光不足，缺乏运动，最易导致畜禽患病。

本菌在自然环境中生存力较强，对干燥和湿冷的抵抗力很强。但对热的抵抗力差，60℃、30min即可死亡，在直射阳光下经数小时死亡。常用消毒药经4h可将其杀死。

饲养场应加强消毒工作，每年进行2～4次预防性消毒。每当畜群出现阳性病牛后，都要进行一次大消毒。对病畜和阳性畜污染的场所、用具、物品进行严格消毒。常用消毒药为5％来苏儿或克辽林、10％漂白粉、3％福尔马林或3％氢氧化钠溶液。

饲养场的金属设施、设备可采取火焰、熏蒸等方式消毒；圈舍、场地、车辆等，可选用2％氢氧化钠等有效消毒药消毒；饲料、垫料可采取深埋发酵处理或焚烧处理；粪便采取堆积密封发酵方法，以及其他相应的有效消毒方法。

（四）链球菌病

链球菌病是主要由β-溶血性链球菌引起的多种人畜共患病的总称。动物链球菌病中以猪、牛、羊、马、鸡较常见。链球菌病的临床表现多种多样，可以引起化脓和败血症，也可表现为各种局限性感染。链球菌病分布很广，严重威胁人畜健康。

患病和病死动物是主要传染源，无症状和病愈后的带菌动物也可排出病菌成为传染源。

链球菌对热和普通消毒药抵抗力不强，多数链球菌经60℃加热30min均可杀死，煮沸可立即死亡。常用的消毒药如2％石炭酸、0.1％新洁尔灭、1％煤酚皂液，均可在3～5min内将其杀死。日光直射2h链球菌死亡。0～4℃可存活150天，冷冻6个月特性不变。

发生链球菌病后，应及时隔离处置发病动物，对饲养圈舍、进出疫区车辆等进行清理（洗）和消毒。

（1）对圈舍内外先消毒然后进行清理和清洗，清洗完毕后再消毒。

（2）首先清理污物、粪便、饲料等。饲养圈舍内的饲料、垫料等作深埋、发酵或焚烧处理。粪便等污物作深埋、堆积密封发酵或焚烧处理。

（3）对地面和各种用具等彻底冲洗，并用水洗刷圈舍、车辆等，对所产生的污水进行无害化处理。

（4）对金属设施设备，可采取火焰、熏蒸等方式消毒。

（5）对饲养圈舍、场地、车辆等采用消毒液喷洒的方式消毒。

（6）疫区内所有可能被污染的运载工具应严格消毒，车辆内、外及所有角落和缝隙都要用消毒剂消毒后再用清水冲洗，不留死角。

（7）车辆上的物品也要进行消毒。

（8）从车辆上清理下来的垃圾和粪便要作无害化处理。

(9) 根据动物防疫法，对疫区进行终末消毒后解除封锁。

第十节 死亡动物的处理程序

一、尸体的运送

运送尸体前，工作人员应穿戴工作服、口罩、护目镜、胶鞋及手套。尸体要用密闭不泄漏、不透水的容器包裹，并用车厢和车底不透水的车辆运送。装车前应将尸体各天然孔用蘸有消毒液的湿纱布、棉花严密填塞，小动物和禽类可用塑料袋盛装，以免流出粪便、分泌物、血液等污染周围环境。在尸体躺过的地方，应用消毒液喷洒消毒，如为土壤地面，应铲去表层土，连同尸体一起运走。运送过尸体的用具、车辆应严格消毒；工作人员用过的手套、衣物及胶鞋等亦应进行消毒。

二、尸体无害化处理方法

(一) 深埋法

掩埋法是处理畜禽病害肉尸的一种常用、可靠、简便易行的方法。

1. 掩埋地点 应远离居民区、水源、泄洪区、草原及交通要道，避开岩石地区，位于主导风向的下方，不影响农业生产，避开公共视野。

2. 挖坑

(1) 挖掘及填埋设备 挖掘机、装卸机、推土机、平路机和反铲挖土机等，挖掘大型掩埋坑应选挖掘机。

(2) 修建掩埋坑

①大小 掩埋坑的大小取决于机械、场地和所须掩埋物品的多少。

②深度 应尽可能的深（2～7m），坑壁应垂直。

③宽度 坑的宽度应能让机械平稳地水平填埋处理物品。例如使用推土机填埋，坑的宽度不能超过一个举臂的宽度（大约 3m），否则很难从一个方向把肉尸水平地填入坑中，确定坑的适宜宽度是为了避免填埋后在坑中移动肉尸。

④长度 由填埋物品的多少来决定。

⑤容积 估算坑的容积可参照以下参数：坑的底部必须高出地下水位至少 1m，每头大型成年动物（或 5 头成年羊）约需 $1.5m^3$ 的填埋空间，坑内填埋的肉尸和物品不能太多，掩埋物的顶部距坑面不得少于 1.5m。

3. 掩埋

(1) 坑底处理 在坑底洒漂白粉或生石灰，用量根据掩埋尸体的量确定（0.5～2.0kg/m^2）。掩埋尸体量大的应多加，反之少加或不加。

（2）尸体处理　动物尸体用 10% 漂白粉上清液喷雾（200mL/m²），作用 2h。

（3）入坑　将处理过的动物尸体投入坑内，使之侧卧，并将污染的土层和运尸体时的有关污染物如垫草、绳索、饲料、少量的奶和其他物品等一并入坑。

（4）掩埋　先用 40cm 厚的土层覆盖尸体，然后再放入未分层的熟石灰或干漂白粉 20～40g/m²（2～5cm 厚），再覆土掩埋，平整地面，覆盖土层厚度不应少于 l.5m。

（5）设置标识　掩埋场应标志清楚，并得到合理保护。

（6）场地检查　应对掩埋场地进行必要的检查，以便在发现渗漏或其他问题时及时采取相应措施。在场地可被重新开放载畜之前，应对无害化处理场地再次复查，以确保对牲畜的生物和生理安全。复查应在掩埋坑封闭后 3 个月进行。

4. 注意事项

（1）石灰或干漂白粉切忌直接覆盖在尸体上，因为在潮湿的条件下熟石灰会减缓或阻止尸体的分解。

（2）对牛、马等大型动物，可通过切开瘤胃（牛）或盲肠（马）对大型动物开膛，让腐败分解的气体逃逸，避免因尸体腐败产生的气体可导致未开膛动物的臌胀，造成坑口表面隆起甚至尸体被挤出。对动物尸体的开膛应在坑边进行，不允许到坑内处理动物尸体。

（3）掩埋工作应在现场督察人员的指挥、控制下，严格按程序进行，所有工作人员在工作开始前必须接受培训。

（二）焚烧法

焚烧法既费钱又费力，只有在不适合用掩埋法处理动物尸体时用。焚化可采用的方法有：柴堆火化、焚化炉和焚烧窑/坑等，此处主要讲解柴堆火化法。

1. 焚烧地点　应远离居民区、建筑物、易燃物品，上面不能有电线、电话线，地下不能有自来水、燃气管道，周围有足够的防火带，位于主导风向的下方，避开公共视野。

2. 准备火床

（1）十字坑法　按十字形挖两条坑，其长、宽、深分别为 2.6m、0.6m、0.5m，在两坑交叉处的坑底堆放干草或木柴，坑沿横放数条粗湿木棍，将尸体放在架上，在尸体的周围及上面再放些木柴，然后在木柴上倒些柴油，并压以砖瓦或铁皮。

（2）单坑法　挖一条长、宽、深分别为 2.5m、1.5m、0.7m 的坑，将取出的土堆堵在坑沿的两侧。坑内用木柴架满，坑沿横架数条粗湿木棍，将尸体放在架上，以后处理同十字坑法。

（3）双层坑法　先挖一条长、宽各 2m，深 0.75m 的大沟，在沟的底部再挖一长 2m、宽 1m、深 0.75m 的小沟，在小沟沟底铺以干草和木柴，两端各留出 18～20cm 的空隙，以便吸入空气，在小沟沟沿横架数条粗湿木棍，将尸体放在架上，以后处理同十字坑法。

3. 焚烧

（1）摆放动物尸体　把尸体横放在火床上，较大的动物放在底部，较小的动物放在上部，最好把尸体的背部向下而且头尾交叉，尸体放置在火床上后，可切断动物四肢的伸肌腱，以防止在燃烧过程中肢体伸展。

（2）浇燃料

①燃料需求　燃料的种类和数量应根据当地资源而定。以下数据可供焚化一头成年大牲畜参考：大木材：3 根，$2.5m \times 100mm \times 75mm$；干草：一捆；小木材：35kg；煤炭：200kg；液体燃料：5L。

总的燃料需要可根据一头成年牛大致相当 4 头成年猪或肥羊来估算。

②焚烧　用煤油浸泡的破布作引火物点火，保持火焰的持续燃烧，加燃料。

③焚烧后处理　焚烧结束后，掩埋燃烧后的灰烬，表面撒布消毒剂。填土高于地面，场地及周围进行消毒，设立警示牌，注意查看。

4. 注意事项

（1）应注意焚烧产生的烟气对环境的污染。

（2）点火前所有车辆、人员和其他设备都必须远离火床，点火时应顺风向进入点火点。

（3）进行自然焚烧时应注意安全，须远离易燃易爆物品，以免引起火灾和人员伤害。

（4）运输器具应当进行消毒。

（5）焚烧人员应做好个人防护。

（6）焚烧工作应在现场督察人员的指挥、控制下，严格按程序进行，所有工作人员在工作开始前必须接受培训。

（三）发酵法

此法是将尸体抛入专门的动物尸体发酵池内，利用生物热的方法将尸体发酵分解，以达到无害化处理的目的。

1. 选择地点　选择远离住宅、动物饲养场、草原、水源及交通要道的地方。

2. 建发酵池　池为圆井形，深 9～10m，直径 3m，池壁及池底用不透水材料制作成（可用砖砌成后涂水泥）。池口高出地面约 30cm，池口做一个盖，盖平时落锁，池内有通气管。如有条件，可在池上修一小屋。尸体堆积于池内，当堆至距池口 1.5m 处时，再用另一个池。此池封闭发酵，夏季不少于 2 个月，冬季不少于 3 个月，待尸体完全腐败分解后，可以挖出作肥料，两池轮换使用。

第二章 保证畜产品质量安全

第一节 饮用水及冲洗用水的质量标准

一、饮用水的质量标准

(一) 水在养牛业生产中的作用及牛的需水量

水是生命体赖以生存的物质基础，作为一种溶剂保证了营养物质的体内代谢和废物的排出，此外对于调节体温、pH、渗透压、电解质浓度以维持内环境稳定有重要的作用，尤其对于大家畜动物牛，是构成肉和奶的重要成分。

牛体内水的来源有饲料水、饮水和内源水，尤其饮用水是牛的主要供水方式，如果供应不及时将直接影响牛的健康和生产，严重缺水时可造成死亡。对于大家畜牛，饮水量较大，肉牛一般26～66L/天，生产中采用不间断自由饮水，或者间断充足供水。奶牛饮水量是否充足，对产奶量和品质起重要作用。泌乳牛每采食1kg干物质，需要饮水3.5～5.5kg，夏季受热应激影响，饮水量是平常的2～3倍，冬季饮水降低，但最好用温水。

(二) 饮用水的判断依据

家畜的饮水受多种因素的影响，水的质量是最重要的因素。饮水要求新鲜，重金属含量不得超过饮用水标准，无病原菌和农药残留。对于养牛场，应该做到为所有牛持续供应新鲜干净的饮水，室内设置足够并摆放合理的饮用水槽，并保持水槽清洁。牛饮用水的判断依据通常有pH、盐度、氯化物水平。

1. pH 家畜饮用水的pH范围是6.5～8.5，pH偏低（小于5.5），会发生酸中毒和采食量下降；而高碱性的水（pH大于9）会引起消化紊乱和腹泻，降低水和食物的吸收，降低饲料转化率。

2. 盐分 盐分是水中所有矿物盐的总和，包括钠、钙、镁、氯离子、硫酸盐和碳酸盐。盐分对动物的影响取决于下列几个方面：动物的种类、品种和年龄；动物消耗的水和矿物质的含量；环境温度和水的温度；水中所含矿物质的种类。盐分对家畜的作用见表2-1和表2-2。

3. 氯化物 氯离子在体内有许多功能，能调节渗透压、维持酸碱平衡等。过量的氯（氯化钠）是盐毒的代名词。在反刍动物，过多的氯离子会增加瘤胃的渗透压，导致微生物数量减少从而降低了代谢活性，致使食物的摄入量减少。在所有动物，过多的氯化钠会导致脱水、肾功能衰竭、神经系统紊乱和死亡。

表 2-1　饮用水的盐分对家畜的一般作用

盐度 * （EC in μS/cm）	对家畜的作用和警示
小于 1 600	相对很低的浓度，对牲畜无作用
1 600～4 700	令人满意的，但可能造成暂时轻微的不适应腹泻。对健康无其他影响
4 700～7 800	令人满意的但可能被拒绝。动物不适应。会引起暂时的腹泻家禽不能接受
7 800～10 900	可用于奶牛、肉牛、绵羊、猪和马 对于怀孕或哺乳的动物，或正在使役的马，避免使用这个范围内过高浓度的水家禽不能接受
10 900～15 600	对于怀孕和哺乳的动物有风险，年轻的和所有的动物会遭受严重热应激和失水 家禽不可耐受。不适用于猪和马 一般情况下，应避免对任何家畜使用，即使老的家畜在低压情况下能生存下去
15 600～23 400	危险。不能对成年以外的牲畜使用
30 000 左右	有毒，根据盐分的类型有不同影响

＊：为电导率（EC）值除以 mg/L 或参考文献中 0.64 得到的 ppm 值，EC 单位为 μS/cm。

表 2-2　饮用水的盐分对肉牛和奶牛的作用（EC in μS/cm）

家畜	无副作用	动物最初不愿喝或有些腹泻，但家畜会适应且生产力不降低	生产损失，动物健康状况下降。如果逐步推行，家畜可在短时间适应这种盐度的水
肉牛	0～6 300	6 300～7 800	7 800～15 600
奶牛	0～3 900	3 900～6 300	6 300～10 900

不同家畜能接受的最大的氯离子浓度为：奶牛 1 600mg/L，肉牛 4 000mg/L。盐中毒的症状：过度干渴，腹痛，尿量增加，鼻腔分泌物出现，没食欲，腹泻，神经体征（如眩晕、震颤、失明、转圈、倒退、头压、抖腿、球关节扭节），卧倒，抽搐，死亡。

（三）饮用水的一般标准

饮用水对家畜的作用是潜移默化的，饮用水的质量应该符合《无公害食品　畜禽饮用水水质》（NY 5027）的要求，从感官性状、细菌指标和重金属含量等方面综合考虑，具体见表 2-3。

表 2-3　家畜饮用水水质安全指标

项目		标准
感官性状及一般化学指标	色度	≤30 度
	浑浊度	≤20 度
	臭和味	不得有异臭、异味
	总硬度（以 $CaCO_3$ 计，mg/L）	≤1 500
	pH	5.5~9.0
	溶解性总固体（mg/）L	≤4 000
	硫酸盐（以 SO_4^{2-} 计，mg/L）	≤500
细菌学指标	总大肠菌群（MPN/100mL）	成年畜100，幼畜10
重金属含量	氟化物（以 F^- 计，mg/L）	≤2.0
	氰化物（mg/L）	≤0.20
	砷（mg/L）	≤0.20
	汞（mg/L）	≤0.01
	铅（mg/L）	≤0.10
	铬（六价，mg/L）	≤0.10
	镉（mg/L）	≤0.05
	硝酸盐（以 N 计，mg/）L	≤10.0

二、冲洗用水的质量标准

（一）冲洗水的使用注意事项

冲洗用水应为清水或较高品质的循环水（中水），具体注意事项为：

（1）所有的冲洗用水箱应有防溢保护。

（2）冲洗水应有足够的水量、流速和均匀度，防止冲洗面上固体物堆积。

（3）循环水的使用不可有损于舍内的空气质量，也不可导致地面固体粪便堆积。

（4）应对冲洗水箱及其配套设备进行适当防渗漏维护。

（5）冲洗水箱必须有盖或供水管必须在水箱底/下部进水。

（6）冲洗地面不应有固体物质堆积，动物身体上也不应有粪便黏附，舍内无蚊蝇孳生和鼠害。

（二）冲洗水的水质要求

1. 满足卫生要求　其指标主要有大肠菌群数、细菌总数、余氯量、悬浮物、BOD 等。

2. 满足感官要求　即无不快的感觉。其衡量指标主要有浊度、色度、臭味等。

3. 满足设备构造方面的要求　即水质不易引起设备、管道的严重腐蚀和结垢。其衡量指标有 pH、硬度、蒸发残渣、溶解性物质等。

具体如表 2-4 所示。

表 2-4　冲洗水质标准

项目	标准
色度	色度不超过 40 度
臭	无不快感觉
pH	6.5～9.0
悬浮物	不超过 10mg/L
生化需氧量（5d 20℃）	不超过 10mg/L
化学耗氧量（重铬酸钾法）	不超过 50mg/L
阴离子合成洗涤剂	不超过 2mg/L
细菌总数	1mL 水中不超过 100 个
总大肠菌群	1L 水中不超过 3 个
游离余氯	管网末端不低于 0.2mg/L

第二节　挤奶设备与储奶（罐）设备的卫生

一、挤奶设备与储奶（罐）设备的清洗消毒

一般来说，挤奶设备与贮奶（罐）设备所有和牛奶接触的部位都要清洗。这些部件可以分为三类：第一类：挤奶过程中收集牛奶和挤奶真空的部位，如挤奶杯组、奶量计、奶管以及集乳罐；第二类：集乳罐和冷藏罐之间负责传送牛奶的部件，如奶泵；冷排；第三类：牛奶冷藏罐。

（一）挤奶设备的清洗和消毒

1. 挤奶前的清洗　每次挤奶前应用清水对挤奶及贮运设备进行冲洗。

2. 挤奶后的清洗消毒

（1）预冲洗　挤奶完毕后，应马上用清洁的温水（35～40℃）进行冲洗，不加任何清洗剂。预冲洗过程以循环冲洗到水变清为止。

（2）碱酸交替清洗　预冲洗后立刻用 pH 11.5 的碱洗液（碱洗液浓度应

考虑水的 pH 和硬度）循环清洗 10～15min。碱洗温度开始在 70～80℃，循环到水温不低于 41℃。碱洗后可继续进行酸洗，酸洗液 pH 为 3.5（酸洗液浓度应考虑水的 pH 和硬度），循环清洗 10～15min，酸洗温度应与碱洗温度相同。视管路系统清洁程度，碱洗与酸洗可在每次挤奶作业后交替进行。在每次碱（酸）清洗后，再用温水冲洗 5min。清洗完毕管道内不应留有残水。

（3）挤奶杯的清洗消毒　常用的方法是将挤奶杯橡胶内壳放在清洁的水里涮一下，冲掉残留的牛奶，然后将挤奶杯放在含有水及温和的消毒剂的桶中（每 1kg 水加 15～25mg 的碘溶液）浸泡 2.5min，最后擦干内壳装上挤奶机就可以使用了。

（4）奶桶的清洗与消毒　有清洗及消毒（直接蒸汽）装置的，应先用刷子从外到内逐一用温水刷净（包括桶盖），不能有一点奶垢，然后用 0.5%～1% 碱水刷洗，用清水刷洗干净，最后把奶桶放在奶桶消毒器上，用直接蒸汽消毒 2～3min，晾干后待用。

对于没有刷洗与消毒设备的，可先用消毒水冲一下，得回到牧场或家中后用热水与碱水刷洗干净，然后再用沸水消毒。

（二）奶槽车、奶罐的清洗消毒

奶槽车、奶罐每次用完后应清洗和消毒。具体程序：拿掉出口阀门，让槽内（罐内）剩余的牛奶尽量流净，先用 35～40℃ 的温水清洗，再用 0.5%～1% 的热碱水（温度 50℃）循环清洗消毒，最后用清水冲洗干净。奶泵、奶管、阀门每用一次，都要用清水清洗一次，并且每周 2 次彻底冲刷、清洗。

（三）清洗和消毒目标

（1）与奶液所接触的表面没有肉眼可见的奶液残余和其他沉淀物。
（2）表面上不应有清洁剂或消毒剂的残留。
（3）残存的细菌数应在可接受水平之内，符合食品卫生要求。

二、挤奶机的清洗

挤奶机日常清洗应当包括前期漂洗、碱性洗涤、酸性洗涤和漂洗。

（一）前期漂洗

1. 前期漂洗用水　使用干净温和且没有任何洗涤剂的水，水不可以循环使用。

2. 时间　前期漂洗应当在挤奶之后马上进行。当房间温度比体温低时，管道里的牛奶残留物会变硬导致漂洗困难。

3. 用水量　前期漂洗的水不可以重复使用，漂洗至水变得干净为止。

4. 水温　低温会使牛奶脂肪变硬，而高温会使蛋白质积聚，最佳的温度为 35～46℃。

（二）碱性洗涤

1. 时间　每次挤完奶进行前期漂洗之后，要立即进行 5～8min 的循环洗涤。对于连续式挤奶台，至少要进行 2 次碱性洗涤。

2. 温度　循环开始时的温度应当高于 74℃，结束时则应当高于 41℃。

3. 注意事项　酸碱度应当为 11.5。需要考虑所使用水的酸碱值和硬度。洗涤时间和温度同样需要考虑。

（三）酸性洗涤

酸性洗涤的目的是去除管道里的矿物质。建议管道系统每周清洗 1～7 次，挤奶台每天一次。

1. 温度　应当在 35～46℃。

2. 时间　为 5min。

3. 酸碱度　为 3.5，与洗涤时间亦有关。

（四）漂洗

建议在挤奶前用饮用水（或者氯含量为 200mg/L 的消毒水）漂洗 2～10min，尽可能除去碱性、酸性物质及微生物。

（五）手洗

挤奶后收起挤奶机，用温水漂洗，然后添加碱性洗涤剂，刷洗每个部件，再添加酸性洗涤剂，存放至干燥为止。挤奶之前用氯含量为 200mg/L 的消毒水漂洗。

三、挤奶设备与储奶（罐）设备的维护

挤奶设备必须定期做好维护保养工作，除此之外，每年都应当由专业技术工程师进行全面维护保养。不同类型的设备应根据设备厂商的要求进行特殊维护。

（一）每天检查

（1）真空泵油量是否保持在要求的范围内。
（2）集乳器进气孔是否被堵塞。

（3）橡胶部件是否有磨损或漏气。

（4）真空表读数是否稳定。套杯前与套杯后，真空表的读数应当相同，摘取杯组时真空会略微下降，但5s内应上升到原位。

（5）真空调节器是否有明显的放气声，如没有放气声说明真空储气量不够。

（6）奶杯内衬/杯罩间是否有液体进入。如果有水或奶，表明内衬有破损，应当更换。

（二）每周检查

（1）检查脉动率与内衬收缩是否正常。在机器运转状态下，将拇指伸入一个奶杯，其他3个奶杯堵住，检查每分钟按摩次数（脉动率），拇指应感觉到内衬的充分收缩。

（2）奶泵止回阀是否断裂，空气是否进入奶泵。

（三）每月检查和保养

1. 真空泵皮带 松紧度是否正常，用拇指按压皮带应有1.25cm的张度。

2. 清洁脉动器 脉动器进气口尤其需要进行清洁，有些进气口有过滤网，需要清洗或更换，脉动器加油需按供应商的要求进行。

3. 清洁真空调节器和传感器 用湿布擦净真空调节器的阀、座等（按照工程师的指导），传感器过滤网可用皂液清洗，晾干后再装上。

4. 奶水分离器和稳压罐浮球阀 应确保浮球阀工作正常，还要检查其密封情况，有磨损时应立即更换；冲洗真空管，清洁排泄阀，检查密封状况。

（四）年度检查

每年由专业技术工程师对挤奶设备做系统检查。

四、使用的化学消毒剂的标准

（一）理想消毒剂的标准

目前国际上公认的理想消毒剂的七条标准是：

（1）杀菌谱广，作用快速。

（2）性能稳定，便于储存和运输。

（3）无毒无味，无刺激，无致畸、致癌、致突变作用。

（4）易溶于水，不着色，易去除，不污染环境。

（5）不易燃易爆，使用安全。

（6）受有机物、酸碱和环境因素影响小。

（7）作用浓度低，使用方便，价格低廉。

（二）对清洗剂和消毒剂的一般要求

化学清洗剂和消毒剂的主要作用是清除挤奶装置内表面附着的奶渣，但是在很多情况下，也能较大地降低微生物的含量。为了达到这些目的，需要满足如下要求：

（1）使用安全简单，对人、奶牛和环境比较安全，没有残留毒性，对设备没有破坏和在牛体内不产生毒害积累。

（2）不含任何会影响牛奶质量的物质。

（3）不污染环境，洗涤后的废水是肥料，可用于灌溉。

（4）将奶渣黏附着的表面松开。

（5）让松开的奶渣悬浮于溶液中。

（6）防止奶渣再次黏到设备的其他地方。

（7）防止形成奶垢层。

（8）杀灭细菌。

（9）应按照厂商的说明使用清洁剂和消毒剂。

并不是一种清洗剂和消毒剂就能满足上述的所有要求，因此，最好在不同的时间段使用不同的清洗剂。通常，一段时间用碱性清洗剂，接下来的清洗再用酸性清洗剂。清洗剂里既含有清洗剂也含有消毒剂，这种类型的清洗剂使用容易，而且可减少化合物混合的危险。将碱性清洗剂换成酸性清洗剂时，要注意尽可能地将原来容器中的残液去除，否则两种清洗剂会发生中和反应，影响清洗效果。如果使用混合型的清洗剂，要注意有害的氯气可能会从残余的消毒剂里挥发出来。所进行的各种消毒，都必须建立完整的消毒记录。内容包括消毒时间、场所、消毒药名称、数量、浓度、消毒方法、消毒人等。

第三节　病畜产品(牛奶、牛肉)的处理程序
一、牛　奶

以下奶牛所产牛奶不应作为商品牛奶出售：①正在使用抗菌药物治疗以及不到规定停药期的奶牛；②产犊 7 天内的奶牛，患有乳房炎的奶牛；③患有结核病、布氏杆菌病及其他传染性疾病的奶牛；④不符合《乳用动物健康标准》相关规定的奶牛。

为使疾病传播降到最低，应在屋内单独隔离生病的动物。遵循适当的程

序，将生病动物的奶和治疗中动物的奶分开（将挤到一个单独的容器中）。如果可能的话，应提供单独的设备。牛场内发生传染病后，应及时隔离病牛，病牛所产乳及死牛应作无害化处理（符合 GB 16548 的规定）。

二、牛　肉

（一）常见人畜共患传染病畜肉的处理

1. 常见人畜共患传染病　有炭疽、鼻疽、口蹄疫、猪水泡病、猪瘟、猪丹毒、结核、布氏杆菌病等。对患这类传染病的病畜肉均应按有关规定进行处理。

2. 常见人畜共患寄生虫病　有囊虫病、旋毛虫病、猪弓形虫病等。对患这类寄生虫病的病畜肉也应按有关规定进行处理。

3. 情况不明死畜肉的处理　死畜肉可来自病死、中毒和外伤等急性死亡的牲畜。对这些肉应特别注意，必须在确定死亡原因后再考虑采取何种处理方法。对无法查明死亡原因的死畜肉，一律不准食用。

废弃肉指患炭疽、鼻疽等烈性传染病牲畜的肉尸，死因不明的死畜肉，严重腐败变质的肉等，对这类肉应进行销毁或化制，不准食用。

（二）病畜产品（牛奶和牛肉）的处理方法

1. 销毁

（1）适用对象　确认为炭疽、鼻疽、牛瘟、牛肺疫、恶性水肿、蓝舌病、口蹄疫、牛鼻气管炎等传染病和恶性肿瘤或两个器官发现肿瘤的家畜禽整个尸体；从其他患病畜禽各部分割除下来的病变部分和内脏。

（2）操作方法　下述操作中，运送尸体应采用密闭的容器。

①湿法化制　利用湿化机，将整个尸体投入化制（熬制工业用油）。

②焚毁　将整个尸体或割除下来的病变部分和内脏投入焚化炉中烧毁炭化。

2. 化制

（1）适用对象　凡病变严重、肌肉发生退行性变化的除上述销毁中规定的传染病以外的其他传染病，中毒性疾病，囊虫病、旋毛虫病及自行死亡或不明原因死亡的畜禽整个尸体或肉尸和内脏。

（2）操作方法　利用干化机，将原料分类分别投入化制。

3. 高温处理

（1）适用对象　结核病、副结核病等病畜的肉尸和内脏。确认为传染病病畜的同群家畜以及怀疑被其污染的肉尸和内脏。

（2）操作方法

①高压蒸煮法　把肉尸切成重不超过 2kg、厚不超过 8cm 的肉块，放在密闭的高压锅内，在 112 kPa 压力下蒸煮 1.5～2h。

②一般煮沸法　将肉尸切成重不超过 2kg、厚不超过 8cm 的肉块，放在普通锅内煮沸 2～2.5 h（从水沸腾时算起）。

4. 选择埋葬、焚烧或者堆肥法处理　应尽力减少对环境的影响，包括养殖设施、排水管、住宅和商业土地、地面水、基岩和地下蓄水层、城市水源地。

运输过程中，尸体必须存放在一个防漏的容器里，和尸体接触的表面能不受影响并且易于清理和消毒。需要避让的最短距离见表 2-5。

表 2-5　尸体存放需要避让的最短距离

需避让区域	距离	需避让区域	距离
主干道	30m	市政水井	250m
最近地表水或供水管道	100m	养殖设施，户外分娩区和住宅结构和处理容器并存区	100m
农田排水管	6m	另一掩埋井，如果是开放的（还在使用并且没有关闭）或关闭少于 10 年	60m
工业区或公园	100m	泄洪区	避开
住宅区、商业区社区或者工业区	200m		

第四节　饲料添加剂

饲料添加剂指在配合饲料加工、储存、调配、饲喂过程中添加的微量或少量物质，根据对动物的作用分为营养性饲料添加剂和一般性饲料添加剂两种。前者主要用于补充饲料的营养成分，主要包括饲料级氨基酸、维生素、矿物质及微量元素、非蛋白氮和稀土元素等；后者主要用于改善饲料品质、提高饲料利用率、防止疾病的发生，包括酶制剂、微生态制剂、中草药添加剂、活性肽、酸化剂、低聚糖类制剂、抗氧化剂、防腐剂、电解质平衡剂、着色剂和调味剂及药物饲料添加剂等。生产中，使用添加剂一定要符合安全、经济和使用方便的要求，而且还应注意添加剂的一些限制性要求，并对无公害饲料添加剂有所了解。

一、饲料添加剂的限制性要求

（1）营养性饲料添加剂和一般饲料添加剂产品应是《饲料添加剂品种目录》

所规定的品种，或取得国务院农业行政主管部门颁发的有效期内饲料添加剂进口登记证的产品，亦或是国务院农业行政主管部门批准的新饲料添加剂品种。

（2）药物饲料添加剂的使用应遵守《饲料药物添加剂使用规范》，只用批准的饲料药物添加剂，并严格遵守休药期；并应注明使用的添加剂名称及用量。

（3）具有该饲料应有的色泽、臭、味及组织形态特征，质地均匀。无发霉、变质、结块、虫蛀及异味、异臭、异物。

（4）应是安全、有效、不污染环境的产品。

（5）饲料添加剂应在稳定的条件下取得或保存，确保其在生产加工、贮存和运输过程中免受害虫、化学、物理、微生物或其他不期望物质的污染。

（6）卫生指标应符合 GB 13078—2001 的规定。

（7）国产饲料添加剂产品应是由取得饲料添加剂生产许可证的企业生产，并具有产品批准文号或中试生产产品批准文号。

（8）饲料添加剂产品应遵照产品标签所规定的用法、用量使用。

（9）接收、处理和贮存应保证安全有序，防止误用和交叉污染。

二、无公害饲料添加剂

无公害饲料添加剂是指无农药残留，无有机或无机化学毒害品，无抗生素残留，无致病微生物，霉菌毒素不超过标准的饲料添加剂。饲料添加剂的使用对畜产品无公害生产有很大的影响，安全使用添加剂应遵守如下规则：

（1）所使用的饲料添加剂符合我国农业部公布的《允许使用的饲料添加剂品种目录》的规定。

（2）使用期间对动物不产生急、慢性毒害作用或不良影响，所含有毒或有害物质不得超过规定标准。

（3）在动物产品中无残留或残留量不超过有关规定标准，对人体无害，对环境无污染。

（4）对种用动物不会导致生殖、生理的改变。

（5）不影响饲料的适口性，在饲料中有较好的稳定性。

（6）维生素、生物活性制剂等不得失效或超过有效期。

第五节　牛奶与牛肉出场时的
最低质量标准

随着生活水平的提高，人们对畜产品的要求出现了优质化、健康化的趋势。因此，提供优质、安全的畜产品已是现代畜牧业发展的一个主要目标。对于奶牛和肉牛生产来说，主要的畜产品原料为牛奶和牛肉，保证二者的质量是生产合格的奶肉制品的前提，也是企业长久发展的关键。

一、牛奶出场时的最低质量标准

（一）感官指标

正常牛奶呈白色或稍带微黄色，不得有其他异色。呈均匀的胶态流体，无沉淀，无凝块，无肉眼可见杂质和其他异物，且具有新鲜牛乳固有的香味，无其他异味。牛奶感官指标的检验方法为：

1. 色泽和组织状态 取适量试样于 50 mL 烧杯中，在自然光下观察色泽和组织状态。

2. 滋味和气味 取适量试样于 150mL 三角瓶中，闻气味，加热至 70～80℃，冷却至 25℃时，用温开水漱口后，再品尝样品的滋味。生鲜牛乳不可吞食并漱净。

（二）理化指标

理化指标只有合格指标，不再分级。我国颁布的标准规定原料乳验收时的理化指标如表 2-6 所示。

表 2-6　鲜乳理化指标及检测方法

项目	指标	检测方法
相对密度	≥1.028（1.028～1.032）	按 GB/T 5409—1985 的规定执行
冰点（℃）	−0.550～−0.510	按 GB/T 5409—1985 附录 B 规定执行
脂肪（%）	≥3.10（2.8～5.0）	按 GB/T 5409—1985 的规定执行
蛋白质（%）	≥2.95	按 GB/T 5413.1—1997 的规定执行
非脂乳固体（g/100g）	≥8.3	按 GB/T 5409—1985 的规定执行
酸度（以乳酸表示，/%）	≤0.162	按 GB/T 5409—1985 的规定执行
酒精试验（72°）	阴性	按 GB/T 5409—1985 的规定执行
杂质度（mg/kg）	≤4	按 GB/T 5413.30—2010 的规定执行

（三）安全指标

鲜乳的安全指标应符合表 2-7 的规定。

表 2-7 鲜乳的安全指标及检验方法

项目	指标	检测方法
总汞（mg/kg）	≤0.01	按 GB/T 5009.17—2003 的规定执行
无机砷（mg/kg）	≤0.05	按 GB/T 5009.11—2003 的规定执行
铅（mg/kg）	≤0.05	按 GB/T 5009.12—2003 的规定执行
铬（mg/kg）	≤0.3	按 GB/T 5009.123—2003 的规定执行
硝酸盐（以 $NaNO_3$ 计，mg/kg）	≤8.0	按 GB/T 5413.32—1997 的规定执行
亚硝酸盐（以 $NaNO_2$ 计，mg/kg）	≤0.2	按 GB/T 5413.32—1997 的规定执行
黄曲霉毒素 M_1（μg/kg）	≤0.5	用国际通用的双流向竞争性酶联免疫吸附分析法快速筛选，阳性按 GB/T 18980—2003 规定执行
磺胺类（μg/kg）	≤100	按农业部 781 号公告规定执行
四环素（μg/kg）	≤100	按 NY 5140—2005 附录 A 的规定执行
土霉素（μg/kg）	≤100	按 NY 5140—2005 附录 A 的规定执行
金霉素（μg/kg）	≤100	按 NY 5140—2005 附录 A 的规定执行
氨苄青霉素（μg/kg）	≤10	按 NY/T 829—2004 的规定执行
青霉素、卡那霉素、链霉素、庆大霉素	阴性	按 GB 4789.27—2008 的规定执行或用国际通用的双流向竞争性酶联免疫吸附分析法快速筛选

注：其他兽药、农药最高残留限量和有毒有害物质限量应符合国家相关规定。

（四）生物学指标

鲜乳的生物学指标应符合表 2-8 的规定。

表 2-8 鲜乳生物学指标及检验方法

项目	指标	检测方法
细菌总数（10^4 cfu/mL）	≤200	按 GB 4789.18—2010 及 GB 4789.2—2010 的规定执行或使用国际通用的菌落总数快速测定仪
体细胞数（个/mL）	≤600 000	按 NY/T 800—2004 的规定执行

二、牛肉出场的最低质量标准

养殖场出场的牛肉的最低质量标准应符合《无公害食品　牛肉》(NY 5044—2008) 的要求，具体如下：

1. 感官指标 出场的鲜牛肉感官指标应符合表 2-9 的规定。

表2-9 鲜牛肉感官指标及测定方法

项目	指标	检测方法
色泽	肌肉有光泽，色鲜红或深红，脂肪呈乳白或淡黄色	按GB/T 9960—2008规定执行
黏度	外表微干或有风干膜，不黏手	同上
弹性（组织状态）	指压后的凹陷立即恢复	同上
气味	具有鲜牛肉正常的气味，无臭味、异味	同上
煮沸后肉汤	透明澄清，脂肪团聚于表面，具特有香味	同上

2. 安全指标 出场的牛肉安全指标应符合表2-10的规定。

表2-10 牛肉安全指标及检验方法

项目	指标	检测方法
挥发性盐基氮（mg/100g）	≤15	按GB/T 5009.44—2003规定执行
总汞（以Hg计，mg/kg）	≤0.05	按GB/T 5009.17—2003规定执行
铅（以Pb计，mg/kg）	≤0.2	按GB/T 5009.12—2003的规定执行
无机砷（mg/kg）	≤0.05	按GB/T 5009.11—2003规定执行
镉（以Cd计，mg/kg）	≤0.1	按GB/T 5009.15—2003规定执行
铬（以Cr计，mg/kg）	≤1.0	按GB/T 5009.123—2003规定执行
土霉素（mg/kg）	≤0.10	按GB/T 5009.116—2003的规定执行
磺胺类（以磺胺类总量计，mg/kg）	≤0.10	按GB/T 20759—2006规定执行
伊维菌素（脂肪中）（μg/kg）	≤0.04	农业部781号公告规定执行

注：其他兽药、农药最高残留限量和有毒有害物质限量应符合国家相关规定。

3. 生物学指标 出场的牛肉生物学指标应符合表2-11的规定。

表2-11 牛肉生物学指标及检验方法

项目	指标	检测方法
菌落总数（cfu/mL）	≤1×10^6	按GB 4789.2—2010规定执行
大肠菌群（MPN/100 g）	≤1×10^4	按GB 4789.3—2010规定执行
沙门氏菌	不得检出	按GB 4789.4—2010规定执行

第三章　环境保护

随着我国畜牧业的迅猛发展，畜禽养殖已成为我国农村面、源污染的主要来源。在是多地区，畜禽粪尿污染物排放量已超过居民生活、乡镇工业等污染物排放总量，成为许多重要水源地、江河、湖泊严重污染和富营养化的主要原因。畜禽粪便含有大量的病原微生物、寄生虫卵及滋生的蚊蝇，会使环境中病原种类增多、菌量增大，病原菌和寄生虫大量繁殖，造成人畜传染病的蔓延。不仅影响畜禽生产力水平和经济效益，还威胁畜禽的生存条件和人类健康。通过科学的管理和合理的利用，可以减少粪污对环境的污染，而且把粪污变废为宝，做到资源的合理利用。

第一节　粪污管理

粪便和冲圈粪水是牛场粪污的两个主要来源，且产生量大，含有大量未吸收的有机物，处理不好就会污染大气、土壤、水体等环境，处理好了则能变废为宝，节约资源。牛场管理者应该本着减量化、无害化、资源化的原则管理牛场粪污，有责任把所有粪污控制在牛场范围内，不对环境造成污染。粪污的管理系统包括粪污的收集、贮存、运输、处理、利用等多个部分，每个部分的功能实现可有多种选择方案，牛场管理者可以根据牛场的实际情况进行选择。此外，还应推行"干湿分离，雨污分流"的粪污管理技术。

一、粪污收集、运输、贮存

粪污收集原则是当天产生的粪便、尿和污水当天清走，清出的粪污及时运至贮存场所或处理场所。肉牛只要收集牛舍内的粪污，奶牛除了收集牛舍内的，还要收集运动场、候挤区、挤奶厅里的粪污。

（一）粪污收集

1. 舍内　不同清粪工艺，粪污收集方式不同。目前，我国规模化畜禽养殖场采用的清粪工艺主要有 3 种：干清粪工艺、水冲粪、水泡粪（自流式）。三种清粪工艺相比，干清粪工艺得到的固态粪污含水量低，粪中营养成分损失小，肥料价值高，便于高温堆肥或其他方式的处理利用；产生的污水量少，且其中的污染物含量低，易于净化处理，在我国劳动力资源比较丰富的条件下，

68

是较为理想的清粪工艺，是推荐使用的清粪工艺。

干清粪工艺的具体方法是：粪便一经产生便分流，干粪由人工及时清理到清粪车，集中堆放到专用贮粪场进行处理；少量尿液由场内收集系统收集后，排入场内污水收集池。

2. 运动场、候挤区、挤奶厅 运动场和候挤区的固体粪便由人工及时清理到清粪车，集中堆放到贮粪场；尿液、污水以坡度和相关的基础设施输送到污水收集池；外部径流应当从明沟排出场外。挤奶厅里的粪污可采用水冲式，和冲洗水一起直接经暗沟输送到污水收集池。

值得注意的是，场内应采用雨污分流制，雨水通过道路明沟汇集排出场外；污水通过收集系统送到场区粪污处理池，经三级沉淀系统处理后通过暗沟排放到周边农田。明沟和暗沟可以采用 45cm×50cm 砖砌成。

（二）粪污运输

1. 粪便的运输 采用传统运输工具，如人工推车运输、拖拉机运输；液态粪污（包括污水）运输，采用带污水泵的罐车或直接与低速灌溉系统相连。

2. 严格控制运输沿途的弃、撒、跑、冒、滴、漏，必须采取防渗漏、流失、遗撒及其他防止污染环境的措施，妥善处置贮运工具清洗废水。

（三）粪污贮存

1. 粪污贮存设施 粪污应设置专门的贮存设施（表3-1）。

表 3-1 粪污贮存设施

贮存设施类型	适用对象	相对成本（元/m³）
自然内衬土质贮粪池	粪浆、固粪	1.0
就地取材黏土内衬贮粪池	粪浆、固粪	2.0
塑料内衬土质贮粪池	粪浆、固粪	2.2
水泥内衬土质贮粪池	粪浆、固粪	2.4
地面以上预制水泥贮粪罐	粪浆、液粪	4
现场制作地面以上水泥贮粪罐	粪浆、液粪	4.6
地面以上玻璃内衬钢板贮粪罐	粪浆、液粪	5.6

2. 粪污的贮存方法 贮存设施的形式因粪便含水率而异。采用干清粪工艺得到的粪污有干粪便、尿液和污水，其中干粪贮存在贮粪场，尿液和污水贮存在污水收集池。

贮粪场和污水池的参数设计分别见堆粪技术和污水处理技术。

3. 粪污贮存要求 不论是贮粪场还是污水收集池都应该满足以下要求：

（1）贮存设施的位置必须远离各类功能地表水体（距离不得小于400m），

并应设在牛场生产及生活管理区的常年主导风向的下风向或侧风向处，与牛舍之间保持 $200\sim300m$ 的距离。

（2）对贮存场所地面采取水泥硬化等防渗处理工艺，防止粪污污染地下水。

（3）粪尿池的容积应根据饲养量和贮粪周期来确定。对于种养结合的牛场，粪污贮存设施的总容积不得低于当地农林作物生产用肥的最大间隔时间内牛场所产生粪污的总量。

（4）贮存设施应采取设置顶盖等防止降雨（水）进入的措施。

二、粪污处理

粪污处理是粪污管理系统中重要的一个环节。牛场产生的粪便、污水只有经过处理后才能用于各种用途或达标排放。一般固液粪污是分别进行处理的。

（一）粪污预处理

粪污的预处理是保障粪污后续无害化处理、资源化利用的前提。经过除臭味和固液分离后，就可以分别进行固体粪便处理和污水处理。粪污臭味控制可以通过遮掩剂、中和剂、生物制剂和除臭固化剂来实现。固液分离技术有筛分、沉降分离和过滤分离。由于这些预处理方法需要配备专门的设备，考虑到成本投入问题，对小规模的奶牛和肉牛养殖场不推荐使用，但是推荐大规模养殖场和有机肥生产厂使用这些预处理方法，详见有机肥精加工。

（二）固体粪污的处理

经过预处理的固体粪污可以进行干燥处理和堆肥处理。

1. 干燥处理　粪便的干燥处理技术是无害化处理技术之一。非填料或非冲洗粪便的含水量一般为 $60\%\sim85\%$，通过干燥处理可减少粪便中水分的含量，便于作进一步储藏、加工、运输。其方法有：太阳能——风能干燥、高温快速干燥、烘干膨化干燥、机械脱水（热喷处理）。

（1）太阳能——风能干燥　在塑料大棚内摊铺湿粪，利用太阳能加热并强制通风排湿。

（2）高温快速干燥　采用煤、重油或微波电场产生的能进行人工干燥。目前我国使用的多为回转式滚筒。

（3）烘干膨化干燥　利用热效应和喷放机械效应，达到除臭、杀菌、灭（虫）卵目的，使粪便符合卫生防疫和商品肥料的要求。

（4）机械脱水　采用压榨机械、离心机械或热喷处理机械进行粪便脱水。但以上方法都需要专门的机器设备，成本投入大且增加了能耗，因此不予提倡，而推荐堆肥处理。

2. 堆肥处理　腐熟堆肥法即好氧堆肥法，是通过控制好气微生物活动的水分、酸碱度、碳氮比、空气、温度等各种环境条件，使好气微生物分解粪便及垫草中各种有机物，并使之达到矿质化和腐殖质化的过程。腐熟堆肥法可释放出速效性养分并造成高温环境，能杀菌、杀寄生虫卵等，使粪便最终变为无害的腐殖质类活性有机肥料，可以直接撒播还田。在非施肥季节，如果把堆肥产品直接装袋出售，就是牛粪的粗加工方法；如果对堆肥产品进行添加营养物质、干燥、制粒等后续处理之后再装袋出售，就是把牛粪制成颗粒有机肥的精加工方法。考虑到产粪量和成本等问题，牛粪的精加工方法适宜大规模的奶牛养殖场和有机肥加工厂使用。

（1）堆肥基本要求

①有机质含量　合适的有机物含量为 20%～80%。

②含水率　按质量计，40%～65%的含水率最有利于微生物分解。

③温度　一般认为高温菌对有机物的降解效率高于中温菌。初堆肥时，经过中温菌 1～2 天的作用，堆肥温度便能达到 50～65℃。在此高温下，堆肥只要 5～6 天即可达到无害化。过低的堆温会延长堆肥达到腐熟的时间，而过高的堆温（>70℃）将对堆肥微生物产生有害的影响。可采用翻堆机翻堆控制温度，遵循"时到不等温、温到不等时"的原则。即在堆肥前期，使发酵起温缓慢甚至不起温，48h 后必须翻堆或通风，避免堆体形成厌氧环境；在堆肥中期，一旦温度超过设定值，必须及时翻堆，不能等达到规定时间后再翻堆。

④通气供氧　堆肥初期亦保持好气环境，后期应保持粪肥堆内部分产生兼气条件。在堆肥期间用翻堆机适时翻堆。

⑤碳氮比　牛粪堆肥的碳氮比为 13.4∶1。如果粪污含碳量不足，需要用含碳量高的调理剂加以调整。

⑥pH　一般认为 pH 在 7.5～8.5 之间可获得最大堆肥速率。

（2）简易堆肥方法

①场地　水泥地或铺有塑料膜的地面，也可在水泥槽中。

②堆积体积　将粪便堆成长条状，高不超过 1.5～2m，宽不超过 1.5～3m，长度视场地大小和粪便多少而定。

③堆积方法　先较疏松地堆积一层，待堆温达到 60～70℃后保持 3～5 天（或者待堆温自然稍降后），再将粪堆压实，然后再堆积一层新鲜粪。如此层层堆积到 1.5～2m 为止，用泥浆或塑料膜密封。

④中途翻堆　为保证堆肥的质量，含水量超过 75%时应中途翻堆；含水量低于 60%时，最好泼水，以满足一定的水分要求，从而有利于提高发酵处理效果。

⑤启用　密封3～6个月，待肥堆溶液的电导率小于0.2mS/cm时启用。

经短时发酵处理要及时启用的，可在肥料堆中竖插或横插或留适当数量的通气孔。在实际生产中，可以采用堆肥舍、堆肥槽、堆肥塔等进行堆肥，这样腐熟快，臭气少，可连续生产。

堆肥的供应期多半集中在秋天和春天，中间间隔半年。因此，一般要设置能容纳6个月粪量的贮藏设备。可直接堆存在发酵池中装袋。堆肥成品可以在室外堆放，但必须有不透雨层防水。

（3）发酵槽堆肥　将鲜牛粪收集到粪肥车间的发酵槽内，适时进行翻堆、喷洒菌种，控制相对湿度为60%左右，经过21天发酵脱水，发酵温度可达50～60℃，使牛粪水分降到30%左右，形成大量富含养分的腐殖质，同时可杀灭牛粪中的病原微生物、寄生虫卵、杂草种子等，减少蚊蝇危害96%以上，减少有害气体如氨气、硫化氢等的排放，达到无害化处理的目的。其工艺流程见图3-1。

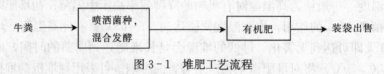

图3-1　堆肥工艺流程

①堆肥过程中监测项目　有机肥生产监测项目包括含水率的变化、碳氮比的变化、堆层温度变化、堆层氧浓度和耗氧速率变化。堆层温度和氧气浓度应每日跟踪，其他可每周监测一次。

②质量要求　根据《堆肥工程使用手册》，经过堆肥后的牛粪成为有机肥，肥料的质量标准为：有机质含量（以干基计）≥30%，水分（游离态）含量≤20%，总养分（$N+P_2O_5+K_2O$）含量≥4.0%，pH 5.5～8.0。堆肥产品外观为茶褐色或黑褐色，无恶臭，质地松散，具有泥土芳香气味。

③根据国家环境保护部　推荐的每头成年奶牛每日平均粪便量为20kg，每头成年肉牛每日平均粪便量为10kg，堆肥发酵的物料平衡分别见图3-2和图3-3。

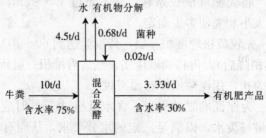

图3-2　奶牛场物料平衡图（日处理能力10t）

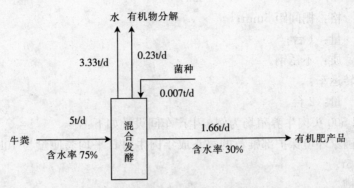

图 3-3　肉牛场物料平衡图（日处理能力 5t）

由图 3-2 可知，对于一个 500 头的奶牛场来说，年消耗菌种为 $0.02 \times 365 =$ 7.3t，产品年产量为 1 212t。通过图 3-3 可知，对于一个 500 头的肉牛场来说，年消耗菌种为 $0.007 \times 365 = 2.555t$，产品年产量为 605.9t。

④堆肥工艺设计　堆肥在发酵槽中进行，得到的产品直接装袋出售，因此生产车间包括发酵槽和成品堆放区两部分。生产车间的面积、设备选用的型号等都取决于牛场的养殖规模，在此举例说明生产车间的设计和机器设备的选用。

A. 以 500 头奶牛场为例设计如下：根据国家环境保护部推荐的每头成年奶牛每日平均粪便量为 20kg，则日产粪量为 10t。

发酵槽：

日产粪量：10t；

发酵物料平均堆高 $H = 1m$；

堆积时间 $D = 45$ 天；

发酵槽面积 $= 10m \times 45m/1 = 450m^2$，取 $456m^2$，即：57m（长）$\times$ 8m（宽）$= 456m^2$。

成品堆放区：

成品堆高 2m。根据加工工艺要求，考虑销售淡季影响，有机肥生产车间成品堆放区设计储存期为 3 个月，设计为 $3.33m \times 90m/2 = 149.85m^2$，发酵槽占地面积 $456m^2$，生产车间所需面积 $605.85m^2$，取 $610m^2$。

所需设备：

行走式翻堆机：

型　　号：HFD80；

数　　量：1 台；

技术参数：幅宽 8m，$N = 20kW$。

格栅：

型　　号：SY-5；

规　　格：栅间距 5mm；

数　　量：1 台；

材　　质：不锈钢。

人力转运车：

数　　量：2 台。

B. 以 500 头肉牛养殖场为例，生产车间设计如下：

根据国家环境保护部推荐的每头成年肉牛每日平均粪便量为 10kg，则日产粪量为 5t。

发酵槽：

日产粪量：5t；

发酵物料平均堆高 $H=1m$；

堆积时间 $D=30$ 天；

发酵槽面积＝$5m×30m/1=150m^2$。

成品堆放区：

根据加工工艺要求，考虑销售淡季影响，有机肥生产车间成品堆放区设计储存期为 110 天，设计为 $1.66m×105m=174m^2$，发酵槽占地面积 $150m^2$，生产车间取 $300m^2$。

所需设备：

行走式翻堆机：

型　　号：HFD80；

数　　量：1 台；

技术参数：幅宽 8m，$N=20kW$。

3. 自然发酵　其工艺为：鲜牛粪→贮粪池→自然堆积、发酵→农田。

自然发酵的特点为牛粪自然堆放在贮粪池内，设备投资少、方法简单，但需较大的贮粪场，占地面积大，并且对牛粪中病原微生物、寄生虫卵、杂草种子等处理效果不好。

4. 颗粒有机肥的精加工

（1）工艺流程

①混合搅拌　在该工艺段，将鲜牛粪与菌种充分混合后送入生物发酵池进行高温发酵。其中含水量较高的牛粪先送入预处理池通过固液分离机处理后再送入发酵槽发酵，经固液分离后的处理液排入预处理池中的沉淀区，经过四次沉淀过滤进入清水池待用或直接排放。如果有已经建好的沼气池，混合池中剩余的牛粪可以进入沼气池，而沉淀区的沉淀物可返料回流进入预处理系统继续使用。

②好氧发酵　发酵在发酵槽内进行。该工艺段是将混合后的牛粪送入发酵槽发酵，经过 21 天左右的时间，将混合牛粪水分降到 30％，发酵成熟。在发

酵过程中物料温度迅速升高，能杀死牛粪中的病原微生物、寄生虫卵、杂草种子等有害物质，实现无害化处理。该阶段的参数要求及具体方法和堆肥技术相同，可参照堆肥技术的内容。

③加工制肥 经过发酵后的物料体积减小、水分降低，再经过造粒、烘干等工序，包装后可直接出售。

首先利用链式粉碎机将堆肥后的物料粉碎，再经过筛分机筛分后，能通过筛分机的粗加工产品就可以进入造粒机造粒。为了使有机肥颗粒均匀，对造成的有机肥颗粒再次进行筛分，颗粒均匀的有机肥颗粒就可以进行干燥。干燥后再次筛分，最终干燥后颗粒均匀的有机肥就可以计量包装成成品出售。首次筛分不能通过的粉碎物料需要返回到发酵槽中与菌种混合重新堆积发酵。造粒后和烘干后不能通过筛分机的有机肥颗粒需要粉碎后再重新造粒、烘干。

颗粒有机肥精加工的生产工艺见图3-4。

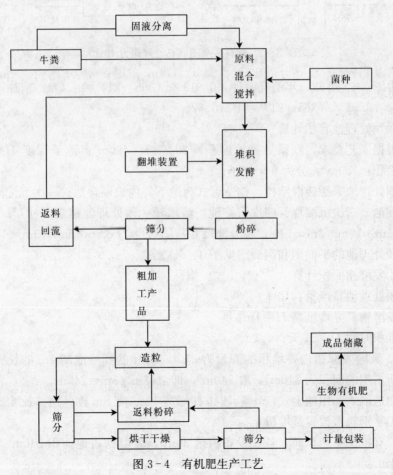

图3-4 有机肥生产工艺

（2）工艺计算 该部分用到的设计参数同样取决于牛场饲养规模，在此以500头奶牛场为例说明。

①日产粪量 根据国家环境保护部推荐的排泄系数牛粪排放量，每头成年奶牛每日平均粪便量为：牛粪，20kg；牛尿，10kg。则日平均牛粪便量：$500×20t＝10t$；日平均牛尿量：$500×10t＝5t$，牛尿收集率40％，产量约为2t。

②物料平衡计算 见图3-5。

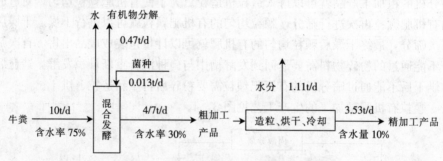

图3-5 物料平衡图（日处理能力10t）

由图3-5可知，年消耗菌种：$0.013×（365－21）＝4.47t$；精加工产品年产量：$3.53×（365－21）＝1\ 216.67t$。

③预处理池容积计算

根据工艺要求，则预处理池容积＝$30×15＝450m^3$；池子深度 $H＝3m$；池子面积：$150m^2$，分为6个格子。

预处理池采用砖混结构，构造形式为地下，内设混合池、一次沉淀池、二次沉淀池、三次沉淀池、四次沉淀池、清水池。预处理池建筑尺寸：$L×B×H＝15m×10m×3m$，1座；各分池尺寸：$L×B×H＝5m×5m×3m$，6个。

预处理池的平面图和剖面图见图3-6、图3-7。

④发酵槽面积计算

预处理池日产量：10t；

发酵物料平均堆高 $H＝1m$；

堆积时间 $D＝21$ 天；

21天内发酵槽内要堆积的粪量为210t，210t的粪堆成高1m的长方形柱体，所占用的面积为$210m^2$，取$240m^2$，即：$48m×5m＝240m^2$。

构造形式采用地上式，1座。240砖墙高1m、宽5m砌两道，长48m，墙顶设工字钢轨道放置翻堆机。

⑤有机肥生产车间 各种设备占地$30m^2$，发酵槽占地面积$240m^2$，成品堆高1m。

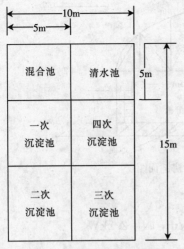

图 3-6 预处理池平面图

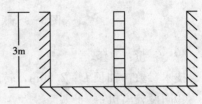

图 3-7 预处理池剖面图

根据加工工艺要求，考虑销售淡季影响，有机肥生产车间成品堆放区设计储存期为 4 个月，设计为 3.5m×120m/1＝420m²，考虑设备占地和发酵槽占地面积，生产车间取 720m²。

生产车间采用轻钢夹芯彩板排架结构，采用 φ150 钢管柱。内设发酵池和有机肥加工区，厂房跨度 12m，柱距 6m，柱顶标高 4.2m。地面采用素土夯实，30cm 厚三七灰土、8cm 厚 C15 素混凝土、20 厚水泥砂浆抹地面。

生产车间平面图和剖面图见 3-8、图 3-9。

图 3-8 生产车间平面图

（3）设备选型 根据工艺要求需购置以下设备：

①搅拌机：

型　　号：JBJ-2.2；

材　　质：不锈钢；

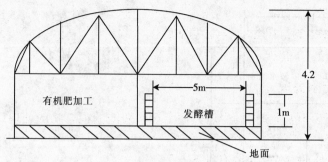

图 3-9 联合生产厂房剖面图

数　　量：1套；

技术参数：轴长 $L=2.50$m，转速 $=60$r/m，$N=2.2$kW。

②固液分离机：

型　　号：LJ180；

数　　量：1台；

技术参数：$Q=3$m³/h，$N=4$kW。

③微滤机：

型　　号：RBWL1；

数　　量：1台；

技术参数：$Q=5$t/h，$N=2.5$kW。

④水泵：

型　　号：WQ10-20-1.5；

数　　量：1台；

技术参数：$Q=3$m³/h，$H=20$m，$N=1.5$kW。

形　　式：大通道无堵塞型。

⑤链式粉碎机：

型　　号：LP800；

数　　量：1台；

技术参数：$Q=3$m³/h，$N=30$kW。

⑥造粒机：

型　　号：ZG1818；

数　　量：1台；

技术参数：$Q=1$t/h，$N=4.8$kW。

⑦筛分机：

型　　号：HZS20；

数　　量：1台；

技术参数：$Q=2t/h$，$N=1.5kW$。

数　　量：1套。

(三) 污水处理

污水的处理包括牛尿、少量粪便、饲料残渣的混合物的处理以及冲洗用水、职工生活污水等的污水处理。

1. 污水处理方法　主要有以下几种：

①物理处理法　是利用格栅或滤网等设施进行简单的物理处理方法。可除去 40％～65％悬浮物，并使生化需氧量下降 25％～35％。

②化学处理法　是用化学药品除去污水中的溶解物质或胶体物质的方法。

混凝沉淀：用三氯化铁、硫酸铝、硫酸亚铁等混凝剂，使污水中的悬浮物和胶体物质沉淀而达到净化的目的。

化学消毒：常用氯化消毒法，把漂白粉加入污水中以达到净化目的。该方法方便有效，经济实用。

③生物处理法　是利用微生物的代谢作用分解污水中有机物的方法。

活性污泥法：在污水中加入活性污泥并通入空气，使其中的有机物被活性污泥吸附、氧化和分解达到净化的目的。

生物过滤法：是使污水通过一层表面充满生物膜的滤料，依靠生物膜上微生物的作用，并在氧气充足的条件下，氧化水中的有机物。

2. 污水处理模式　一般情况下，在实际应用中以上提到的污水处理方法都是混合搭配使用的，几种处理方法联合使用就形成了一定的污水处理模式，总的来说包括还田模式、自然处理模式和工业化模式3种。

①还田模式　该模式就是把液态粪尿和冲洗水经厌氧发酵后直接还田用作肥料。这是一种传统、最经济有效的处理方法，可以使粪污不外排，从而达到"零"排放。适用于远离城市、经济落后、土地宽广、有足够的农田消纳牛场粪污的地区，并且要求养殖规模不能太大。

②自然处理模式　该模式主要是采用氧化塘、土地处理系统或人工湿地等自然处理系统来处理牛场污水。适用于离城市较远、经济欠发达、气温较高、土地宽广、地价较低，有滩涂、荒地、林地或低洼地可作废水自然处理的地区。具体工艺见图 3-10。

③工业化处理模式　该模式由预处理、厌氧处理、好氧处理、后处理、污泥处理及沼气净化、贮存与利用几部分组成，需要较为复杂的机械设备和高要求的构筑物，其设计、运转均需专业的技术人员来执行。适用于地处大城市近郊、经济发达、土地紧张、没有足够的农田消纳牛场粪污的地区。

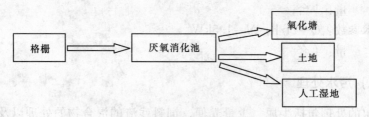

图 3-10　自然处理模式工艺

综合考虑成本效益及模式本身的优缺点，一般优先考虑还田模式，利用不完的再采用自然处理模式，也就是采用还田与自然处理相结合的综合处理模式，可以达到废物利用最大化、处理费用最小化的目的。但是在实际生产中，养殖场都没有配备足够的土地来消纳养殖场产生的粪污，因此推荐使用三级沉淀自然发酵处理模式。

3. 三级沉淀自然发酵处理模式　三级沉淀自然发酵处理模式的方案为冲洗水和尿液由场内收集系统收集后，排入场内污水收集池，经沉淀、自然发酵后排入周边农田或果园。工艺为：冲洗污水→污水收集池→沉淀、发酵→农田。

该处理模式相关设施设备的规格、选型都取决于养殖规模和养殖场类型，在此分别举例说明三级自然沉淀发酵处理污水相关设施设备的规格、选型。

（1）以 500 头奶牛场为例说明奶牛场采用三级沉淀自然发酵模式处理污水的相关参数计算及设计。对于奶牛场来说，产生的污水主要是挤奶厅的冲洗水，其次是牛只产生的尿液。

①日产冲洗水量的计算　对于 500 头的奶牛场，挤奶厅选用 2×14 鱼骨式挤奶厅，挤奶厅面积为 $460.8m^2$，其中待挤区面积为 $236m^2$。

挤奶厅每日冲洗 3 次，每次冲洗 4 遍，分别用清水、碱水、酸水、清水进行冲洗。

瓶子冲洗用水为：$12.5kg/$瓶$\times32$ 瓶$\times4$ 遍$/$次$\times3$ 次$/$天$＝4\,800kg/$天；储奶罐冲洗用水：每日按 100kg 计算；地面冲洗：每平方米每日 5kg，按两次计算，$236\,m^2\times5kg\times2$ 次$/$天$＝2360kg$；共计排水约 7.26t/日。

②日产尿液量的计算　根据国家环境保护部推荐的每头成年奶牛每日平均产尿量为 10kg，则 500 头奶牛日平均产生量就是：$500\times10＝5t$，牛尿收集率 40%，产量约为 2t。

③污水收集池容积的计算及设计　500 头存栏的奶牛养殖场日平均产生污水量即 $7.26＋2＝9.26t$，污水收集池考虑 45 天的存放容量，则设计有效容积为 $450m^3$，尺寸为 $15m\times10m\times3m$，分为 3 个分格。采用钢筋砼基础，底板厚度 300mm，墙体 200 砼墙，$H＝3.0m$，防水砂浆抹面。

（2）以 500 头肉牛场为例来说明肉牛场采用三级沉淀自然发酵模式的相关参数计算及设计。

①日产污水量的计算　500 头肉牛场总牛舍面积约为 2 000m²。

污水主要来源于牛舍冲洗废水，每 3 天冲洗一次，每平方米按 2.5L 计算，2 000m²×2.5L/3/1 000＝1.7t/天。

②日产尿液量的计算　根据国家环境保护部推荐的每头成年肉牛每日平均产尿为 5kg，则 500 头肉牛日平均产尿量：500×5＝2.5t，牛尿收集率 100％，产量为 2.5t。

③污水收集池容积的计算及设计　按 500 畜位考虑，养殖场日产牛尿 2.5t，牛舍冲洗废水按每天 1.7t 计，则污水量为 4.2t/天，污水处理沉淀周期按 16 天考虑，同时考虑农田用肥的季节性，处理池考虑 3 个月的存放容量，则设计有效容积为 450m³，尺寸为 15m×10m×3m，分为 3 个分格，每个分格 150m³。采用钢筋砼基础，底板厚度 300mm，墙体 200 砼墙，$H＝3.0m$，防水砂浆抹面。

（3）处理过的污水排放　经过处理后的污水达到《畜禽养殖业污染物排放标准》的要求，可以排放到周边的农田或果园，用于作物、蔬菜以及瓜果等的灌溉。

三、粪污利用

（一）肥料

牛粪污的肥料化包括传统的堆肥法和近年研究较多的商品有机肥或有机无机复混肥制作。具体方法见固体粪污的处理。

（二）饲料

牛粪的营养价值低于鸡粪、猪粪，主要是一些未经消化的饲草，含有丰富的草子，粗纤维含量高。牛粪饲料化的方法有烘干、发酵和青贮。

1. 烘干　取健康牛的鲜粪晾晒在水泥地面或塑料薄膜上，风干后粉碎即可作为羊的饲料。

2. 发酵　取鲜牛粪 30％、统糠 50％、麸皮 20％，混合均匀密封发酵；或取 10kg 鲜牛粪，加入发酵面 200g 或曲酒 100g，夏天发酵 6h，冬天发酵 24h 以上，可作为猪的饲料。

3. 青贮　把牛粪和禾本科青饲料一起青贮，可以提高其适口性，并能杀灭粪污中的病原微生物、细菌等。得到的产品可作为牛羊的粗饲料。

牛粪经处理后作饲料使用，只能用于成年畜禽，幼畜禽一般不用。羊日粮添加量为 1％～4％，成年鸡日粮添加量为 5％～10％，成年猪 10％～15％，成年牛 20％～50％。

（三）能源

粪污的能源化利用有两种方法，一种是沼气发酵，另一种是将牛粪直接投入专用炉中焚烧，供应生产用热。目前我国使用较广的是沼气发酵，基本上都是大中型畜禽场，例如奶牛场规模在 100 头以上，且主要集中于经济发达的近郊。

（四）多重利用

牛场粪污的多重利用有多种模式，可根据当地的实际情况选用具体的模式。

（1）利用牛粪饲养北京家蝇、太平 2 号蚯蚓和褐云玛瑙蜗牛等低等动物。通过封闭式培育蝇蛆，立体套养蚯蚓、玛瑙蜗牛，达到处理畜禽粪的目的。该方法经济，生态效益显著。

（2）将牛粪与猪、鸡粪按一定比例制成优质蘑菇栽培料，种植蘑菇，再将种植蘑菇的废渣加工成富有营养价值的生物菌糠饲料，饲喂牛、羊、猪等。

多重利用牛场粪污实现了资源的多次重复循环利用，不仅解决了牛场大量粪污的污染问题，还创造出新的更大的经济效益。

第二节　土地施用

土地施用系统在处理粪污的同时，利用粪污中的营养成分，使植物健康生长和增产，从而达到循环利用营养物质的目的。同时又能降低污染水质和危害公众健康的风险，是利用粪肥中营养和有机物的最常见、最可取的方法。

一、土地施用方法

粪污按固体含量可分为固体、半固体、浆液和液体四类。超过大约 20％固体含量的粪污即可被称为固体；有一定稳定的浓度、总固体成分在 10％～22％之间的属于半固体；固体成分在 5％～15％之间的称为浆液；液体固体含量小于 5％。

土地施用根据粪污的性质，采取不同的贮存、堆放和施用方法。

固体和半固体粪污可以直接堆放贮存，一般用运送固体的罐车、敞口撒播机或垃圾卡车送到田地中；浆液和液体可以贮存在粪池或粪罐中，可用罐车、泵或管线运输。

施用方法分为喷灌方式和拖运撒播方式两种。液体、浆液粪污可用洒水系统、沟渠和区域漫灌方法，固体和半固体适合采用撒播方法。

二、土地施用步骤

农场对于粪肥的利用要有测土施肥的思想，对粪污和肥料作为植物养分的利用必须正确管理和实施，以免污染地表水和地下水。土地施用粪污从经济和环境保护角度应有以下步骤：

（1）撒播粪肥前先绘制一张风险区域图，图上必须注明：

①每一块田地，用亩标明面积。

②田地 10m 范围内的地表水。

③田地上和田地周围 50m 范围内任何一个地上凿洞、泉和井。

④沙地或浅层土的区域。

⑤倾斜度大于 12° 的土地。

⑥地面排水沟（除密封的不可渗透的管道）。

⑦如果粪肥暂时在田头堆积储藏的话，标出储藏的地点。

⑧容易排水不畅的土地。

（2）确定粪污营养成分含量，进行粪便采样分析、植物及土壤分析。分析项目有：粪便含水率、有机氮、氨态氮、可利用氮、磷、钾、钙、镁、硫、锌、铜、锰和钠。

（3）根据植物养分需求，以稳定的施用率施用。

（4）调整肥料施用率，以补充粪便养分的不足。

三、土地处理利用管理要求

（1）粪污必须经过无害化处理，并须符合《粪便无害化卫生标准》后，才能进行土地施用，禁止未经处理的粪污直接施入农田。

（2）用经过处理的粪肥作为土地的肥料或土壤调节剂来满足作物生长的需要，其用量不能超过当年生长所需养分的需求量，避免造成面源污染和地下水污染。在确定粪肥的最佳使用量时，需要对土壤肥力和粪肥肥效进行测试和评价，并应符合当地环境容量的要求。

（3）粪肥施用后，应立即混入土壤。粪肥属迟效有机肥，应作为农田基肥翻耕入土，谨防撒在土壤表面，以免污染地面水体，同时也减少氮流失到大气中。

（4）对高降雨区、坡地及容易产生径流和渗透性较强的砂质土壤，不适宜施用粪肥或粪肥使用量过高。当粪肥流失而引起地表水体或地下水污染时，禁止或暂停使用粪肥。

(5) 确保接近脆弱或敏感的区域（如水库、栖息地）有足够的缓冲地带（非扩散区）。

四、土地处理利用注意事项

(1) 直接还田的粪污应当经过处理达到规定的无害化标准，防止病菌传播。

(2) 不要在凿洞、泉和井 50m 范围内撒播粪肥。

(3) 不要在地表水 10m 范围内施用粪肥。

(4) 如果土壤被水浸、水淹或被积雪覆盖，或者在过去 24h 内有超过 12h 处于结冰状态，不要撒播氮肥。

(5) 坡度大于 12° 的田地施用的粪肥，在切实可行的情况下必须在 24h 内让土壤吸收。

(6) 液肥和液体腐泥（是指污水污泥经过厌氧分解处理后的液体）在切实可行的情况下，必须尽快让土壤吸收，最迟在 24h 内。

(7) 在裸露的土壤或收割过的土壤（不是播种过的土壤）施用有机肥时，必须确保肥料均匀施入。

(8) 防止废水流失或渗滤。

(9) 肥料的使用量不得超过农作物需求量。

(10) 废物利用时要把气味减至最小。

五、土地承载力

土地施用的目标之一就是循环利用粪污中所含养分，以利于粮食、牧草、果木或其他生产作物的生产。其中重点考虑的问题是植物营养需求和施用粪肥的养分总量之间的平衡关系，也就是要求在设计应用中要考虑土地承载能力。

由于土地施用粪肥受粪肥养分含量、种植植物类型、天气、土壤等的影响，因此不同地区的土地承载力要求不同。

（一）国外对养殖负荷的控制

英国规定畜禽粪便中总氮的最大施用量为每年 250kg/hm²，粪便废水最大用量一般是 50m³/hm²，且每 3 周不超过一次，庄稼收获后，冬季禁止使用粪尿的土地不得施用粪肥。德国规定从 10 月份开始到次年 2 月份禁止施用粪尿，并对耕地使用的氮、磷、钾总量进行限制，如对氮的控制是 240kg/hm²。法国规定氮、磷施用量每公顷不能超过 150kg 和 100kg。挪威和瑞典限制新的集约化养殖场的扩建，只有当有足够大的农田可供消纳畜禽粪污时，才允许建造和扩建大型的养殖场，并认为一头奶牛需要 $0.4hm^2$ 农田消纳其粪便，并规定禁止向被雪覆盖或冰冻的耕地上撒布动物粪便。意大利在皮埃蒙特区规定细壤土农田的年最大氮施用量为 $500kg/hm^2$，粗结构土壤农田的年最大氮施用量为 $250kg/hm^2$；在艾米尼亚·罗马涅地区，规定敏感土壤的年最大氮施用量为 $170kg/hm^2$，非敏感土壤的年最大氮施用量为 $340kg/hm^2$；在威尼托地区，年最大氮施用量为 $320kg/hm^2$。

美国依阿华州自然资源局与水质量委员会对土地施用粪便的标准提出，第 1 年每公顷作物地施用氮肥的最大数量不得超过 450kg，以后每年氮肥的施用量应控制在 280kg 以下。每公顷土地磷肥的施用量不能超过作物所能吸收的水平。

丹麦根据每公顷土地可容纳的粪便量，确定牧畜最高密度指标，即规定平均每公顷土地最大允许的家畜单位（相当于 $1hm^2$ 饲养 1 头成年奶牛）为：牛场 2.5 个单位，每年每公顷的粪尿量 $53m^3$，且粪便施入农田后应立即混合到土内，裸露时间不得超过 12h，并且不得在冻土上施粪。

（二）我国对土地承载力的研究

目前，我国还没有全国性的单位面积耕地的畜禽粪便氮、磷养分限量标准，只是在畜禽粪便还田限量上有少数报道。有学者认为每公顷耕地能够负担的畜禽粪便为 30t 左右，也就是 1 年每公顷耕地大约能承载 3 头奶牛（按每天每头奶牛产粪 20kg、尿 10kg 计算）或 5 头肉牛（按每天每头肉牛产粪 10kg、尿 5kg 计算）。

1. 河南省畜禽养殖业环境承载力分析 根据 2007 年统计的数据计算，河南省全年全省畜禽粪便产出 11 304.2 万 t，畜禽尿产出 6 511.0 万 t，全省可用耕地为 $792.60hm^2$，那么 2007 年河南省畜禽污染物的耕地负荷量为 $22.48t/hm^2$，低于当年全国耕地负荷的畜禽粪便平均值（$24t/hm^2$）。

单位面积耕地上畜禽粪便氮、磷营养元素的负荷反映了畜禽粪便对于耕地土壤的污染风险。朱兆良的研究表明，大面积化肥年施氮（N）量应该控制在 $150\sim180kg/hm^2$，超过这一水平就会引起环境污染。欧盟规定，粪肥年施氮（N）量的限量标准为 $170kg/hm^2$，研究表明，超过这个极限值将会造成氮以硝酸盐的形式流失，进入水体等环境中，最终造成环境污染。而土壤的年施磷（P_2O_5）量不能超过 $80kg/hm^2$（约 $35kg/hm^2$ 纯磷），超过这个极限值，过量的磷将会随雨水等从土壤中流失，2007 年中国单位面积耕地负荷的畜禽粪便纯氮（N）养分的平均值为 $96.46kg/hm^2$，畜禽粪便纯磷（P）养分耕地负荷的平均值为 $25.01kg/hm^2$，河南省畜禽粪便中氮、磷的耕地负荷分别为 $128.1kg/hm^2$ 和 $32.2kg/hm^2$，均高于全国耕地负荷平均值，但低于研究表明的污染水平，也就是说河南省单位耕地面积上畜禽粪便氮、磷营养元素的负荷在 2007 年尚不存在污染风险，但是随着畜禽养殖业的迅速发展，该方面的污染风险有可能发生，因此，必须加大处理畜禽粪污管理的力度，以降低对环境的污染风险。

2. 上海市畜禽养殖业环境承载能力分析　根据农田环境畜禽有机肥可消纳量分析结果，以畜禽粪便有机肥每年实际平均消纳（猪粪当量）15.0t/hm² 计算，上海市现有 27.6 万 hm² 农田，每年可消纳 414 万 t 猪粪当量，即郊区畜禽养殖环境承载能力为 838 万头肉猪当量。

3. 江苏省农田粪水承载能力分析　大田每公顷每年的粪水施用量为 270m³；大棚作物每公顷每年的粪水施用量为 480m³；每公顷鱼池次施用未经处理的粪水为 450m³，厌氧处理后的沼液为 600m³。根据上述农田、大棚作物、鱼池等对粪水的容纳量，可确定畜禽养殖规模。反之，万头养猪场处理粪水所需大田面积为 80hm²（1 200 亩），即每 120 头猪排放的粪污可满足 1 公顷良田或 1 公顷菜地的年用肥水量需求。

4. 北京市畜禽养殖场非编土地承载力调查分析　北京市有 379 个规模化养殖场，年产畜禽粪便 95.64 万 t，现有可利用的菜田、果园等耕地 0.193 万 hm²。假设这些养殖场将每年产生的粪便全部施用于耕地，则单位面积施用量将达到 1.44～6.187t/hm²，远远超出通常耕地和没有被使用过的土地的粪肥施用量上限 0.133～0.2t/hm²。

根据上海的经验，假设各养殖场每年产生的粪便经过调度全部施用于本区县 50% 的农田，则单位面积的施用量仅有 0.014 7～0.381t/hm²。因此，可以认为对于施用量小于 0.133t/hm² 的区县，完全有能力消纳本地规模化养殖场所产生的畜禽粪便；而对于施用量大于 0.133t/hm² 的区县，建立粪便集中处理设施，统一调度和处理各养殖场多余的粪便，就可做到粪便在不污染环境的前提下全部还田。

第三节　苍蝇及异味控制

随着畜牧养殖业的快速发展，集约化养殖场不断增多，一些中小型的个体养殖场也如雨后春笋不断产生。但很多养殖场不重视环境保护和畜禽粪便的无害化处理，畜禽场内部及周围的环境污染严重，导致有害微生物的大量孳生和异味的蔓延，尤其是在夏季，苍蝇传播疾病，异味污染环境和产品品质，直接影响养殖场的效益，同时对员工健康及周围环境带来了极大的威胁。及时切断苍蝇寄生的媒介和异味产生的源头，并采取有效的控制措施是进行良好畜牧业养殖的关键。

一、苍蝇控制

（一）苍蝇控制的意义

养殖场的粪便和臭气是孳生和吸引苍蝇的直接原因，苍蝇的繁殖速度快、存活能力强，可以传播 50 多种疾病，在疾病流行季节和地区能加速疫病的传播，直接危害畜禽的健康，影响产品品质，所以减少苍蝇数量有着非常重要的意义。

（1）有效控制苍蝇的孳生和叮咬，能提高牲畜的健康，增加潜在的生产收益。

（2）改善养殖场员工的工作条件。

（3）减少疾病传播的危险。

（4）减少杀虫剂的使用，从而降低苍蝇对杀虫剂的抗药性，降低牛养殖场化学物质残留的危险。

（5）对有益的天敌和寄生虫有积极的影响。

（6）改善养殖场清洁、环保形象，增加相关的市场效益。

（7）减少负面的环境影响。

（二）苍蝇孳生对养殖场造成的危害

由于苍蝇的生活习性和寄生场所肮脏，故其携带着大量的病原菌，在飞翔过程中会造成疾病的大量传播，如禽流感、新城疫、口蹄疫、猪瘟、禽多杀性巴氏杆菌病、禽大肠杆菌病，球虫病等。如果是在疾病流行的季节，苍蝇的大量繁殖会加剧疾病的传播速度。对于家畜来说，苍蝇来回的飞翔和叮咬，容易导致精神烦躁，影响生产性能，降低料肉比。对于生产出来的肉蛋奶，苍蝇污染后直接影响产品品质，降低生产效益。由于苍蝇传播疾病，所以对于工人的健康也是一个潜在的威胁。

（三）牛场苍蝇具体治理措施

治理苍蝇首先要了解苍蝇的生活习性，切断其生存媒介是关键，这离不开良好的管理措施。同时，应加强苍蝇繁殖动态的监控，将苍蝇消灭在成虫前阶段，在必须的情况下可以考虑使用杀虫剂，但应避免药物残留和二次污染。

1. 苍蝇的种类及生活习性 苍蝇种类繁多，养殖场中的苍蝇一般包括家蝇、小家蝇、大家蝇和球形蝇等。

苍蝇的繁殖大概经历以下 4 个过程：卵→蛆→蛹→成虫。卵一般产于粪便、垃圾、动物尸体及腐烂的有机生物等物品之下 1～2cm，在 20～35℃及潮湿环境中经 8~24h 就可孵化出幼虫。幼虫以腐烂的有机物为食物，经过 3 个龄期化为蛹，在夏天家蝇的蛆 5~6 天可化为蛹。蛹成熟后，成虫冲破外壳而出，两翅伸展后便可飞舞，苍蝇的一个生命周期为 7~15 天。苍蝇有趋光性，白天活动夜间栖息，在 4~7℃时活动力很弱，30~35℃最活跃，45~47℃死亡，30℃以上停留在阴凉处，秋冬季在阳光下取暖，下雨、刮风入侵室内。喜欢甜食饲料、粪便、污物及各种腐烂物质，喜欢在臭味的环境中寄存。

2. 切断生存媒介 一般来说粪便、饲料、腐烂尸体、污水沟是苍蝇栖息的场地，有效治理苍蝇就应该切断繁殖地点，从而达到控制苍蝇数量的目的。

(1) 粪便 要及时清理苍蝇繁殖区域的粪便，如围栏下区域、沉淀系统和排水管道里的湿粪，以及可能被忽视的轻度堆积区域粪便，比如围栏和畜舍区域。要认真管理粪便贮存和堆肥区域，减少苍蝇繁殖所需的湿粪的暴露面积。

(2) 隔离饲料 定期清理饲槽、草架、仓库、畜舍和饲料处理区域的饲料残渣，减少苍蝇孳生。

(3) 青贮池 彻底清理青贮池的溢出物和顶盖，尽量减少青贮池的暴露面积。

(4) 动物尸体 为了防止绿头苍蝇的繁殖，应彻底覆盖尸体掩埋点和堆肥设施里的动物尸体。

(5) 奶牛场的维护 及时监测水槽漏水和蒸馏问题，确保不会在圈内表面形成长时间的潮湿区域。控制排水管道内、沉淀系统周围和污水池里的植被。

(6) 定期修剪饲养场附近的草地，净化环境，抑制苍蝇繁殖。

(7) 粪便堆肥 粪便是苍蝇孳生的主要场所,；因此，除了及时清理粪便外，还应进行堆肥处理因为这样可以减少臭味的散发，杀灭幼虫，并可以回收利用粪便。

3. 实施较好的养殖场设计原理

(1) 圈栏地基和斜坡 使用合适的圈栏地基建筑方法和材料，建立完整、耐用的圈栏地面，以承受牛群和清洁设备的质量而不致形成坑洞和洼地，减少苍蝇繁殖。圈栏坡度应当为 2.5%~4%，以快速排出雨水，同时使粪便的传输数量降到最低。圈栏的横向坡度应当小于其纵向坡度，以避免圈栏间互相排水。

(2) 料槽和水槽 料槽和水槽应当便于清洁，并有封闭的、垂直的侧面以防止溢出的饲料和水积聚。应当有倾斜的耐用的护板（通常为混凝土），以便排水并防止坑洞的形成。水槽应便于废水的处理和清洁，宜使用低容量、浅的、窄的槽体，以减少因清洁产生的废水容量。废水应当排放到圈栏外面，最好通过表面耐用的排水沟或者地下污水管道，从而防止湿地的形成。

(3) 围栏 围栏板条的间距应当相对较宽（达到 3.2m），以提高围栏下清洁的效率。底部围栏电缆或电线应高于圈栏地面 400mm 以上，以方便围栏下清洁。

（4）排污管道、沉淀系统和污水储水池　排污管道应能够避免粪便的沉积并便于清洁，呈"V"形或梯形的横截面且轻微倾斜。排污管道和沉淀池应当有结实、耐用的基地，允许清洁机械在雨后尽可能快地进入。沉淀系统和储水池周围便于进行修剪和/或喷洒植被。

（5）粪便储存堆和堆肥区域　粪便储存堆和堆肥区域以及尸体堆肥区域应当建在耐用的、干燥的土基上，避免湿地形成。

4. 增加生物控制媒介的数量

（1）生物控制媒介在苍蝇控制中起到非常重要的作用。应能辨认生物控制媒介，比如寄生蜂和昆虫病原真菌（如白僵菌、绿僵菌、拟青菌、多毛菌、虫霉等，这些真菌的孢子通过苍蝇的口或者气门进入苍蝇体内，在苍蝇体内生长，造成苍蝇的死亡），并促进其数量的增长。

（2）通过合理的管理保持寄生虫和捕食者的数量。

（3）大部分杀虫剂的使用同样会杀死有益的寄生蜂，而苍蝇数量的恢复要比寄生蜂快得多，因此在停滞期内生物控制能力就会大大降低。所以，要尽量避免杀虫剂的使用，必须使用时应合理应用。

（4）通过人工释放提高自然寄生蜂的数量。在美国，通过释放商业养殖的寄生蜂来提高其数量，从而增强了生物控制的水平。而我中国目前并没有商业性的有益黄蜂可用，在该领域需要进行更深入的研究。

5. 选择性使用杀虫剂　只有在苍蝇的数量超过预先设定的临界值或者传统的控制手段失效的时候才可以使用杀虫剂，但应遵从标签说明，不要在常规日程安排的基础上使用化学药品。

（1）轮换化学药品的种类　轮换化学药品的种类从而减少抗药性产生的可能。轮换使用主要的化学药品种类（比如有机磷酸酯、合成除虫菊酯和昆虫生长调节剂），以及含有杀幼虫剂的诱饵，可以延缓抗药性的发展。

（2）定向应用　在"热点"定向使用而不是在整个养殖场喷洒，比如饲槽外部苍蝇栖息的地方、围栏、遮光布的底部、树木和植被。在主要的繁殖地点使用杀幼虫剂，比如围栏下部、排水沟和沉淀系统。杀虫剂绝对不可以应用于饲料或者与饲料直接接触的区域。

（3）杀幼虫剂　杀幼虫剂较杀成虫剂可提供更好更持久的效果。首选的杀幼虫剂是那些对有益昆虫（比如寄生蜂）无害的杀虫剂。

（4）杀成虫剂　长效杀虫剂较猛烈剂型可提供更长时间的控制效果。这些杀虫剂应当喷洒或涂抹在苍蝇主要的栖息地点，而不是粪便残渣上。重复使用同一种化学杀虫剂，将会提高苍蝇群落里的化学抗药性。

（5）诱饵 家蝇诱饵可在诱饵站里使用，撒播或涂抹在表面上。抗诱饵行为可能会影响诱饵的效果。

6. 做好苍蝇越冬处理措施 苍蝇主要以成虫越冬，而成虫耐低温的能力不强，无法耐受东北野外冬季的自然低温，所以越冬的成虫主要集中在加热保温的场所，此时期认真进行几次大扫除，定能降低苍蝇数量。在养殖场里，切断苍蝇捕获食料较容易，也很好控制，而水是关键，无水苍蝇无法取食，无水时幼虫蛆无法活动成长。因此，可通过经常性的大扫除，剔除潮湿状态的食物和粪便残渣，切断苍蝇存活的空间。

7. 在饲料中加入驱蝇药物 在饲料中添加驱蝇药物，如环丙氨嗪，按说明使用，隔周饲喂或连续饲喂 4～6 周。环丙氨嗪通过饲料途径饲喂动物，进入动物体内基本不被吸收，绝大部分都以药物原形的形式随粪便排出体外，分布于动物的粪便中，可直接阻断幼虫（蛆）神经系统的发育，致使幼虫（蛆）不能蜕皮而直接死亡，在粪便中发挥彻底的杀蝇蛆作用，能够从根本上控制苍蝇的产生，达到彻底控制苍蝇的目的。环丙氨嗪必须采用逐级混合的办法搅拌均匀后使用，在 4 月中旬及时使用。

二、养殖场异味控制

异味控制是养殖场的一大难题。养殖场的不良气味直接影响环境质量，并且随着空气的流动而扩散，不仅危害人畜健康，而且会影响畜产品品质和附近居民生活，所以须采取有力措施加以控制。

（一）异味的组成及来源

一般将产生损害人类生活环境所难以忍受的臭味物质，使邻近发生不愉快感觉的气体统称恶臭。牛场恶臭的主要来源是粪尿、污水在堆（存）放过程中有机物的腐败分解，一般来自牛舍地面、粪水贮存池、粪便堆放场等。

（二）具体控制措施

1. 发展循环养殖业 将养殖业与水产、种植业紧密结合起来，实现良性循环，是对粪便、污水进行资源化利用的有效措施。如利用排放到池塘中的粪水养鱼，淤泥种藕，既去除了异味净化了空气，又能变废为宝，节约资源，达到生态养殖的目的。

2. 营养调控 养殖场的臭气组成主要有氨气、甲烷、二氧化碳、一氧化二氮等，通过营养调控措施，合理配置动物日粮，有效减少碳和氮的排放，是减少臭气和防止污染的有效措施。也可以在饲料中加入酶制剂，分解恶臭，保护环境。

3. 沼气利用 利用沼气池生产沼气，不但能够补充能源，还能彻底消除粪臭气味。同时，生产沼气的下脚料还可进行再利用，如沼渣是肥田的好原料，沼液可以肥田也可用作畜禽饲料。

4. 科学清粪 采用水冲粪法，圈舍虽然比较卫生，但是会产生大量的污水，在处理污水的过程中产生大量的恶臭气体。采用干清粪法，污水生产量少，干粪便容易处理，产生的恶臭也会相应地减少。

5. 微生态发酵 EM菌液是由光合细菌、放线菌、酵母菌、乳酸菌以及发酵系列的丝状菌等80余种微生物复合而成的一种多功能菌群，能有效增强胃肠活动功能，提高蛋白质的利用率，降低粪尿中的氨浓度，从而减轻粪尿恶臭。常用EM菌液进行堆肥发酵，可达到减少恶臭的目的。

6. 物理吸附 在下水道、污水坑表面加盖水泥盖板，遮盖气体散发；在粪堆、污水池表面撒布麦糠、稻壳、锯末吸附气体；在污水水面铺放泡沫板等加以掩蔽，这些方法都能够减少恶臭气体的散发。

7. 日常管理中恶臭的控制 加强牛舍环境管理也是控制恶臭的有效途径之一。

（1）及时清粪 及时清扫舍内粪便、洗去地面污垢、保持牛体清洁，可减少舍内臭气。应及时将粪渣移出处理，避免堆积太久产生厌氧发酵。

（2）加强通风 牛舍内通风量增大，可以有效稀释粪尿产生的臭气；舍外有风，可有效降低整个牛场臭气浓度。

（3）注意消毒 牛舍、运动场、挤奶厅、器械等的消毒应采用环境友好型消毒剂和消毒措施（紫外线照射，臭氧、双氧水等），防止产生氯代物有机物。

第四章　保障适宜的环境管理

环境是动物赖以生存的基础，它同饲料、品种、疾病一样，对动物的生长、发育、繁殖和健康产生非常重要的影响。牛只在良好的环境下，才能充分发挥其最大潜力，取得较好的经济效益。为了提高畜产品质量和畜牧业的经济效益，必须保障动物有适宜的生存环境。

第一节　各生理阶段牛只的空间要求

保证各生理阶段牛只拥有适宜的空间直接关系到牛只的健康水平、生长发育状况和动物福利水平。通常空间要求主要包括对畜舍及运动场的要求，且不同品种、年龄的牛只对空间的要求有所不同。

一、对畜舍的空间要求

(一) 畜舍设计原则

畜舍设计是环境控制和管理的基础。设计畜舍的目的是为家畜提供适宜的环境条件，以保证家畜的健康和养殖场的经济效益。畜舍设计应遵从下列原则：

(1) 根据当地的气候特点和生产要求选择畜舍类型和构造方案。

(2) 应尽可能地采用科学合理的生产工艺，在节约用地的同时保证一定的活动空间。

(3) 在满足生产要求的情况下，应注意降低生产成本。

总之，设计畜舍时，应在保证动物适宜的生活环境的基础上，做到经济合理、切实可行。

(二) 畜舍类型

充分了解畜舍建筑类型的结构特点和使用范围，是保障适宜环境的一个重要环节。目前，我国畜舍类型主要根据畜舍的封闭程度分为封闭式畜舍、半开放式畜舍和开放式畜舍。

1. 封闭式畜舍

(1) 封闭式畜舍的特点　封闭式牛舍是由屋顶、围墙以及地面构成的全封闭式畜舍。依靠门、窗进行通风换气，便于人工控制舍内环境。总的来说，封闭式牛舍隔热保温效果好，但通风换气效果较差。

（2）应用范围　封闭式牛舍一般在寒冷的北方较常见，但对于河南省来说却很少见。

2. 半开放式畜舍

（1）半开放式畜舍的特点　半开放式牛舍三面有墙，一面仅有半截墙。这类畜舍的敞开部分在冬天可以用挡风材料进行遮挡，从而形成封闭舍，因此保暖效果要好于开放式畜舍。并且半开放式畜舍具有一定的隔热能力，其通风换气效果要好于封闭式畜舍。

（2）应用范围　半开放舍和开放舍畜舍跨度较小，仅适用于小型牧场，温暖地区可以作成年畜舍，炎热地区可作产房、幼畜舍。

3. 开放式畜舍

（1）开放畜舍的特点　开放畜舍是指四面无墙的畜舍，也可以叫做棚舍。其结构简单、造价低廉，自然通风和采光好，但保温性能差。

（2）应用范围　开放式牛舍适用于炎热地区的动物生产，但需做好棚顶的隔热设计。

选择畜舍类型时，一定要根据养殖场的实际条件，例如地理位置、气候特点、养殖规模、牧场性质等加以选择。在必要时，对现有畜舍类型进行适当的改造。

（三）奶牛舍

1. 成年奶牛舍（散栏式）　散栏饲养，牛只可以自由采食、饮水、活动、休息。因此，牛只在这种饲养模式下更加舒适。散栏式牛舍分为采食区、休息区和游走区。一般情况下，散栏式牛舍的面积要小于拴系式牛舍。一般每头奶牛所占奶牛舍的平均面积为 5～6m²。

（1）牛床　奶牛没有固定的床位，散栏式牛床应保证一定长度，使奶牛能舒适地躺卧和起立。但也不能过长，以免粪尿落入牛走道中。

散栏式牛床一般较通道高 15～25cm，边缘呈弧形。常用垫草的牛床可以比床边缘低 10cm 左右，以便用铺垫物将之垫平。其具体尺寸参数可参考表 4-1。

表 4-1　散栏式牛床尺寸

活重（kg）	月龄	牛床宽（cm）	牛床长（cm）
育成牛			
90～200	3～8	70	140

（续）

活重（kg）	月龄	牛床宽（cm）	牛床长（cm）
180～300	8～12	75	150
275～385	12～16	85	170
360～475	16～22	100	200
450～570	22～26	115	225
母牛、青年牛			
360（平均）		102	210
450（平均）		110	220
545（平均）		115	235
630 以上		120	245

（2）隔栏　牛床的侧隔栏由 2～4 根横杆组成，顶端横杆高一般为 110～120cm，底端横栏与牛床地面的间隔以 28cm 为宜。牛床的前隔栏应根据不同地区的气候条件进行设计。炎热地区应考虑尽可能通风，寒冷地区要考虑挡风。一般室内前隔栏的高度为 130cm 左右，室外的则视上顶的高度而定。

（3）饲喂空间　不同年龄的奶牛，需要的饲喂空间不同，应根据饲养数量和年龄来确定饲槽的长度。不同年龄奶牛所需最低饲喂空间可参考表 4-2。

表 4-2　不同年龄奶牛所需最低饲喂空间（cm）

饲养方式	月龄					
	3～4	5～8	9～12	13～15	16～24	成奶牛
同时采食粗饲料或混合日粮	30	46	56	66	66	66～76

饲槽位于牛床前，一般做成通槽式，其长度与牛床总宽相等。饲槽上沿宽 70～80cm，底部宽 60～70cm，前沿高 45cm，后沿高 30cm。在饲槽后沿上设牛栏杆，自动饮水器可装在栏杆上。在散放饲养奶牛舍，饲槽后壁与饲喂通道处于同一平面，便于清扫。采用饲喂通道的牛舍，饲槽与饲喂通道应统筹考虑，以最大限度地提高牛舍利用率，方便日常管理和使用。饲槽必须坚固、光滑、耐磨、便于洗刷。

（4）饲料通道　饲料通道宽度视饲喂工具而定，如果采用小推车喂料，则两列对头式散栏牛舍的饲料通道宽度为 2.4m；采用机械喂料，其宽度则需 4.8～5.4m。

（5）走道　散栏式牛舍走道较宽，一般为 3m，是奶牛游走的场所，并且能允许拖拉机带刮板扫除粪便。

2. 育成牛舍　育成牛舍饲养 16 月龄以内的育成牛。这种牛舍要求简单，没有什么生产上的特殊要求，育成牛一般为散养。其结构与散栏成年牛舍相同，只是奶牛所占牛舍面积小，一般为 3m²。育成牛的自由牛床尺寸参照表 4-1。

3. 青年牛舍　青年牛舍饲养 17 月龄至分娩前的青年牛，其结构和散养成年奶牛舍相同。其牛床尺寸和饲喂空间可参考表 4-1、表 4-2。

4. 犊牛舍

（1）保育室　保育室专供饲养出生 0～7 日龄的犊牛。保育室活动犊牛栏的长度为 1.1～1.4m，宽 0.8～1.2m，高 0.9～1.0m，栏底距地面的距离为 15～20cm。此外，保育室要求阳光充足，有取暖措施，环境适宜。

（2）犊牛笼　在国内也称为犊牛栏。7 日龄至 2 月龄的犊牛采用犊牛笼单头饲养。犊牛笼由长方形的木材制成，侧板、顶板及后板用五合板制成。在犊牛笼的栏底铺垫草，牛栏上吊千瓦灯泡供取暖。犊牛笼的设计尺寸详见表 4-3、表 4-4。

表 4-3　犊牛栏的尺寸

	体重<60kg	体重>60kg
每个栏推荐面积（m²）	1.70	2.00
每个栏面积（至少，m²）	1.20	1.40
栏长（至少，m）	1.20	1.40
栏宽（至少，m）	1.00	1.00
栏高（至少，m）	1.00	1.00

表 4-4　犊牛笼配置的饲槽和饮水槽尺寸

	体重<60kg	体重>60kg
饲喂器具宽（m）	1.70	2.00
饲喂器具底离地高（cm）	1.20	1.40
饲喂器具上缘离地高（cm）	1.20	1.40
饲喂器具容量（至少，L）		1.00
奶嘴高（cm）	1.00	1.00

（3）犊牛岛　犊牛岛是饲养犊牛的一种良好方式，常见的犊牛岛长、宽、高分别为 2.0m、1.5m、2.5m。在犊牛岛内铺稻草、锯末等垫料，以保持干燥和清洁。此外，在犊牛岛的南面设运动场，运动场的直径为 1.0～2.0cm。用钢管围成栅栏状，栅栏间距为 8～10cm，围栏前设哺乳桶和干草架。

除了单栏的犊牛岛外，还有群居式犊牛岛，一般将 2～6 头犊牛集中在一个犊牛岛中饲养，犊牛岛和运动场的面积根据犊牛数量进行调整。例如 4 头规模的群居式犊牛岛室内面积为 $10m^2$，运动场面积为 $10\sim15m^2$。

5. 分娩牛舍 也称产房，为方便犊牛哺喂初乳，一般产房和保育室在一起。根据牛只的大小确定建筑规格，通常有单列式和双列式两种。产房内产床的长度为 $1.9\sim2.5m$，宽度为 $1.2\sim1.5m$，颈枷高 1.5m 左右。产房的粪沟不宜深，约 8cm 即可，且每个床位都要有保定栏。

(四) 肉牛舍

保证肉牛有足够的饲养空间，对肉牛健康和生产优质牛肉都起着重要的作用。主要包括牛场占地面积、牛床、饲槽、水槽、饲料通道、粪沟的尺寸等。

1. 牛场面积 每头牛所占用的建筑面积为 $6\sim8m^2$，占地面积为 $20\sim30m^2$。

2. 牛床 根据不同生理阶段设计牛床规格，其具体尺寸参数可参考表 4-5。

表 4-5 肉牛舍牛床的尺寸

牛别	床长 （m）	床宽 （m）	坡度
繁殖母牛	1.60~1.80	1.00~1.20	1.0%~1.5%
犊牛	1.20~1.30	0.60~0.80	1.0%~1.5%
架子牛	1.40~1.60	0.90~1.00	1.0%~1.5%
育肥牛	1.60~1.80	1.00~1.20	1.0%~1.5%
分娩母牛	1.80~2.20	1.20~1.50	1.0%~1.5%

3. 饲槽和水槽 肉牛舍多为群饲通槽喂养或拴系通槽喂养，为了饲喂方便，一般将饲槽和水槽建在一起，其规格见表 4-6。

表 4-6 肉牛饲槽与饮水槽的尺寸

项目	牛别	槽内长 （m）	槽内宽 （m）	槽外高 （m）	槽内高 （m）
饲槽	成年牛	1.00~1.20	0.40~0.60	0.5	0.25~0.30
	育成牛	0.90~1.00	0.40~0.50	0.30~0.40	0.30~0.40
	犊牛	0.70~0.80	0.30~0.40	0.30~0.40	
水槽	成年牛	1.00~1.20	0.20~0.30		
	育成牛	0.80~1.00	0.20~0.30		
	犊牛	0.70~0.80	0.20~0.30		

4. 饲料通道 单列式牛舍，通道位于饲槽与墙壁之间，采用人工饲喂方

式通道宽度为 1.30～1.50m，机械饲喂方式通道宽度为 2.5～3.0m。双列式牛舍，通道位于两饲槽之间，采用人工饲喂方式通道宽度为 1.30～1.50m，机械饲喂方式通道宽度为 2.5～3.0m。

5. 粪沟　肉牛舍内一般粪沟宽 0.25～0.30m，深 0.1m～0.15m。

二、运动场

（一）奶牛运动场

奶牛运动场面积按成年乳牛每头 25～30m²、青年牛每头 20～25m²、育成牛每头 15～20m²、犊牛每头 8～10m² 设计。运动场按 50～100 头的规模用围栏划分成小区域。

（二）肉牛运动场

为了提高育肥牛的经济效益，通常要限制其运动，育肥牛饲喂后拴系在运动场的固定柱上休息，可按每头牛 10m² 设计。围栏饲养的肉牛场，各阶段牛的占地面积分别为：成年牛 15～20m²，育成牛 10～15m²，犊牛 5～10m²。

（三）运动场上的水槽

运动场上的饮水槽长度按每头牛占 0.2～0.3m 设计，宽 0.8～0.9m，内缘高 0.6m，外缘高 0.8m，槽深 0.4～0.5m，要保证供水充足、新鲜、卫生。

第二节　河南省不同类别动物的舍饲环境要求

营造适宜的生活环境是肉牛和奶牛养殖的又一重要环节。这些环境因素主要包括温度、相对湿度、气流、空气质量等。生产实践中，畜舍环境控制主要包括夏季防暑降温，冬季防寒保暖以及畜舍的通风换气。

河南界于北纬 31°23′～36°22′，东经 110°21′～116°39′之间，属暖温带-亚热带、湿润-半湿润季风气候。一般特点是冬季寒冷雨雪少，春季干旱风沙多，夏季炎热雨丰沛，秋季晴和日照足。全省年平均气温一般在 12～16℃之间，1 月份 -3～3℃，7 月份 24～29℃，大体东高西低，南高北低，山地与平原间差异比较明显。气温年较差、日较差均较大，极端最低气温 -21.7℃（1951 年 1 月 12 日，安阳）；极端最高气温 44.2℃（1966 年 6 月 20 日，洛阳）。全年无霜期从北往南为 180～240 天。年平均降水量为 500～900mm，南部及西部山地较多，大别山区可达 1 100mm 以上。全年降水的 50%集中在夏季，常有暴雨。

进行畜舍环境控制时，应结合本地气候条件和牛只生理特点，制定出适宜的环境控制方案。

一、不同牛只对畜舍小气候的要求

牛属于怕热耐寒型动物，一般来说，牛不能耐受高于体温 5℃ 的环境温度，但能耐受低于体温 20～60℃ 的温度范围。牛对空气湿度的适应性要受温度的影响，高温环境对牛是不利的，而凉爽的环境适宜于牛只发挥其最大的生产力。此外，不同品种、年龄的牛只的生理特点有所不同，对环境的要求也有所差别。以下介绍不同牛只对环境温度、湿度、气流及空气质量的要求。

（一）温度

牛通过自身的体温调节功能保持最适的体温范围以适应外界的环境。在等热区内，牛最为舒适健康，生产性能最高，饲养成本最低。不同品种及生理阶段的牛对环境的要求不同，详见表 4-7。

表 4-7　不同奶牛、肉牛舍内适宜温度、最高温度和最低温度（℃）

牛舍	最适宜温度	最低温度	最高温度
奶牛			
成母牛舍	9～17	2～6	25～27
犊牛舍	10～18	4	25～27
产房	15	10～12	25～27
哺乳犊牛舍	12～15	3～6	25～27
肉牛			
犊牛舍	13～35	5	30～32
育肥牛舍	4～20	−10	32
育肥阉牛舍	10～20	−10	30

（二）相对湿度

空气湿度对牛体机能的影响主要通过水分蒸发影响牛体热的散发。尤其对于高温或低温等极端天气，湿度升高将加剧高温或低温对牛生产性能的不良影响。

对于肉牛和奶牛来说，畜舍环境的相对湿度应在 56%～75% 之间，不宜超过 85%。

（三）气流

气流对牛的主要作用是使皮肤热量散发。在一定范围内，对流速度越大，牛体散热也越多。此外，气流还可以改善畜舍内的空气质量。一般在低温时（低于 10℃），气流速度在 0.1～0.25m/s 之间；高温时，气流速度在 0.5～1.0m/s 之间。

（四）空气质量

畜舍内空气质量与牛只健康水平密切相关。畜舍中主要有害气体为二氧化碳、氨、硫化氢、一氧化碳，其标准见表 4－8。

表 4－8 牛舍中有害气体标准

牛舍类别	二氧化碳（%）	氨（mg/m³）	硫化氢（mg/m³）	一氧化碳（mg/m³）
成年牛舍	0.25	20	10	20
犊牛舍	0.15～0.25	10～15	5～10	5～15
育肥牛舍	0.25	20	10	20

二、畜舍环境管理

（一）畜舍的防暑与降温

牛属于耐寒怕热型动物，且河南地区夏季炎热，近两年最高温度达 40℃以上，因此对畜舍进行防暑降温是非常重要的。

1. 畜舍的隔热设计 在高温季节，导致舍内过热的原因有两方面：一方面大气温度高、太阳辐射强烈，畜舍外部的热量进入畜舍内；另一方面家畜自身产生热量。通过空气对流和辐射散失量减少，热量在畜舍内大量积累。因此，通过加强屋顶、墙壁等外围护结构的隔热设计，可以有效防止或减弱太阳辐射热和高气温综合效应所引起的舍内温度升高。

建造畜舍时，应选择导热系数小、热阻较大的建筑材料作为屋顶以加强隔热。但单一材料往往不能有效隔热，必须从结构上综合几种材料的特点，以形成较大热阻达到良好隔热的效果。确定屋顶隔热的原则是：屋面的最下层铺设导热系数较小的材料，中间层为蓄热系数较大材料，最上层是导热系数大的建筑材料。

此外，对于有运动场的牛场，在运动场上方约 5.0m 的高度处搭建遮阳棚。遮阳棚建成东西走向，棚顶材料可选用不同透光度、隔热性能好的遮阳膜，顶棚要建成倾斜式，以利于空气流通。

2. 畜舍的防暑降温措施

（1）喷淋吹风降温法　目前，喷淋与吹风相结合的降温方式在日常生产中最常见。此降温方法要求牛舍内安装风扇和喷淋装置。风扇安装高度以距牛背2m，与地面呈 20°～30°坡度为宜，每隔 1m 或 10m 分别安装 1 个直径 0.1m 或 1m 的风扇。此外，风扇的功率要适当，使牛体上方风速保持 30～90m/min 为佳。距牛背上方约 1.5m 高度处安装喷淋装置，喷孔及压力调整以喷出小水滴、瞬间可打湿皮肤而水不会聚集成滴流下为宜。需要注意的是，喷淋地面最好是水泥地面，并且喷淋不能污染日粮。

间歇性喷淋吹风可将程序设置为 50min 一周期，每个周期内喷 5min，吹 50min。每天具体操作时间，可根据畜舍内温、湿度来确定，一般当畜舍内温湿指数（THI）＞78 时，启动喷淋吹风装置。

（2）湿帘降温法　湿帘降温是畜舍环境调控的另一种方法，当畜舍采用负压式通风系统时，可使用湿帘进行降温。将湿帘安装在通风系统的进气口，空气通过不断淋水的蜂窝状湿帘降低温度。建议有效的启动时间段根据畜舍内温、湿度来确定，一般当畜舍内温湿指数（THI）＞78 时，启动此装置。

（3）机械制冷法　机械制冷是根据物质状态在变化过程中吸热和散热原理设计而成。贮存在高压密闭循环管中的液态制冷剂（常用氨或氟利昂），在冷却室中汽化，吸收大量热量，然后在制冷室外又被压缩为液态而释放出热量，实现了热能转移而降温。由于这种降温方式不会导致空气中水分的增减，故和干冰直接降温一起又统称为"干式冷却"。用机械制冷法降温效果最好，但成本很高。

（4）养殖场绿化　在牛场外围以及畜舍之间种植树木、花草，不仅可以减少太阳辐射，而且可以有效改善畜舍小环境。

（二）畜舍保温防寒

1. 畜舍的保温设计

（1）在畜舍外围护结构中，散失热量最多的是屋顶与天棚，其次是墙壁、地面。为了充分利用家畜代谢产生的热能，加强屋顶的保温设计，对减少热量散失具有十分重要的意义。

天棚是一种重要的防寒保温结构，它的作用在于在屋顶与畜舍空间之间形成一个不流动的封闭空气间层，减少了热量从屋顶的散失，对畜舍保温起到重要作用。如在天棚设置保温层（炉灰、锯末等）是加大屋顶热阻值的有效措施。

屋顶和天棚的结构必须封闭，不透气。透气不仅会破坏空气缓冲层的稳定，降低天棚的保温性能，而且水汽侵入会使保温层变潮或在屋顶下挂霜、结冰，不但增强了导热性，而且对建筑物有破坏作用。目前，用于天棚的合成材料有玻璃棉、聚丙乙烯泡沫塑料、聚氨酯板等。

（2）根据应有的热工指标，通过选择导热系数最小的材料，确定最合理的隔热结构和精心施工，就可提高畜舍墙壁的保温能力。如选空心砖代替普通红砖，墙的热阻值可提高 41％。而用加气混凝土块，则热阻可提高 6 倍。采用空心墙体或在空心中充填隔热材料，也会大大提高墙的热阻值。

（3）在受寒风侵袭的北侧、西侧墙应少设窗门，并注意对北墙和西墙加强保温，以及在外门加门斗、设双层窗或临近冬天时加塑料薄膜、窗帘等。

（4）水泥地面具有坚固、耐久和不透水等优良特点，但水泥地面又硬又冷，在寒冷地区对家畜不利，因此，最好在牛床上方加铺木板、垫草或厩垫。

（5）畜舍形式与保温有密切的关系。在热工学设计相同的情况下，大跨度畜舍、圆形畜舍的外围护结构的面积相对比小型畜舍、小跨度畜舍小。所以，大跨度畜舍和圆形畜舍通过外围护结构的总散失热量也小，所用建筑材料也省。

（6）常用的供暖设备有热风炉式空气加热器、暖风机式空气加热器、太阳能式空气加热器、电热保温伞、电热地板等。由于奶牛与肉牛属于怕热耐寒型动物，加上河南冬季一般最低气温在 −10℃ 左右，所以一般牛舍内不需要安装这些供暖设备。

2. 防寒保暖的管理措施

（1）在不影响饲养管理及牛舍内卫生状况的前提下，适当增大舍内畜禽的饲养密度。

（2）采取一切措施防止舍内潮湿是间接保温的有效方法。

（3）在牛床上方铺垫草垫可改善冷硬地面的温热状况，尤其对于产房内的牛床，冬季必须铺垫干草。

（4）入冬前对畜舍进行维修，做好越冬御寒准备工作，包括封门，封窗，设挡风屏障，堵塞屋顶缝隙、孔洞等。

（三）畜舍通风换气

通风换气是畜舍环境控制的一个重要手段，其主要作用包括排出畜舍内多余的水汽，保证畜舍相对湿度；维持适宜的畜舍温度以及减少畜舍内有害气体、微生物、灰尘的含量。

1. 通风设计　夏季通风的目的在于排除畜舍的热量和水汽，减少牛只的热应激；冬季通风主要改善畜舍空气质量，但应注意，冬季温度较低，通风时需注意通风方式和通风量。通风换气的方式包括自然通风和机械通风。

（1）自然通风　开放舍和半开放舍以自然通风为主，炎热的夏季辅以机械通风。

（2）机械通风　机械通风也叫人工通风，不受气温和气压的影响，能均衡地发挥作用。生产中，常用的通风装置是风扇、换气扇等。

2. 管理措施

（1）根据气候状况来确定畜舍通风量，夏季应尽可能加大通风量，冬季在保证换气基础上尽量减少通风量。

（2）采用机械通风时，应定期对通风装置进行检查，并安装安全罩，以防鸟兽侵入。

第三节　牛的运输

牛只运输是饲养过程中不可避免的环节，尤其对肉牛而言，育肥牛的牛源大部分来自异地。牛只运输工作的好坏，直接影响饲养场的经济效益和牛只的健康水平。

牛场之间的运输主要包括短途运输与长途运输。最常见的是架子牛的运输，它涉及地点的改变，因此对运输中的防疫、运输条件、运输工具都有一定的要求。

一、运输前的准备工作

（一）检疫

牛只运输前应当事先获得当地农业部门和检疫部门的许可。牛只数量不多的，运输者或者委托运输者可以将牛只载运至当地农业部门和检疫部门共同指定的地方，接受检查。

（二）牛只运输前的鉴别和登记

牛只在运输之前，应当进行鉴别和登记。鉴别和登记的内容主要包括：①牛只的来源和它们的主人；②出发地和目的地；③出发的具体日期和时间；④具体的运输方式和承运人；⑤牛只在运输过程中的照管人员。

（三）饲喂

装载前8～10h停止喂料，装载前4h停止饮水，运输前不给牛只饲喂青绿多汁饲料。

（四）运输容器的准备及要求

在运输之前，根据运输牛只种类、数量以及运输路线，选择合适的运输工具，并确定运输工具检修正常。运输容器应满足以下要求：

（1）除特殊情况外，在运输过程中，应当保证牛只有充分的站立空间，如果短途运输，需要的站立空间可按以下公式计算：面积（m^2）=$0.020W^{0.66}$，其中 W 为活重（kg）。如果是长途运输，还应当保证牛只有躺下的空间，可按以下公式计算：面积（m^2）=$0.027W^{0.66}$，其中 W 为活重（kg）。

（2）能够保护牛只安全，防止牛只逃逸，不得有尖锐的边角、槽、洞等可能引起牛只伤害的缺陷。

（3）运输容器应易于清洁，其空间和通风条件应适于所运送牛只品种的特性需要，使牛只免受高温、低温、大风等严酷天气的折磨。

（4）便于检查和照顾每头牛，并在运输和处理过程中，应当使容器保持垂直位置，不得摇晃或者震动。

（5）坡道与地面之间的台阶和坡道与运输工具之间的台阶不能超过21cm高。

（6）容器外设立长、高、宽、垂直状态、适宜运输的温度和天气等必要的提示标志。还应当在运输容器或者工具上做相应的标记。

（7）车或车皮、船、飞机上的运输容器应当采取封闭舱的形式，地板应当防滑并足够结实，以承担所运输牛只的质量。

（8）除非采取其他清除牛只排泄物的措施，封闭舱的地板应当事先彻底清洁，并铺设一定数量的干草。

（9）车厢内壁应当采用木头或者其他光滑的材料。车厢内应当安装让牛只可以依靠或者附着的环或者杆，在车厢编组移动或者车厢因为其他原因移动时，应当采取预防措施防止车厢剧烈摇晃。

二、运输过程中的管理

（一）牛只运输过程中的照管

（1）牛只应当在专人照管的情况下进行运输。例如，奶牛在长途运输中，挤奶的间隔不得超过 12h。

（2）在长途运输过程中，应当按照兽医的建议，定时给牛只饮食。牛只在无进食、饮水的情况下，运输不能超过 8h。

（3）运输容器内的光照条件应当符合要求，并方便照管人员照顾牛只。

（二）牛只运输过程中的医治

在运输途中生病或者受伤的牛只，应当尽可能快地得到随行兽医或者沿途兽医的照管。在必要时，为了使这些牛只免遭不必要的痛苦和控制疾病的传播，可以在途中对运输的牛只采取人道的屠宰措施。

三、牛只的装卸

（1）装卸牛只时，应当采用装载桥、卸载桥、坡道和过道等设施。这些设施的底板应当不打滑，侧面安全可靠。装卸台尺寸可参照表4-9。

表4-9　牛只装卸台尺寸

装卸台尺寸	体重（kg）					
	200	300	400	500	600	700
宽（cm）	48	56	64	71	77	84
长（至少，cm）	370	370	370	370	370	370
坡度（至多）	1/4	1/4	1/4	1/4	1/4	1/4

（2）装卸牛时，不得采用可能造成牛只恐惧或者伤害的机械装置吊运牛只，尽量减少电刺激的方式驱赶牛只。

四、到达目的地的饲养管理

（1）新引进的牛只，先在单独的饲养区隔离观察几天，无异常变化方可转入正常牛舍。

（2）为新到牛只提供清洁的饮水，如果是夏天长途运输，应补充人工盐。

（3）对于新到青年牛只和成年牛只，最好的粗饲料为青干草，其次是玉米青贮和高粱青贮。用青贮料时最好添加缓冲剂（碳酸氢钠），以中和酸度。对犊牛来说，应该饲喂一些奶制品和高质量的苜蓿。

（4）对新到场的牛只，精饲料的喂量应严格控制，必须有近15天的适应期，此期间内以粗料为主，精饲料从第7天开始饲喂，每3天增加300g精料。

（5）所有到场的牛只按体重、品种、性别、用途等分群。

（6）所有的牛只都需打耳标、编号、标记身份。

（7）对进入养殖场的牛只要进行驱虫。

五、牛只运输的注意事项

（一）牛只运输的限制

（1）怀孕早期的母牛和快要分娩或者在48h前刚刚分娩的母牛和脐带还没

有脱落的犊牛，不得运输。

（2）如果没有母牛陪同，不得运输不能吃食物和喝水的犊牛。

（3）轻微生病或者受伤的牛，如其运输不会造成不必要的痛苦和伤害，或者出于科学研究的需要，经过农业部门和检疫部门的同意，可以被运输。

（二）运输过程中牛只的分类

（1）在同一运输工具上运输的牛只，如属于不同的品种，应当相互隔离；对于同种类的牛只，也要防止它们出现相互攻击的现象。

（2）牛只属于不同年龄层次的，除了母牛和吃奶的犊牛可以待在一起外，其他成年的牛只应当与幼小的牛只分开。

（3）未被阉割的雄性牛应当与同种类的母畜分开。分隔设施应当可以调节，使其适合牛只的形状、尺寸和数量的要求。

（三）大型牛只水路和航空运输的特殊规定

1. 水路运输的要求　牛只通过水路运输时，为防止牛只跌落入水并帮助牛只抵御高温、低温、大风等严酷的天气，除非牛只被安排在充分安全的容器中，或者已经采取了其他实质性的防护措施，不能把牛只安置在露天的甲板上。

运送牛只时应当采取以下措施：

（1）将牛只拴系起来，或者将它们安置在合适的围栏或者容器中。

（2）配置满足需要的牛只照管人员。

（3）为了方便检查和为牛只提供服务，应提供一定的光照条件，并在所有的围栏或者容器之间留下通道。

（4）容纳牛只的船舱应当在所有部分设立排水装置，以保持运输环境的清洁。

（5）携带隔离和急救设施，以及必要时人道处死牛只的药物和装置。

（6）携带符合牛只品种特性需要的食物和饮水，根据牛只的数量和运输时间备足食物和饮用水。

2. 航空运输的要求

（1）牛只通过航空运输时，应当被装入符合牛只品种特性需要的容器或者围栏。

（2）为了限制牛只在航空器内的活动范围，运输者可以采取合适的管制措施。

（3）为了预防空气温度和气压的过分波动，运输者可以采取合适的防治措施。

（4）携带隔离和急救设施，以及必要时人道处死牛只的装置。

六、牛场内部牛只的转运

牛场内部牛只的运输主要是指牛只转舍和转群，除特殊情况外一般不需要运输工具。

牛场内部运输时注意以下几点：

（1）转舍时，提前对需要转入的牛舍进行彻底消毒处理。

（2）转移过程中不得鞭打牛只，应逐头牵引，并尽量让牛只熟悉的饲养员来操作，尽量避免应激的发生。

（3）用木棒或钢管搭建临时转舍通道。

（4）如果是犊牛，并且需要转移的距离较远时，应使用转载车辆进行转移。

（5）牛只转群时，尤其少数牛只转群时，应先在需转移的牛只身上涂抹要转入牛舍的粪便。转入新的畜群后，要观察一段时间，看是否有打斗的情况。

第四节　人道地对待病牛和即将安乐死的牛只

随着养牛业的发展，牛只的福利也慢慢受到人们的关注。人道地对待生病的牛只和即将安乐死的牛只，是动物福利的一种表现。

一、可治愈病牛的管理

（1）为病牛设立病牛舍，发现病牛，隔离治疗。

（2）病牛舍应有专职饲养员，调制适口性较好的配合饲料，精心饲养病牛。

（3）不能走动或者四肢无法负重的牛只不能送去屠宰场屠宰，必须在农场屠宰，或者接受治疗。

（4）病牛经过治疗治愈后，经过兽医的同意方能回到健康牛舍。

二、不可治愈牛只的管理

（1）感染严重传染病或无法治愈的牛只，应尽快宰杀或进行安乐死，其基本原则是使其痛苦程度减到最小。

（2）病死牛只不得在牛舍内放血、剥皮、割肉。

（3）在病牛舍不远处设焚尸井或焚尸炉，在兽医指导下对病死牛只进行无公害处理。

第五章　提高奶牛与肉牛的生产力

第一节　营养与饲养技术

一、牛常见的饲料产品

(一) 粗饲料

粗饲料是指自然状态下水分在 45% 以下，饲料干物质中粗纤维含量大于或等于 18%，能量价值较低的一类饲料，主要包括干草类、农副产品类（壳、荚、秸、秧、滕）、树叶、糟渣类等。

1. 青干草　青干草是将牧草及禾谷类作物在未结子实以前刈割，经自然或人工干燥调制成的能够长期保存的饲料。优质的青干草颜色青绿，气味芳香，质地柔软，叶片不脱落或脱落很少，绝大部分的蛋白质和脂肪、矿物质、维生素被保存下来，具有良好的适口性和较高的营养价值。干草中粗纤维的含量一般较高，为 20%～30%，且消化率较高；所含能量为玉米的 30%～50%；粗蛋白含量，豆科干草为 2%～20%，禾本科干草为 7%～10%；钙的含量，豆科干草如苜蓿为 1.2%～1.9%，而一般禾本科干草为 0.4% 左右。

干草的营养价值与植物的种类、收割时期、调制方法和贮存方式也有很大的关系。一般豆科牧草营养价值优于禾本科牧草。晒制青干草必须实时收割，过度成熟的青干草蛋白质等营养物质和含量以及干物质的消化率将随之下降，而粗纤维含量则会上升。晒制的过程中要选择晴朗的天气，防止雨淋和落叶的损失。试验证明，危害性的降雨可使干草的营养价值降低 1/4～1/3。落叶的损失更大，苜蓿在晒制的过程中，干草不潮湿平均落叶损失为 38.5%，受两次阵雨淋湿的干草落叶损失为 47.3%，受三次雨淋落叶损失高达 74%。给奶牛饲喂淋雨的田间晒制的苜蓿干草比未受雨淋的苜蓿干草的产奶量减少 19.7%。干草的含水量要适当，否则会引起发霉腐烂和引起自燃，一般散放干草的最高含水量为 25%，打捆干草为 20%～22%，铡碎干草为 18%～20%，干草块为 16%～17%。

一般优质的干草可以长草饲喂，不必加工，根据情况可以采用自由采食或者限量饲喂法。限量饲喂法是将干草与精料按比例混喂或者以全价日粮进行饲喂，在饲喂的过程中要防止铁钉等金属物质对牛瘤胃的伤害。奶牛饲喂干草等粗料按体重计算，如以干草和青贮为基础的粗饲料，则干草的比例应占 1/4～1/3，如果按整个日粮计算，并且粗饲料以干草为主，则干草和精料的比例应为 50∶50。一般来说 1kg 干草相当于 3kg 青贮或 4kg 青饲料，2kg 干草相当于 1kg 精料。

2. 秸秆类　秸秆类是世界上量最大的一类农业副产品，虽然有一定程度的利用，但利用率较低，每年都有大量的秸秆被焚烧或抛弃不用，造成环境污染和资源浪费。这类饲料的特点是粗纤维含量高，木质素含量高，粗蛋白含量低（不超过 10％），消化率低（一般不超过 60％）。但秸秆类饲料对牛尤为重要，它可以保证消化道的正常蠕动，也是乳脂肪合成的重要原料。牛常用的秸秆类饲料有稻草、玉米秸、麦秸和豆秸。

3. 秧蔓类饲料　有花生秧、红薯秧等，这些饲料一般都放在田间或者户外，常在日晒雨淋之下，很容易霉变，作为牛饲料利用也未经任何处理加工，营养价值较低。甘薯秧和花生秧晒干或者晒干粉碎和精饲料一并饲喂是奶牛越冬的良好饲料来源。

4. 荚壳类　主要是农作物子实的外壳，包括谷壳、高粱壳、花生壳、豆荚、棉子壳等。豆荚的营养价值最高，其次为谷物的皮壳，稻壳的营养价值较差，利用率低，但经氨化或碱化可以提高其营养价值。棉子壳含有少量的棉酚，饲喂时应掺入一定量的青绿饲料和稻草。

（二）青绿饲料

青绿饲料是指天然水分含量在 60％以上的青绿牧草、饲用作物、树叶类及非淀粉质的根茎、瓜果类等。这类饲料富含叶绿素，鲜嫩多汁，营养丰富，产量高，此外还含有各种酶、激素、有机酸等，对促进动物的生长发育，提高产品质量有着重要的意义，被誉为"绿色能源"。

1. 天然牧草　主要是指天然牧场收获的牧草，多为混播草地，产量与草场质量关系很大。

2. 栽培牧草

（1）豆科牧草　有紫花苜蓿、三叶草、苕子、草木樨、沙打旺、小冠花、红豆草等。这类牧草产量高、栽培面积大，牧草的粗蛋白质含量高，营养价值高，可以青饲、放牧、制作干草或者青贮。由于豆科牧草的含糖量低，属于难青贮牧草，所以，在青贮时可以采用半干青贮，与禾本科混贮，或者采用添加糖蜜等措施来提高青贮品质。另外，要选择合理的收割时期，防止牧草老化，降低营养价值。在利用豆科牧草时，要防止有害物质对家畜的不良作用，如紫花苜蓿中的皂苷、草木樨中的双香豆素、沙打旺中的硝基化合物、苕子中的氰苷都会对家畜产生不良反应，因此，在饲用时要采取预防措施，如果青饲要限量饲喂，防止牛发生膨胀病。

（2）禾本科牧草　包括黑麦草、无芒雀麦、羊草、苏丹草、鸭茅、象草等。禾本科牧草也是奶牛不可缺少的粗饲料之一，粗蛋白质含量略低于豆科牧草，粗纤维含量略高于豆科牧草。此类牧草产量高，生长速度快，对气候的适应性比较强，特别是抗旱耐践踏，有着极高的推广利用价值。禾本科牧草碳水化合物含量高，加工利用技术更成熟，比较适合于制作优质的青贮饲料，一般和豆科类混合青贮。禾本科牧草也可以青饲，制作干草或加工草粉等，对提高奶产量效果明显。

（3）青饲作物类　青饲作物是指农田栽培的农作物或饲料作物，在结子实前或结实期刈割作为青绿饲料用。常见的青饲作物有青刈玉米、青刈大麦、青刈燕麦、大豆苗等。这类作物可以直接饲喂，也可以调制成青干草或制作青贮饲料，供冬春季节饲喂，是解决青绿饲料短缺的一个重要途径。在农区可以利用闲散地种植牧草或者引进三元种植结构，既可以解决牧草短缺问题，又可保护植被减少水土流逝。也可以在冬季种植黑麦草，在早春进行刈割饲喂，解决冬春季节的饲料短缺问题。

青绿饲料营养价值高、消化性好，是牛理想的饲料。但由于水分含量高、热量少，所以对产奶量高的乳牛，只喂青绿饲料不能满足能量的需要，应添加能量饲料、蛋白质饲料和矿物质饲料。青绿饲料与秸秆一起饲喂可以提高秸秆的消化率，但青绿饲料的喂量不能超过日粮干物质的 20％，其采食量大概为奶牛体重的 10％。

（三）青贮饲料

青贮饲料指以天然新鲜青绿植物性饲料为原料，在厌氧条件下，经过以乳酸菌为主的微生物发酵后调制成的饲料，具有青绿多汁的特性，如玉米青贮、青草青贮、黑麦草青贮、苜蓿青贮等。青贮饲料能较好地保存青绿饲料的营养特性，减少养分损失，优质的青贮饲料可以常年贮存。

（四）能量饲料

饲料干物质中粗纤维含量小于 18％，同时粗蛋白质含量小于 20％ 的饲料为能量饲料，如谷实类（玉米、小麦、稻谷、大麦、高粱和燕麦等），糠麸类（小麦麸、米糠等），以淀粉为主的块根、块茎、瓜果类（甘薯、胡萝卜、南瓜）等。

能量饲料在饲喂时应注意以下问题：

（1）按牛不同的生理阶段合理饲喂　泌乳高峰期应喂高能日粮，能量过低出现负平衡，不仅产奶量低，也容易出现营养缺乏症；泌乳后期和干奶期要适当地限制能量的摄入量，能量过高，母牛过肥，容易导致难产、产后瘫痪、妊娠毒血症、酮病和瘤胃酸中毒的发生。

（2）精粗合理搭配 日粮中的精饲料比例过大，能量过高，则瘤胃中丙酸比例增大，乙酸含量相对降低，乳脂率下降。

（3）注意饲料体积 块根块茎类饲料含水量大，如果喂量过多，占据了瘤胃和小肠的体积，会限制干物质的采食量，故应限制其饲喂量。

（五）蛋白质饲料

饲料干物质中粗纤维含量小于18％，而粗蛋白质含量大于或等于20％的饲料即为蛋白质饲料。包括豆类子实、饼粕类和其他植物性蛋白质饲料，通常占到日粮中蛋白质饲料的80％以上。该类饲料的营养特点是：蛋白质含量高，品质较好；脂肪含量变化大，油料子实含量在15％～30％以上，非油料子实仅有1％左右；粗纤维含量低；钙少磷多，主要是植酸磷；维生素含量与谷物类相似，维生素A、维生素D较缺乏；大多数含有抗营养因子，影响饲喂价值。

1. 豆类子实 主要包括大豆和豌豆，是牛蛋白质饲料的主要来源。

2. 饼粕类 主要包括大豆饼粕、菜子饼粕、棉子饼粕和花生饼粕。

（六）其他副产品

1. 白酒糟 也称酒精糟，是白酒酿造业的主要副产品，是酿酒原料经发酵、蒸馏出乙醇后所剩的原料微粒。新鲜的白酒糟为黄褐色，含水分很高（64％～76％）。总的来说，酒糟的营养价值在许多方面与其制作原料相关的。由于大量的可溶性碳水化合物发酵成醇而被提走，故其他营养成分如粗蛋白质、粗纤维和粗灰分等含量均相应提高；同时，还富含B族维生素和有益微生物。饲喂量一般不超过日采食量的20％。

2. 啤酒糟 啤酒糟是啤酒酿造过程中榨干的大麦芽渣，即大麦经浸泡发芽，产生大量淀粉酶后加工制成糖化液，分离出麦芽汁剩下的大麦皮等不溶混杂物就是鲜啤酒糟，干燥后即为干啤酒糟。啤酒糟主要由麦芽的皮壳、叶芽、不溶性蛋白质、半纤维素、脂肪、灰分及少量未分解的淀粉和未洗出的可溶性浸出物组成。啤酒生产所采用原料的差别以及发酵工艺的不同，使得啤酒糟的成分不同，因此在利用时要对其组成进行必要的分析。总的来说，啤酒糟含有丰富的粗蛋白质和微量元素，具有较高的营养价值。啤酒糟干物质中含粗蛋白质25.1％、粗脂肪7.1％、粗纤维13.8％、灰分3.6％、钙0.4％、磷0.6％，还含有丰富的锰、铁、铜等微量元素。啤酒糟含水量大，变质快，因此饲喂时一定要保证新鲜，一时喂不完的要合理保存，如需要贮藏，则以窖贮效果好。还可以与玉米秸混贮，将玉米秸切成2～4cm的碎段，与已进行摊晾降温和水分蒸发的鲜啤酒糟按 1∶5 的比例拌匀，使秸秆含水量在 55％左右，随拌随装入池内，密封发酵 30 天，亦可晒干贮藏。饲喂啤酒糟应注意以下几个问题：

（1）掌握适宜的喂量。一般在小公牛育肥中，酒糟用量占饲料干物质的 40％左右较合适，高的可达 60％，架子牛一般占 30％～35％效果较好，可提高胴体品质等级，且对牛没什么危害。夏季啤酒糟应当日喂完，同时每日每头可添加 150～200g 碳酸氢钠。

（2）注意保持营养平衡。啤酒糟粗蛋白质含量虽然丰富，但钙、磷含量低且比例不合适，因此饲喂时应提高日粮精料的营养浓度，同时注意补钙。

（3）不宜把糟渣类饲料作为日粮的唯一粗料，应和干粗料、青贮饲料搭配，与青贮料搭配，应在日粮中添加碳酸氢钠。

（4）注意饲喂时期。对产后 1 个月内的泌乳牛，应尽量不喂或喂少量啤酒糟，以免加剧营养负平衡状态和延迟生殖系统的恢复。

3. 苹果渣 是苹果加工业的下脚料。干物质中含糖分 15.2％，脂肪 6.2％，粗蛋白质 5.6％（鲜），粗纤维 20.2％，且含有维生素和矿物质元素等。

按正常喂养标准，每天在其日粮中混添 10～12kg 鲜苹果渣，产奶量可提高 10％以上，且添喂苹果渣可增加饲料的适口性，缩短奶牛的采食时间，降低发病率。

二、为不同生理阶段牛配合营养 平衡日粮

（一）日粮配合的原则

（1）日粮中所含营养物质必须达到牛的营养需要，根据不同个体作相应调整。

（2）应以青粗饲料为主，精料只用于补充青粗饲料所欠缺的能量和蛋白质。

（3）日粮组成应多样化，使蛋白质、矿物质、维生素等更全面，以提高日粮的适口性和转化率。

（4）除满足营养需要外，还应使牛吃饱而又不剩食，将日粮的营养浓度控制在最合理的水平。

（5）必须把轻泻饲料（如玉米青贮、青草、多汁饲料、大豆、大豆饼、麦麸、亚麻仁等）和便秘性饲料（如禾本科干草、各种秸秆、枯草、高粱子实、秕糠、棉子饼等）互相搭配。

（6）各种饲料应价格便宜，来源丰富。

（7）饲料中不应含有毒害作用的物质。

（二）不同生理阶段牛日粮配合的要点

1. 后备母牛　饲养后备母牛的目的是通过饲养控制，使其在适宜的时间内达到适宜的体重，为下一步配种、繁殖、产奶打下良好的基础。要达到这一目标，影响因素有多个方面，但是合理的饲粮配方至关重要，因此，在设计后备母牛饲粮时，除了应遵循一般的原则外，还需注意以下几点：

（1）弄清生长母牛的种类、年龄和体重，估算出在规定的年龄内达到规定体重所需的日增重。从饲粮配方设计上保证母牛能如期发情配种，同时也不致过肥而影响以后的繁殖和产奶。

（2）饲粮中应保证有足够的青粗饲料。估算出由青饲料和粗饲料平均每天能提供的各种营养成分的确切数量。

（3）注意饲粮精料与粗料的比例。若粗料比例高于60%或低于40%时，应注意调整。在确保后备母牛达到预期日增重的前提下，粗料比例可适当高些。

2. 产奶牛　产奶是饲养奶牛的主要目的，在保证奶牛健康的前提下充分发挥其产奶潜力，饲粮配方的设计非常关键。设计产奶牛饲粮配方时一般要特别注意以下几个方面：

（1）设计配方前必须掌握产奶牛的年龄、胎次和产奶阶段。因为不同年龄、胎次与产奶阶段的奶牛的营养需求差别较大，为了保证奶牛达到理想的产奶水平和健康的身体，在营养供给上必须分别对待。如在第一、第二泌乳期内，奶牛除了产奶以外，身体还未达到成年体重，因此营养水平应适当高些。

（2）在高产奶牛的产奶高峰期，应提高日粮精料补充料的比例和营养浓度，以维持高水平的产奶量，但也应注意防止因瘤胃代谢异常而导致奶牛发生营养代谢疾病，如酸中毒、酮病。

（3）在选择精料原料时，要考虑原料对乳品质的影响。例如，菜子粕、糟渣和蚕蛹粉等饲料应严格限制用量，否则，可能使牛乳产生异味，从而影响奶的品质。

3. 育肥牛　肉牛主要以粗饲料为主，但粗饲料不能满足其营养需要，需要补喂精饲料。精饲料营养全面与否，直接影响到肉牛生长发育。在配制肉牛精饲料时需要注意以下事项：

（1）使用棉子饼粕应注意防止棉酚中毒，棉子饼粕最大日喂量不宜超过3kg。

（2）以酒糟为主要粗饲料时，应添加碳酸氢钠，添加量占精饲料量的1%。以其他粗饲料喂牛时，夏季可添加精饲料量的0.3%～0.5%。

（3）严禁添加国家禁止使用的添加剂、性激素、蛋白质同化激素类、精神药品类、抗生素滤渣和其他药物。国家允许使用的添加剂和药物要严格按照规定添加。严禁使用肉骨粉。

（三）日粮配方设计的步骤

（1）确定其生理阶段和日产奶量，依照奶牛（或肉牛）饲养标准，计算不同阶段的奶牛（或肉牛）营养需要。

（2）从饲料成分及营养价值表中查出现有饲料的各种营养成分和价格。

（3）根据经验选择几种粗饲料，确定其喂量，并计算其营养物质的含量和所缺的营养。

（4）选择精料原料，确定其用量来补充所缺的营养，主要是配平能量和蛋白质含量。

（5）配平矿物质含量。

（6）综合粗饲料和精料营养物质含量，与营养需要量作比较，调整饲料配方，寻找平衡点。

三、饲料加工调制和混合方法

（一）青贮饲料的制作

青贮饲料是通过控制发酵使饲草保持多汁状态而长期贮存的方法。几乎所有的饲草均可制成青贮饲料。青贮饲料养分损失少，对牛适口性好，是最经济实惠的饲草保存方法。

1. 青贮设备 青贮窖可以是临时的，在地势较高、能排水和便于取用的地方挖掘；也可修永久性的窖，即用砖和水泥建造。在地下水位高、气候温暖地区，可建青贮塔，材料可用不锈钢、砖和水泥、硬质塑料；也可用塑料袋青贮，设备费用低，取用方便；即使在地面上制作青贮料，只要能做到压紧、封严就可成功。总之，青贮地点要尽量靠近畜舍，取用省时省力。要避开粪坑、水源等，以免引起青贮料的污染变质。

2. 青贮原料 常用青贮原料禾本科牧草有玉米、黑麦草、无芒雀麦；豆科牧草有苜蓿、三叶草、紫云英；其他根茎叶类有甘薯、南瓜、苋菜、水生植物等。在选择青贮原料时，要注意掌握含糖量、含水量和收获的时间。

3. 青贮方法与步骤

（1）青贮窖的准备 青贮前彻底清扫窖，用硫黄或福尔马林加高锰酸钾熏蒸消毒；窖四壁铺塑料薄膜，以防漏水透气；底部铺 10~15cm 厚的秸秆，以便吸收液汁。

（2）切碎　青贮原料收割后，应立即运至青贮窖，一边用青贮机铡短，一边装填。如果采用大型青贮收割机，则可边收割边切碎，运回青贮窖直接装填。青贮原料切得越碎，越容易装填、压实，应考虑设备和能耗，一般需铡短至1～2cm。

（3）装填与压实　原料粉碎后要立即装填，否则会增加养分损失。边装填边压实，青贮窖压得越实，空气排得越干净越好，可采用大型青贮用拖拉机碾压，无拖拉机的也要设法人力夯实。填窖一般要高出窖面60cm左右，使之成拱型。

（4）密封　装填完成后，盖上厚膜，压上10～20cm泥土并拍实，再压上石块或汽车轮胎。经一昼夜自然沉降后，可再加一次泥土。封的一定要严，否则前功尽弃。

（5）管护　在四周距窖1m处挖排水沟，防止雨水流入。窖顶有裂缝时，应及时覆土压实，防止漏气漏水。采用黑色的塑料布可以防止鸟类的破坏。

4. 半干青贮和青贮添加剂

（1）半干青贮　在青贮前先让刈割的饲草饲料作物干燥1～2天，使其水分含量控制在45％～65％时再行青贮，称半干青贮。降低青贮饲草水分含量可使植物呼吸酶活性降低，更主要的是可以较有效地抑制梭状芽孢杆菌繁殖，同时也可减少青贮汁液的流失，以提高青贮质量和饲草养分的保留率。此法一般适用于含糖量比较低的牧草，如紫花苜蓿。

（2）青贮添加剂　主要可分为发酵促进剂、发酵抑制剂、好气性腐败菌抑制剂及营养性添加剂四类。前两类是控制发酵程度的，这一点既可通过促进乳酸发酵实现（包括乳酸菌制剂和乳酸菌生长的基质，如糖蜜），也可通过部分或全部抑制微生物的生长（如甲酸、乙酸和甲醛等）来实现；第三类是抑制好气性腐败菌的，旨在青贮初期和开窖后防止接触空气的青贮发生腐败（如丙酸）；第四类是营养性添加剂，在制作青贮时加到原料中，可改善青贮饲料的营养价值（如尿素和食盐等矿物质）。

发酵促进剂和发酵抑制剂一般用于不易青贮的原料如豆科牧草，而易青贮的原料如玉米可添加一些营养性添加剂和防止二次发酵的好气性腐败菌抑制剂。甲酸产品的浓度为850g/kg，这种甲酸通常不必稀释便能以2.3L/t的比例直接施用在牧草上，相当于2L/t纯甲酸，对于豆科牧草使用量可以高一些。甲醛作为青贮添加剂的安全和有效使用范围，一般参考值是禾本科作物每千克粗蛋白质30～50g，未枯萎的苜蓿每千克粗蛋白质100～150g，对一般牧草为2.0～3.4L/t。乳酸菌制剂用量为每克新鲜的原料至少达到$1×10^5$个乳酸菌。尿素添加量为每吨湿青贮料5～7kg。

5. 青贮饲料质量检查 良好的青贮料，颜色青绿或黄绿色，有光泽，湿润、紧密、茎叶花保持原状，容易分离，有芳香酒香味，有的略有酸味。若颜色黑、黏滑、结块，具特殊腐臭味或霉味，则说明青贮失败，不能饲喂。

6. 青贮料的取用 一般经20多天的发酵，即可开窖取用，也可等青绿饲料短缺时取用。饲喂时要随用随取，取用青贮料要遵循由外向内、由上而下层层取用的原则。一旦启用，不要中断，直至用完。每次取用后应尽快封盖好，尽量减少外部空气的进入，防止二次发酵，更不要让雨水流进窖内。

7. 青贮饲料的使用 青贮饲料可以作为牛的主要饲料来源，但由于其酸度较高，刚开始喂时牛不喜食，所以，喂量应由少到多，牛逐渐适应后即可习惯采食。训饲的方法是：先空腹饲喂青贮料，再饲喂其他草料；或将青贮料与其他料拌在一起饲喂。由于青贮饲料含有大量有机酸，具有轻泻作用，因此母牛妊娠后期不宜多喂，产前15天停喂。劣质的青贮饲料有害牛健康，易造成流产，不能饲喂。冰冻的青贮饲料也易引起牛流产，应待冰融化后再喂。

（二）干草的调制与贮存

由于干草是由青绿植物制成，在干制后仍保留一定青绿颜色，故又叫青干草。干草的含水量在14%～17%之间，可以长期保存，其制作方法简便、成本低廉，便于大量贮存和长距离运输，但调制不善会有较多养分损失。

1. 调制干草的原料及收获期 几乎所有人工栽培牧草、野生牧草均可用于制作干草。但在实际操作中，一般选择那些茎秆较细、叶面适中的饲草品种，即通常所说的豆科和禾本科两大类饲草，因为茎秆太粗、叶面太大、茎秆和叶相差太悬殊，都会影响干草的效果和质量。适宜制作干草的禾本科牧草包括羊草、黑麦草、苇状羊茅、芒麦和披碱草等；豆科牧草包括紫花苜蓿、沙打旺、小冠花和红三叶等；豆科类作物包括豌豆、蚕豆、黄豆等。

收割时期对干草质量影响很大，因为任何牧草趋向成熟时，干物质的消化率都会下降，蛋白质的含量也会下降，但如果过早收割不仅会影响饲草产量，而且幼嫩饲草相对较高的含水量会增加干草调制的难度和成本。因此，选择适宜的收割期，对保证调制干草的质量和效果非常重要。禾本科类牧草一般应以抽穗初期至开花初期收割为宜；豆科类牧草以始花期到盛花期收割为最好。此时养分比其他任何时候都要丰富，茎、秆的木质化程度很低，有利于牛的采食、消化。

2. 调制干草的方法

（1）自然干燥法 自然干燥法是指利用阳光和风等自然资源蒸发水分调制青干草的技术，该法简便易行、成本低，无须特殊设备，是目前国内外普遍采用的方法。但自然干燥法一般时间较长，容易受气候、环境的影响，养分损失较大。

①地面干燥法 将收割后的牧草在原地或运到地势较高燥的地方进行晾晒。通常收割的牧草在晴朗的天气下干燥4～6h，水分降到45%～55%时（此时茎开始凋萎，叶子还柔软，不易脱落），用搂草机搂成草条继续晾晒，使其水分降至35%～40%（叶子开始脱落前），用集草机将草集成草堆，保持草堆的松散通风，直至牧草完全干燥，一般1.5～2天可调制完成，最后人工或使用拣拾压捆机打捆运回贮存。

②草架干燥法 在栽培豆科牧草产草量和含水量高的情况下，可就地取材，搭制简易树干三脚架和幕式棚架。先地面干燥0.5～1天，使其含水量在40%～50%之间，然后自上而下逐渐堆放，或捆成20cm直径的小捆，顶端朝里一层一层地码放在草架上晾干，注意最低一层应高出地面。由于草架中部空虚，空气便于流通，有利于牧草水分散失，故可大大提高牧草干燥速度，减少营养物质的损失。该方法适于空气干燥的地区或季节调制青干草，养分尤其是胡萝卜素较晒制法损失少得多。

（2）人工干燥法 即采用各种干燥设备，在很短的时间内将刚收割的饲草迅速干燥，使水分达到贮存要求的青干草调制方法。该法生产的干草质量好、养分损失少、不受气候影响，但设备要求高，投资较大。

①常温鼓风干燥法或称"草库干燥" 先在田间将草茎压碎并堆成垄行或小堆风干，使水分下降到35%～40%，然后在草库内完成干燥过程。自鼓风机送出的冷风（或热风）通过总管输入草库内的分支管道，再自下而上通过草堆，即可将青草所含的水分带走。常温鼓风干燥适合用于牧草收获时期昼夜相对湿度低于75%而温度高于15℃地区。在特别潮湿的地方，鼓风机中的空气可适当加热，以提高干燥的速度。

②低温烘干法 将未经切短的青草置于浅箱或传送带上，送入干燥室（炉），采用加热的空气将青草水分烘干。干燥温度如为50～70℃，需5～6h；如为120～150℃，经5～30min完成干燥。所用热源多为固体燃料，浅箱式干燥机每日可生产干草2 000～3 000kg，传送带式干燥机每小时生产量为200～1 000kg。

③高温快速干燥法 利用液体或煤气加热的高温气流，可使切碎成2～3cm长的青草在数分钟甚至数秒钟内水分含量降到10%～12%。采用的干燥机是转鼓气流式烘干机，进风口温度高达900～1 100℃，出风口温度70～80℃。牧草含水量在60%～65%，每小时可产干草粉700kg；含水量达75%时，每小时仅生产420kg。整个干燥过程由恒温器和电子仪器控制。采用高温快速干燥法调制的干草可保存牧草养分的90%以上，一般应用于价值较高的

原料，主要是豆科牧草。

3. 打捆与贮存 非集约化生产的散干草一般不打捆，而制作商品干草时通常在干燥后打捆。干草在晴天阳光下晾晒2～3天，当含水量在18%以下时，可在晚间或早晨进行打捆，以减少苜蓿叶片的损失及破碎。在打捆过程中，应该特别注意的是不能将田间的土块、杂草和腐草打进草捆里。草捆打好后，应尽快将其运输到仓库里或贮草坪上码垛贮存。码垛时草捆之间要留有通风间隙，以便草捆能迅速散发水分。底层草捆不能与地面直接接触，以避免水浸。在贮草坪上码垛时垛顶要用塑料布或防雨设施封严。草捆在仓库里或贮草坪上贮存20～30天后，当其含水量降到12%～14%时即可进行二次压缩打捆，两捆压缩为一捆，其密度可达350kg/m³左右。高密度打捆后，体积减少了一半，更便于贮存和降低运输成本。

散干草运回后可以露天堆垛或草棚堆放。露天堆垛是一种最经济、较省事的贮存青干草的方法。应选择离畜舍较近、平坦、干燥、易排水、不易积水的地方，做成高出地面的平台，台上铺上树枝、石块或作物秸秆约30cm厚，作为防潮底垫，四周挖好排水沟，堆成圆形或长方形草堆。长方形草堆，一般高6～10m，宽4～5m；圆形草堆，底部直径3～4m，高5～6m。堆垛时，第一层先从外向里堆，使里边的一排压住外面的稍部。如此逐排向内堆排，成为外部稍低、中间隆起的弧形。每层30～60cm厚，直至堆成封顶，封顶用绳索纵横交错系紧。堆垛时应尽量压紧，加大密度，缩小与外界环境的接触面，垛顶用薄膜封顶，防止日晒漏雨，以减少损失。为了防止自燃，上垛的干草含水量一定要在15%以下。堆大垛时，为了避免垛中产生的热量难以散发，应在堆垛时每隔50～60cm垫放一层硬秸秆或树枝，以便于散热。气候湿润或条件较好的牧场应建造简易的干草棚或青干草专用贮存仓库，避免日晒、雨淋，可大大减少青干草的营养损失。堆草方法与露天堆垛基本相同，要注意干草与地面、棚顶保持一定距离，便于通风散热。也可利用空房或屋前屋后能遮雨地方贮藏。

（三）秸秆的氨化

1. 原料秸秆 各种作物秸秆均可用氨化法处理，常用的有稻草、麦秸和玉米秆。陈秸秆要求用保存良好的，即干净、干燥、色鲜的，绝不能用霉变的秸秆。若能切短则氨化效果会更好。

2. 氨源及用量 生产实践表明，氨的用量与氨化效果密切相关，氨的经济用量以2.5%～3.5%为宜。各种氨源的用量按干秸秆计：碳铵8%～12%、尿素4%～5%、氨水（含氮15%）15%～17%、液氨2.5%～3.5%。

3. 调制方法

（1）窖氨化法　氨化窖的建造与青贮窖相同，可采用永久窖或临时窖，地上窖、半地下窖或地下窖。窖的大小根据饲养牛的种类和数量而定。每 $1m^3$ 的窖可装切碎的风干秸秆（麦秸、稻草、玉米秸）150kg 左右。一般来说，牛日采食秸秆的量为其体重的 2%～3%。根据这些参数，再考虑实际情况（每年氨化次数、养畜多少等），然后设计出窖的大小。

氨化前将含水量控制在秸秆量的 30%～50%。对于干稻草等，要一边切短，一边喷水，一边撒碳铵或尿素，拌匀后踩实；也可将碳铵或尿素制成水溶液进行浇洒，每 100kg 干秸秆用水 20～30kg。秸秆顶面要堆成馒头形，高出窖面至少 1m，以防止下沉塌陷成坑，造成汪水。使用氨水氨化，可先将秸秆堆好，最后将氨水用水桶或胶管直接向秸秆堆的中部浇洒就行，而不必分层浇洒。将上盖用的塑料薄膜，沿秸秆的馒头形顶面顺坡向窖的两边铺压，窖边用泥土压实、封严。

（2）堆垛法　堆垛氨化法是将秸秆堆成垛、用塑料薄膜密封进行秸秆氨化处理的方法，垛的大小可视情况而定。大垛适于液氨氨化，可节省塑料薄膜，容易机械化管理，但水不易喷洒均匀，且容易漏气，一般长×宽×高为 $4.6m×4.6m×2m$。为了便于通氨，可在垛中间埋放一根多孔的塑料管或胶管。小垛适于尿素或碳铵氨化，一般长×宽×高为 $2m×2m×1.5m$。

以小垛为例，先在地面上铺一长、宽各 3m 的塑料薄膜，然后把切碎（成捆也可）的鲜秸秆在塑料薄膜上堆成长、宽、高各为 2m 的垛（薄膜四周留约 70cm 宽的边儿，以便封口），再用另一塑料膜罩在垛上，其各边和垫底的塑料膜四周对齐折叠封口，用重物（例如沙袋）把折叠部分压紧封严，仅在一侧留一孔，将纯氨缓慢地注入孔内（不得泄漏），通氨后立即封口。若是秸秆比较干燥，则应在堆垛的同时，按每 100kg 秸秆喷入 30～40kg 水使其湿润。若堆垛较大，则应在垛的一侧中心位置到对侧中心位置埋入一根周围带漏孔的塑料管或胶管，使管的一端通至垛外，将塑料膜罩在垛上后，从此管口通入相应的纯氨，再封口存放。

需要注意的是液氨为有毒易爆材料，操作时应注意安全。操作人员应配备防毒面具、风镜、防护靴、雨衣、雨裤、橡胶手套、湿毛巾，现场应备有大量清水、食醋。盛氨瓶禁止碰撞和敲击，防止阳光暴晒。

（3）其他方法　除了窖氨化法、堆垛氨化法外，还可以用塑料袋或水缸等进行氨化。除方法上有所差别外，各种处理方法应遵循的原则是一样的，即氨源用足、水分适宜、密闭完全、时间充分。

4. 氨化时间　氨化反应的速度随环境温度变化而变化，温度越高则反应速度越快；反之，温度低时反应速度就变慢。因此，氨化时间与气温关系很大。日间温度与氨化时间的关系见表 5-1。

表 5-1　日间温度与氨化时间的关系

日间气温（℃）	氨化所需时间（周）
0～10	4～8
10～20	2～4
20～30	1～2
30 以上	1 周以下

5. 塑料薄膜的选择　氨化所用的塑料薄膜要求无毒、抗老化和气密性能好，通常用聚乙烯薄膜，切不可用有毒的聚氯乙烯薄膜，厚度不小于 0.1mm，以防扎破漏气和雨水漏入。如果氨处理化粗硬的秸秆如玉米秸或采用堆垛法，应选择更厚一点的薄膜。膜的宽度主要取决于垛的大小和市场供应情况。膜的颜色，一般以抗老化的黑色膜为好，便于吸收阳光和热量，有利于缩短氨化处理时间。

6. 开窖放氨　氨化好的秸秆，开窖后有强烈氨味，不能直接饲喂牛羊，必须放净氨味（即余氨）。放氨的方法是利用日晒风吹，因此开窖放氨要选择晴朗天气，把氨化好的秸秆摊开，并用叉子经常翻动，一般 1～3 天就可放净。对于湿度大的秸秆，晒一下适口性会更好。切不可让雨水淋浇，会导致养分损失；也不可将开窖后的潮湿秸秆长时放置在外，以免引起霉变。

7. 饲喂方法　氨化饲料在饲喂前要进行散氨，以稍有氨味不刺鼻为宜。饲喂时应采取由少到多的原则，同时搭配牛爱食的草料，喂后 0.5h 要及时饮水，以延长氨在瘤胃中的停留时间，既可以促进菌体蛋白的合成也可以防止氨中毒。

（四）精料补充料的配制

精料混合料由能量饲料、蛋白质饲料、矿物质饲料所组成，用于补充草料中不足的营养成分。饲喂时必须与粗饲料、青饲料或青贮饲料搭配在一起。在变换基础饲草时，应根据动物生产反应及时调整给量。

1. 配制方法

（1）先粉碎后配料　先将待粉料进行粉碎，分别进入配料仓，然后再进行配料和混合。

（2）先配料后粉碎　按饲料配方的设计先进行配料并进行混合，然后进入粉碎机进行粉碎。

2. 技术要求

（1）感官要求　色泽一致，无发酵霉变、结块及异味、异臭。

（2）水分　北方不高于 14.0％，南方不高于 12.5％。符合下列情况之一时可允许增加 0.5％的含水量：①平均气温在 10℃以下的季节；②从加工完成到饲喂期不超过 10 天者；③精料补充料中添加有规定量的防霉剂者。

3. 加工质量

（1）成品粒度（粉料）　精料补充料 99％通过 2.80mm 编织筛，1.40mm 编织筛筛上物不得大于 20％。

（2）混合均匀度　精料补充料应混合均匀，其变异系数（CV）应不大于 10％。

（五）TMR 的配制和饲喂

全混合日粮（total mixed ration，简称 TMR），指根据不同生长发育及泌乳阶段奶牛的营养需求和饲养战略，按照营养专家提供的配方，用特制的 TMR 饲料搅拌机对日粮各组分进行科学的混合，供奶牛自由采食的日粮。

集取各种粗饲料和精饲料以及饲料添加剂，以合理的顺序投放在 TMR 饲料搅拌车混料箱内，通过绞龙和刀片的作用对饲料进行切碎、揉搓、软化、搓细经过充分的混合后获得增加营养指标的全混日粮。

1. TMR 的优点

（1）精粗饲料混合均匀，改善饲料适口性，避免奶牛挑食与营养失衡现象的发生。

（2）有利于糖类和碳水化合物的合成，提高蛋白质的利用率。

（3）增强瘤胃机能，维持瘤胃 pH 的稳定，防止瘤胃酸中毒。

（4）饲料搅拌车提供的 TMR 日粮可最大限度地提高奶牛干物质的采食量及饲料转化率。

（5）可根据粗饲料的品质、价格灵活调整，有效利用饲料。

（6）TMR 工艺使复杂劳动简单化，减少饲养的随意性，使得饲养管理更精确。

（7）可以充分利用当地饲料资源降低饲料成本，并能够减少饲料浪费。

（8）可实现分群管理，便于机械饲喂，提高劳动生产率，降低奶牛场管理成本。

（9）实现牛场的规模化、专业化的生产方式，提高奶牛饲养的科技含量。

（10）应用 TMR 饲喂工艺更有利于奶牛场的防疫，降低疾病发生率。

2. 选择适宜的 TMR 搅拌机

（1）选择适宜的类型　目前，TMR 搅拌机类型多样，功能各异。从搅拌方向区分，可分立式和卧式两种；从移动方式区分，分为自走式、牵引式和固定式 3 种。

①固定式 主要适用于奶牛养殖小区，小规模散养户集中区域，原建奶牛场，牛舍和道路不适合 TMR 设备移动上料。

②移动式 多用于新建场或适合 TMR 设备移动的已建牛场。

③立式和卧式搅拌车 立式搅拌车与卧式相比，草捆和长草无需另外加工；相同容积情况下，所需动力相对较小；混合仓内无剩料等。

(2) 选择适宜的容积

①选择合适尺寸的 TMR 混合机 选择 TMR 混合机时，主要考虑奶牛干物质采食量、分群方式、群体大小、日粮组成和容重等。以满足最大分群日粮需求，兼顾较小分群日粮供应。同时，考虑将来规模发展，以及设备的耗用，包括节能性能、维修费用和使用寿命等因素。

②正确区分最大容积和有效混合容积 容积适宜的 TMR 搅拌机，既能完成饲料配制任务，又能减少动力消耗，节约成本。TMR 混合机通常标有最大容积和有效混合容积，前者表示最多可以容纳的饲料体积，后者表示达到最佳混合效果所能添加的饲料体积。有效混合容积等于最大容积的 70%～80%。

③测算 TMR 容重 测算 TMR 容重有经验法、实测法等。日粮容重与日粮原料种类、含水量有关。常年均衡使用青贮饲料的日粮，TMR 日粮水分相对稳定在 50%～60% 比较理想，每立方米日粮的容重为 275～320kg。讲究科学、准确则需要正确采样和规范测量，从而求得单位容积的容重。

④测算奶牛日粮干物质采食量 奶牛日粮干物质采食量，即 DMI，一般采用如下公式推算：

DMI（干物质采食量）占体重的百分比 $= 4.084 - (0.003\ 87 \times BW) + (0.058\ 4 \times FCM)$。

式中，BW 为奶牛体重（kg）；FCM（4% 乳脂校正的日产量）$= 0.4 \times$ 产奶量 $+ 15 \times$ 乳脂。

非产奶牛 DMI 假定占体重的 2.5%。

⑤测算适宜容积

[例] 牧场有产奶牛 100 头，后备牛 75 头，利用公式推算产奶牛 DMI 为 25kg/（头·天），后备牛 DMI 为 6kg/（头·天）。则产奶牛最大干物质采食量为 2 500kg（100×25），后备牛采食量最小为 450kg（75×6）。如 1 天 3 次饲喂，则每次最大和最小混合量为：最大量：2 500/3＝830kg，最小量：450/3 ＝150kg。如果按 TMR 日粮的干物质含量 50%～60% 时，容重约为 275kg/m³ 来计算，则混合机的最大容量应该为 830/0.6/275＝5.0m³，最小容量应该为 150/0.6/275＝0.9m³。也就是说，混合机有效混合容积选择范围为 0.9～5.0m³，最大容积为（混合容积为最大容积的 70%）1.2～7.1m³。生产中一般应满足最大干物质采食量。

3. 合理设计 TMR

（1）TMR 类型　根据不同阶段牛群的营养需要，考虑 TMR 制作的方便可行，一般要求调制 5 种不同营养水平的 TMR，分别为高产牛 TMR、中产牛 TMR、低产牛 TMR、后备牛 TMR 和干奶牛 TMR。

（2）TMR 营养　与精粗分饲营养需求一样，由配方师依据各阶段奶牛的营养需要，搭配合适的原料。通常产奶牛的 TMR 营养应满足：日粮中产奶净能（NEL）应在 $6.7\sim7.3kJ/kg$，粗蛋白质含量应在 $15\%\sim18\%$，可降解蛋白质应占粗蛋白质的 $60\%\sim65\%$。

（3）TMR 的原料　充分利用地方饲料资源，积极储备外购原料。

（4）TMR 推荐比例　青贮 $40\%\sim50\%$、精饲料 20%、干草 $10\%\sim20\%$、其他粗饲料 10%。

4. 正确运转 TMR 搅拌设备

（1）填料顺序　先精后粗，先干后湿，先轻后重。

参考顺序：谷物—蛋白质饲料—矿物质饲料—干草（秸秆等）—青贮—其他。

该顺序适用于各精饲料原料分别加入，提前没有进行混合；干草等粗饲料原料提前已粉碎、切短。

若有以下情况，填料顺序可适当调整为：干草—精饲料—青贮—其他。

①按照基本原则填料效果欠佳时。

②精饲料已提前混合一次性加入时。

③混合精料提前填入易沉积在底部难以搅拌时。

④干草未经粉碎或切短直接填加。

（2）搅拌时间　生产实践中，为节省时间提高效率，一般采用边填料边搅拌，等全部原料填完，再搅拌 $3\sim5min$ 为宜。

（3）操作注意事项

①TMR 搅拌设备计量和运转时，应处于水平位置。

②搅拌量最好不超过最大容量的 80%。

③一次上料完毕应及时清除搅拌箱内的剩料。

④加强日常维护和保养：初运转 $50\sim100h$ 进行例行保养，清扫传输过滤器，更换检查润滑油，更换减速机润滑油，注入新的齿轮润滑油；班前班后的保养，应定期清除润滑油系统部位积尘油污，在注入减速机润滑油时，要用抹布擦净润滑油的注入口，清除给油部位的脏物，油标显示给油量，油标尺显示全部到位；机械每工作 $200h$ 应检查轮胎气压；每工作 $400h$ 应检查轮胎螺母的紧固状态，检查减速机油标尺中的油高位置；每工作 $1\,500\sim2\,000h$ 应更换减速机的润滑油。

5. TMR 搅拌质量评价

（1）感官评价　TMR 日粮应精粗饲料混合均匀，松散不分离，色泽均匀，新鲜不发热，无异味，不结块。

（2）水分检测　TMR 的水分应保持在 40％～50％。每周应对含水量较大的青绿饲料、青贮饲料和 TMR 混合料进行一次干物质（DM）测试。

（3）宾州筛过滤法　专用筛由两个叠加的筛子和底盘组成。上筛孔径1.9cm，下筛孔径 0.79cm，最下面是底盘。具体使用步骤：随机采取搅拌好的 TMR 放在上筛，水平摇动至没有颗粒通过筛子。日粮被筛分成粗、中、细三部分，分别对这三部分称重，计算它们在日粮中所占的比例。推荐比例如下：粗（＞1.9cm），10％～15％；中（0.8cm～1.9cm），30％～50％；细（＜0.8cm），40％～60％。

第二节　牛的遗传改良

一、生产性能测定

从美国、加拿大等奶牛业发达的国家的育种进程可以看出，牛群以及牛场的良种登记，种公牛育种值的准确估计以及在此基础上实施的大规模的牛群人工授精技术（AI 技术）是最重要和基本的牛群改良措施，也是现代牛群遗传素质不断提高的重要原因。

在牛育种中，生产性能测定是确定牛个体在有一定经济价值的性状上表型值的育种措施，其目的在于：①为牛个体遗传评定提供信息；②为估计群体遗传参数提供信息；③为评价牛群的生产水平提供信息；④为牛场的经营管理提供信息；⑤为评价不同的杂交组合提供信息。

生产性能测定是牛育种中最基本的工作，也是其他一切育种工作的基础，没有性能测定，就无从获得上述各项工作所需要的各种信息，育种就变得毫无意义。而如果性能测定不是严格按照科学系统、规范化地去实施，则所得到的信息的全面性和可靠性就无从保证，其价值就大打折扣，进而影响其他育种工作的效率，有时甚至会对其他育种工作产生误导。鉴于此，世界各国尤其是畜牧业发达的国家，都十分重视生产性能测定工作，并逐渐形成了对各个畜种的科学、系统、规范化的性能测定系统。

（一）奶牛生产性能的测定

生产性能测定是奶牛场的重要工作之一，测定包括个体产奶量、群体产奶量、乳脂率、饲料报酬等。

1. 个体产奶量记录与计算方法　最准确的方法，是将每头牛每天所产的奶称重登记，到泌乳期结束时进行总和。但这种方法过于繁琐，为了简便，中国奶牛协会建议每月记录 3 次，每次相隔 8～11 天，将所得数值乘以所隔天数，然后相加，最后得出每月产量和泌乳期产量。其计算公式如下：

全月产奶量（kg）＝（$M_1 \times D_1$）＋（$M_2 \times D_2$）＋（$M_3 \times D_3$）

式中，M_1、M_2、M_3 为测定日全天产奶量（kg）；D_1、D_2、D_3 为当次测定日与上次测定所间隔的天数（天）。

用此方法所测结果与实际结果差异较小。

个体产奶量常以 305 天产奶量、305 天校正产奶量和全泌乳期实际产奶量为标准。

（1）305 天产奶量　是指自产犊后第 1 天开始到 305 天为止的产奶量。不足 305 天者，按实际产奶量计；超过 305 天者，超过部分不计在内。

（2）305 天校正产奶量　是指实际产奶量乘以相对的系数，校正为 305 天的近似产量。产奶期不足 305 天的校正系数见表 5-2 和表 5-3。

表 5-2　北方地区荷斯坦奶牛泌乳期不足 305 天的校正系数表

胎次	实际泌乳天数							
	240	250	260	270	280	290	300	305
第 1 胎	1.182	1.148	1.116	1.086	1.055	1.031	1.011	1.000
2～5 胎	1.165	1.133	1.103	1.077	1.052	1.031	1.011	1.000
6 胎以上	1.155	1.123	1.094	1.070	1.047	1.025	1.009	1.000

表 5-3　北方地区荷斯坦奶牛泌乳期超过 305 天的校正系数表

胎次	实际泌乳天数							
	305	310	320	330	340	350	360	370
第 1 胎	1.0	0.987	0.965	0.947	0.924	0.911	0.895	0.881
2～5 胎	1.0	0.988	0.970	0.952	0.936	0.925	0.911	0.904
6 胎以上	1.0	0.988	0.970	0.956	0.940	0.928	0.916	0.993

使用上述系数时采用 5 舍 6 进法，即产奶 265 天采用 260 天系数，266 天采用 270 天系数。

（3）全泌乳期实际产奶量　是指产犊后第 1 天开始到干奶为止的累计产奶量。

（4）年度产奶量　是指 1 月 1 日至本年度 12 月 31 日为止的全年产奶量（包括干乳阶段）。

2. 群体产奶量的统计方法　全群产奶量的统计，应分别计算成年母牛

（包括产奶、干乳及空怀母牛）的全年平均产奶量和产奶母牛（指实际产奶母牛，干乳及不产奶的母牛不计算）的平均产奶量。

（1）按牛群全年实际饲养奶牛头数计算

成年母牛全年平均产奶量（kg/头）＝全群全年总产奶量（kg）/全年平均每天饲养的成年母牛数

全年平均每天饲养的成年母牛数，包括泌乳母牛、干乳牛、转进或买进成年母牛、卖出或死亡以前的成年母牛。将上述牛在各月的不同饲养天数相加除以 365 天，即为全年平均每天饲养的成年母牛数。

（2）按全年实际泌乳母牛头数计算

泌乳母牛年平均产奶量（kg/头）＝全群全年总产奶量（kg）/全年平均每天饲养的泌乳母牛头数

全年平均每天饲养的泌乳母牛头数，是指全年每天饲养泌乳母牛头数总和除以 365，泌乳母牛中不包括干奶牛和其他不产奶的牛，因此计算结果高于成年母牛全年平均产奶量。

3. 乳脂率的测定与计算　在 1 个产奶期内，每月测定乳脂率 1 次，将测定的数据分别乘以各月的实际产奶量，然后将所得的乘积加起来，再除以总产奶量，便得到平均乳脂率。

$$平均乳脂率（\%）＝\sum（F\times M）/\sum M$$

式中，F 为每次测定的乳脂率（%）；M 为该次取样期的产奶量（kg）。

4. 4%标准乳的计算　标准乳也称乳脂校正乳（FCM），是指乳脂率为 4% 的乳。不同个体牛产的奶含脂率是不同的。在比较不同个体牛产奶性能时，应将不同含脂率的奶校正为含脂为 4% 的奶。换算公式如下：

$$FCM＝M（0.4＋0.15F）$$

式中，M 为产奶量（kg）；F 为平均乳脂率（%）。

5. 饲料报酬的计算　饲料报酬又叫饲料转化率，每产 1kg 奶所消耗的饲料量（按干物质计）越少，饲料报酬越高。在畜禽中，将饲料转化为畜产品的效率，以奶牛为最高。

$$饲料报酬（奶料比）＝产奶量/平均采食量$$

（二）肉牛生产性能的测定

肉牛的生产性能主要表现在体重、日增重、早熟性、肥育速度、产肉性能和饲料报酬等方面。

1. 初生重　是指犊牛出生擦干被毛后，在未哺乳情况下所测的体重。大型品种牛所产犊牛的初生重比中小型品种大。除品种因素外，影响初生重的因素还有母牛年龄、体重、体况及妊娠期营养水平等。未达到体成熟就急于配种的母牛，所产犊牛的初生重较小。

2. 断奶重和断奶后体重

(1) 断奶重　犊牛断奶体重是各种类型犊牛饲养管理的重要指标之一。肉用犊牛一般随母牛哺乳，断奶时间很难一致。所以，在计算断奶体重时须校正到同一断奶时间，以便比较。断奶时间多条用 205 天或 210 天校正的断奶体重计算公式如下：

$$校正的断奶体重（kg）＝（断奶重－初生重）×校正的断奶天数\\＋初生重$$

因母牛的泌乳力随年龄而变化，故计算校正断奶重时应加入母牛的年龄因素。

$$校正的断奶体重（kg）＝［（断奶重－初生重）×校正的断奶天数/\\实际断奶天数＋初生重］×母年的年龄因素$$

母牛的年龄因素：2 岁为 1.15，3 岁为 1.10，4 岁为 1.05，5～10 岁为 1.0，11 岁以上为 1.05。

(2) 犊牛断奶后体重　断奶后体重是肉牛提早肥育出栏的主要依据，为比较断奶后的增重情况，常采用校正的 365 天体重，其计算公式如下：

$$校正体重＝（实际最后体重－实际断奶重）×饲养天数/\\（365 天或 550 天－校正断奶天数）＋校正断奶体重$$

作为种用公母牛，断奶后的体重测定年龄为：1 岁、1.5 岁、2 岁、3 岁和成年。

3. 日增重和肥育速度　计算日增重首先要定期测定肉牛各生长阶段的体重，如 1 岁、1.5 岁或 2 岁等。肥育牛应重点测定肥育始重和肥育结束时体重。称重应在早饲前进行，连续测定 2 天，取平均值。计算平均日增重的公式如下：

$$平均日增重（kg/天）＝（育肥末重－始重）/饲养天数$$

4. 早熟性　是指肉牛饲养达到成年体重和体躯时所需时间较短。具体表现为：早期生长发育快，达到性成熟和配种时体重的年龄早，繁殖第 1 胎的年龄早，肥育出栏年龄早。一般小型早熟品种较中型品种和欧洲大型品种的出栏时间要提前，达到配种时体重的年龄也要早。

5. 胴体产肉的主要经济指标

(1) 屠宰测定项目　为了测定肥育后的产肉性能，需要进行屠宰测定，其项目包括：

宰前重：绝食 24h 后临宰前的活重。

宰后重：屠宰放血后的质量，等于宰前重减去血重。

血重：屠宰放出血的质量，等于宰前重减去宰后重。

　　胴体重：屠体放血后，去皮、头、尾、四肢下端、内脏（保留肾脏及其周围脂肪）后的质量。

　　净体重：屠体放血后，再除去胃肠及膀胱内容物的质量。

　　骨重：胴体剔肉后的质量。

　　净肉重：胴体剔骨后的全部肉重，但要求骨上留肉不超过2kg。

　　切块部位肉重：胴体按切块要求切块后各部位的质量。

　　胴体脂肪重：分别称肾脂肪、盆腔脂肪、腹膜脂肪、胸膜脂肪的质量。

　　非胴体脂肪重：分别称网膜脂肪、肠系膜脂肪、胸腔脂肪、生殖器官脂肪的质量。

　　眼肌面积（cm^2）：是牛的第12与13肋骨间的背最长肌横切面的面积。它是评定肉牛生产潜力和瘦肉率高低的重要指标。其传统测定方法是：在第12肋骨后缘处将脊椎锯开，然后用利刃在第12至13肋骨间切开，在第12肋骨后缘用硫酸纸将眼肌面积画出，用求积法求出面积。也可使用超声波仪器进行测定。

　　（2）需要计算的项目

　　屠宰率：屠宰率＝胴体重/宰前活重×100％

　　净肉率：净肉率＝净肉重/宰前活重×100％

　　胴体产肉率：胴体产肉率＝净肉重/胴体重×100％

　　肉骨比：胴体中肌肉和骨骼之比。

　　肉脂比：取第12肋骨后缘切面，测定其眼肌面积最宽厚度和上层的脂肪最宽厚度之比。

　　6. 饲料报酬　为评估养牛的经济效益，要根据饲养期内的饲料消耗和增重情况计算饲料报酬，公式如下：

　　增长1kg体重需要饲料干物质（kg）＝饲养期内消耗饲料干物质总量/饲养期内绝对增重量

（三）繁殖性能记录及统计管理

　　应建立发情、配种、妊检、流产、产犊、产后监护及繁殖障碍牛检查、处理等记录，原始记录必须真实。一定要认真做好各项繁殖指标的统计，数字要准确。建立繁殖月报、季报和年报制度。

　　　年总受胎率＝年受胎母牛头数/年受配母牛头数 ×100％

　　　年情期受胎率＝年受胎母牛头数/年输精总情期数 ×100％

　　　年繁殖率＝年出生犊牛数/年适繁母牛数 ×100％

　　　年犊牛成活率＝年成活犊牛数/年犊牛出生数 ×100％

　　　年繁殖成活率＝年成活犊牛数/ 年适繁母牛数 ×100％

平均胎间距＝产犊间隔天数的总和/总产犊胎次

二、牛的选择与淘汰

（一）犊牛及青年母牛的选择

为了保持牛群高产、稳产，每年必须选留一定数量的犊牛、青年母牛。为满足此需要，并能适当淘汰不符合要求的母牛，每年选留的母犊牛不应少于产乳母牛的 1/3。

对初生小母牛以及青年母牛，首先是按系谱选择，即根据所记载的祖先情况，估测来自祖先各方面的遗传性。按系谱选择犊牛及青年母牛，应重现最近三代祖先。因为祖先愈近，对该牛的遗传影响愈大，反之则愈小。系谱一般要求三代清楚，即应有祖代牛号、体重、体尺、外貌、生产成绩。

按生长发育选择，主要以体尺、体重为依据，其主要指标是初生重，6 月龄、12 月龄体重，日增重及第 1 次配种及产犊时的年龄和体重，有的品种牛还规定了一定的体尺标准。犊牛出生后，在 6 月龄、12 月龄及配种前按犊牛、青年牛鉴定标准进行体型外貌鉴定，对不符合标准的个体应及时淘汰。

新生犊牛有明显的外貌与遗传缺陷，如失明、毛色异常、异性双胎母犊等，就失去了饲养和利用价值，应及时淘汰。在犊牛发育阶段出现四肢关节粗大、肢势异常、步伐不良、体型偏小、生长发育不良者，也应淘汰。育成牛阶段有垂腹、卷腹、弓背或凹腰，生长发育不良，体型瘦小；青年牛阶段有繁殖障碍、不发情、久配不孕、易流产和体型有缺陷等诸多现象牛只应一律淘汰。

（二）生产母牛的选择

生产母牛主要根据其本身表现进行选择，包括产乳性能、体质外貌、体重与体型大小、繁殖力（受胎率、胎间距等）及早熟性和长寿性等性状。最主要的是根据产乳性能进行评定，选优去劣。

1. 产乳量 要求成母牛产奶量要高，根据母牛产乳量高低次序进行排序，将产乳量高的母牛选留，产乳量低的淘汰。因为头胎母牛产奶量和以后各胎次产奶量有显著正相关，所以，从头胎母牛产奶量即可基本确定牛只生产性能优劣，对那些产奶量低、产奶期短的母牛应及时淘汰。以后各胎次母牛，除产奶因素外，有病残情况的应淘汰。

2. 乳的品质 除乳脂率外，近年不少国家对乳蛋白的选择也很重视。这些性状的遗传力都较高，通过选择容易见效。而且乳脂率与乳蛋白含量之间呈中等正相关，与其他非脂固体物含量也呈中等正相关。这表明，在选择高乳脂率的同时，也相应地提高了乳蛋白及其他非脂固体物的含量，达到一举两得之功效。但在选择乳脂率的同时，还应考虑乳脂率与产乳量呈负相关，二者要同时进行，不能顾此失彼。

3. 繁殖力　就奶牛而言，繁殖力是奶牛生产性能表现的主要方面之一。因此，要求成母牛繁殖力高、产犊多。对那些有繁殖障碍，且久治不愈的母牛，应及早处理。

4. 饲料转化率　是乳牛的重要选择指标之一。在奶牛生产中，通过对产奶量直接选择，饲料转化率也会相应提高，可达到直接选择 70%～95% 的效果。

5. 排乳速度　排乳速度多采用排乳最高速度（排乳旺期每分钟流出的奶量）来表示。排乳速度快的牛，有利于在挤奶厅中集中挤奶，可提高劳动生产率。

6. 前乳房指数　指前乳房泌乳量占前后乳房泌乳总量的比例。前乳房指数反映 4 个乳区的均匀程度。一般情况下，母牛后乳房比前乳房大。初胎母牛前乳房指数比 2 胎以上的成年母牛大。在生产中，应选留前乳房指数接近 50% 的母牛。

7. 泌乳均匀性的选择　产乳量高的母牛，在整个泌乳期中泌乳稳定、均匀，下降幅度不大，产乳量能维持在很高的水平。乳牛在泌乳期中泌乳的均匀性，一般可分为以下 3 个类型：①剧降型：这一类型的母牛产乳量低、泌乳期短，但最高日产量较高。②波动型：这一类型牛泌乳量不稳定，呈波动状态。此类型牛产乳量也不高，繁殖力也较低，适应性差，不适宜留作种用。③平稳型：本类型牛在牛群中最常见，泌乳量下降缓慢而均匀，产乳量高。一般最初 3 个月泌乳量占总产乳量的 36.6%，第四、五、六 3 个泌乳月为 31.7%，最后几个月为 31.7%。这一类型牛健康状况良好，繁殖力也较高，可留作种用。

第三节　奶牛与肉牛的饲养管理

良好的饲养管理是提高牛只生产水平的关键，也是关系到是否盈利的主要因素。生产中，不同种类、生理阶段的牛只饲养管理方法有所不同，本节将针对奶牛和肉牛两个种类牛只的饲养管理方法进行分别介绍。

一、奶牛的饲养管理

（一）犊牛的饲养管理

通常将出生后 6 个月以内的牛称为犊牛。肉用犊牛自然哺乳，哺乳期 6～7 个月。乳用犊牛哺乳期多在 3 个月以内，人工饲喂，喂奶量 300～500kg。

初生犊牛的瘤胃、网胃容积很小，只有皱胃的一半左右，且功能很不完善，瘤胃黏膜乳头短小且软，微生物区系尚未建立，不具备发酵饲料营养物质的能力。因此，初生犊牛主要靠真胃和小肠消化吸收摄入的营养物质。这就决定了犊牛在出生后的一段时期内，必须主要依靠乳汁和精饲料提供生长所需的营养。

出生后两周，犊牛前胃的功能仍很不完善，基本依靠哺乳获得营养；20日龄后，瘤胃微生物区系逐渐完善，前胃迅速生长发育，犊牛采食饲草、饲料的数量逐渐增多，3月龄时从草料中获得的营养已超过摄入奶中的营养。

因此，犊牛不同生长阶段的管理方式也有所差别。

1. 初生犊牛的护理

（1）确保呼吸　犊牛刚刚出生时，首先清除其口、鼻黏液，利于呼吸，使犊牛尽快叫出第一声，并促进其肺内羊水的吸收，去除蹄部角质块。当犊牛已吸入黏液，发生窒息时，将后腿提起倒控，控出吸入的黏液，按压心脏，进行紧急救治，但倒提的时间不宜过长，以免内脏压迫膈肌妨碍呼吸。

（2）断脐　对产后脐带未扯断的犊牛，应将脐内血液向脐部捋，在距腹部10cm处用消毒过的剪刀剪断，剪断后用手挤出血液等内容物，再用5%～10%碘酊溶液消毒。如果生后脐带已经扯断，则从犊牛腹部向断端挤出内容物，再剪断（少于10cm不用剪）。剪断后将脐带浸入5%～10%碘酊溶液内消毒1min，直到出生2天以后脐带干燥时停止消毒。

（3）擦干被毛　用已消毒的软抹布擦拭犊牛，加强血液循环；也可将犊牛放在奶牛面前任其舐干犊牛身上的羊水、黏液。由于奶牛唾液酶的作用较易将黏液清除干净，利于犊牛呼吸器官机能的提高和肠蠕动，而且犊牛黏液中含有某些激素，能加速奶牛胎衣的排出。待犊牛身体干后即可称重。护理完后，将犊牛放入预先准备好的有清洁干燥柔软垫草的犊牛舍。

（4）饲喂初乳　初乳是母牛产后1～5天内所分泌的乳汁。初乳和常乳相比，含有较高的蛋白质，尤其是免疫球蛋白、矿物质（较多的镁盐）和维生素A，这些物质对犊牛免疫和胎便的排出有促进作用。如果在生后24h内吃不上初乳，则犊牛对一些病原菌丧失抵抗力，尤其是易受大肠杆菌的侵袭，发生严重的下痢和败血症，死亡率增加。

犊牛刚出生，肠黏膜组织处于弛缓状态，有利于对免疫球蛋白这样的大分子蛋白质进行吸收。其后肠黏膜上皮逐渐收缩，出生后24～36h，则不能再吸收免疫球蛋白。另外，母牛乳汁中的免疫球蛋白的含量逐渐下降，到分娩5天后，乳汁中免疫球蛋白的含量已经同常乳相同。因此，应该使犊牛在生后1h内吃上2L初乳，5～6h后再吃2L初乳，可喂5～7天，日喂量为体重的1/8～1/6，每日3次，温度35～38℃。最初犊牛不会用桶饮奶，可将手洗净，伸入桶中用手指引导犊牛吸吮，犊牛在吸吮手指的同时可吸入奶水，经过 2～3 天训练后，犊牛即能自行吸吮乳汁。

2. 哺乳期犊牛的饲养

（1）哺乳期犊牛的饲喂　一般初生 4 周以内的犊牛主要依靠哺乳获得生长所需的营养。此期的犊牛应加强消化器官的锻炼，以适应成年后大采食量的要求。在 3～5 天的初乳期过后，可以用常乳饲喂犊牛。常乳以母乳最好，也可从 10～15 日龄开始，逐渐饲喂混合乳或代乳品。每天用奶桶或奶瓶饲喂，可迫使犊牛较慢地吃奶，从而减少腹泻以及其他消化紊乱。所饲喂牛奶的温度和体温相近最好（35～39℃），每天饲喂两次最佳。

初乳期后到 30～40 日龄以哺乳全乳为主，喂量占体重的 8%～10%。随后，随着采食量的增加，逐渐减少全乳的喂量，开始饲喂精料和粗料，其中精料可以在犊牛出生 4 天以后开始喂食。开始时，可将少量湿精料抹入犊牛口中，或置于奶桶底部；新鲜干犊牛料可置于饲料盒内，只给每天能吃完的料。犊牛精料必须较纯，适口性好，营养丰富。1.5～2 月龄时，犊牛可以利用植物性饲料；3～6 月龄可喂给较多的品质好的饲草，例如优质苜蓿、青干草、切碎的胡萝卜等，以使消化系统得到更充分的发育。

（2）断奶　断奶应在犊牛生长良好并至少摄入相当于其体重 1% 的犊牛料时进行，较小或体弱的犊牛应继续饲喂牛奶。在断奶前 1 周每天仅喂一次牛奶。大多数犊牛可在 5～8 周龄断奶。犊牛断奶后如能较好地过渡到吃固体饲料（犊牛料和粗饲料），体重会明显增加。

根据月龄、体重、精料补充料采食量确定断奶的时间。目前国外多在 8 周龄断奶，我国的奶牛场多在 2～3 月龄断奶。干物质摄入量应作为主要依据来确定断奶时间。当犊牛连续 3 天采食 0.7kg 以上的干物质便可断奶。犊牛在断奶期间对饲料摄入不足可造成断奶后的最初几天体重下降，无论在哪 月龄断奶这一体重下降都会发生。因此，不应试图延迟断奶以企图获得较好的过渡期，而应努力促使犊牛尽早摄入饲料。犊牛断奶后 10 天应仍放养在单独的畜栏或畜笼内，直到没有吃奶要求为止。

断奶后饲喂优质干草或青贮饲料，饲料配方中的成分应严格监控，特别是当饲料配方中含有玉米青贮时。断奶后随饲料摄入量增加，犊牛体重能够而且应当上升到长期理想水平。

3. 犊牛的管理

（1）编号、称重、记录　犊牛出生后应在饲喂初乳前称初生重，并进行编号，对其毛色、花片、外貌特征、出生日期、谱系等情况做详细记录，以便于管理和以后在育种工作中使用。

（2）去角　犊牛在出生后 30 天内应去角。去角的方法有苛性钠或苛性钾涂抹法和电烙铁烧烙法。具体操作方法是：将生角基部的毛剪去后，在去毛部的外围有毛处用凡士林涂一圈，以防以后药液流出伤及头部或眼部。然后用棒状苛性钠或苛性钾稍湿水涂擦角基部，至角基部有微量血液渗出为止。如用电烙铁烧烙，待成为白色时再涂以青霉素软膏或硼酸粉。去角后的犊牛要分开饲喂，防止其他犊牛舔舐，且避免淋雨，以防止雨水将苛性钠冲入眼内。

（3）剪除副乳头　奶牛乳房有 4 个正常的乳头，每一乳区 1 个，但有时有的牛在正常乳头的附近有小的副乳头，应将其除掉。应用消毒剪刀将其剪掉，并涂布碘酊等消炎药消毒。适宜的剪除时间在 4～6 周龄。

（4）运动　运动对骨骼、肌肉、循环系统、呼吸系统等都会产生深刻的影响。出生后 10 天要将犊牛驱赶到运动场，每天进行 0.5～1h 的驱赶运动，1月龄后增至 2～3h，分上午、下午两次进行。

（5）卫生管理

①每次用完哺乳用具要及时清洗。饲槽用后要刷洗，定期消毒。

②每次喂奶完毕，用干净毛巾将犊牛口、鼻周围残留的乳汁擦干，然后用颈架夹住几分钟，防止互相乱舔而养成"舔癖"。

③犊牛出生后应及时放进育犊室（栏）内，育犊室（栏）大小为 1.5～2.0m²，每犊 1 栏，隔离管理。出育犊室后，可转到犊牛栏中，集中管理，每栏可容纳犊牛 4～5 头，或用带有颈架的牛槽饲喂，另设容纳 4～5 头犊牛的牛卧栏，卧栏及牛床均要保持清洁，干燥，铺上垫草，做到勤打扫、勤更换垫草。牛栏地面、栏壁等都应保持清洁、定期消毒。舍内要有适当的通风装置，保持舍内阳光充足、通风良好、空气新鲜、冬暖夏凉。一旦犊牛被转移到其他地方，畜栏必须清洁消毒。放入下一头犊牛之前，此畜栏应放空至少 3～4 周。

④每天至少要刷拭犊牛 1～2 次。刷拭时使用软毛刷，必要时辅以铁篦子，但用劲宜轻，以免刮伤皮肤。如粪便结痂黏住皮毛，可用水润湿软化后刮除。

（6）预防疾病　犊牛期是发病率较高的时期，尤其是在出生后的头几周，主要原因是犊牛抵抗力较差。此期的主要疾病是肺炎和下痢。

肺炎直接的致病原因是环境因素温度的骤变，预防的办法是做好保温工作。

犊牛下痢可分两种：其一为由病原性微生物引起的下痢，预防措施主要是注意犊牛的哺乳卫生，哺乳用具要严格清洗消毒，犊牛栏也要有良好的卫生条件；其二为营养性下痢，预防措施为注意奶的喂量不要过多，温度不要过低，代乳品的品质要合乎要求，饲料的品质要好。

小牛食欲缺乏是不健康的第一征兆。一旦发现小牛有患病征兆，如食欲缺乏、虚弱、精神委顿等，应立即隔离并测量体温，请兽医做必要的处理。

此外，还应按时进行免疫注射预防疾病。

3～4月龄，首免口蹄疫疫苗，肌肉注射，20～30天后加强免疫一次，以后每年注射两次（春、秋两季各一次或按免疫时间注射）；3～8月龄，疫区母牛接种布氏杆菌病弱毒活苗，皮下注射、滴鼻、口服或气雾免疫，具体用法见菌苗说明，不需要加强免疫；6月龄，接种气肿疽疫苗、恶性卡他热疫苗、牛传染性鼻气管炎（IBR）疫苗和牛病毒性腹泻（BVD）疫苗，3周后加强免疫一次。

（二）育成牛的饲养管理

育成牛是指从6月龄到初次配种期的牛。它既不产乳也未怀孕，也不像犊牛那样容易患病，所以管理上比较简单，但也不能因此而放松管理。此阶段牛生长发育较快，这一阶段的发育优良与否，对以后的体型及生产性能有相当重要的影响。

1. 育成牛的饲养　育成牛阶段饲养的特点是采用大量青饲料、青贮和干草，营养不够时补喂一定量精料。因为这一阶段牛的消化器官已发育成熟或接近成熟，又无妊娠和产乳负担，摄入足够的优质粗饲料就可以满足其营养需要。具体补喂精料的数量及蛋白质含量视粗饲料质量而定，一般日喂量为1.5～3kg，具体可参考表5-4。此外，这一阶段还应根据营养需要注意钙、磷等矿物质的补给。

表5-4　喂不同青粗饲料对精饲料蛋白质的大致要求

青粗饲料类型	精饲料粗蛋白含量（%）
豆科	8～10
禾本科	10～12
青贮	12～14
秸秆	16～20

育成牛阶段饲养管理不当，会导致日增重低，不能按时实现体尺、体重等指标，导致体成熟及配种年龄后移，大大增加育成成本，从而造成巨大的经济损。

2. 育成牛的管理

（1）分群管理　由于这个阶段个体采食营养的不平衡，生长发育往往会受到一定限制，所以个体之间会出现差异。因此在饲养过程中应及时采取措施，加以调整，以便使其同期发育、同期配种。分群饲养管理就是一个行之有效的措施，一般把年龄相近的牛分群进行饲养管理。在生产上常把这一阶段的牛分为两群进行饲养管理，7～12月龄为一组（即小育成牛），13～18月龄为一组

（即大育成牛）。对生长缓慢的牛，应及时增加精饲料并补充多种营养成分，促进生长。

（2）体尺、体重测量　育成牛每月应进行称重和体尺测量，及时进行统计分析，发现问题及时解决。也可把职工工资和牛的体尺、增重等指标挂钩。

（3）运动　育成牛每头牛应该有 $10\sim15m^2$ 的运动场，每天至少有 2h 的驱赶运动。

（4）刷拭及调教　通过刷拭调教可协调人牛关系，使牛性格温顺，便于管理。

（5）做好发情鉴定及初配工作　牛的初配工作将在这一时期完成，所以要做好相应的发情鉴定、记录和配种工作，对长期不发情的牛要进行检查和治疗。

（三）青年牛的饲养管理

1. 青年牛的饲养　初次配种到生产这一阶段的牛称为青年牛。青年牛在怀孕初期，营养需要与育成牛差异不大，可按一般水平饲喂。但怀孕最后 4 个月的营养需要较前有较大差异，应适当提高母牛的饲养水平，具体应按其膘情确定日粮。一般肋骨较明显的为中等膘，可使日增重到达 1kg，但也要防止过肥。青年牛产犊前的饲喂方案可参考表 5-5。与此同时，应注意维生素 A、钙和磷的补充。

表 5-5　初孕牛产犊前的饲养方案

月龄	体重（kg）	精料量（kg）	干草（kg）	玉米青贮（kg）
19	402	2.5	2.5	16
20	426	2.5	2.5	17
21	450	4.5	3	10
22	477	4.5	3	11
23	507	4.5	5.5	5
24	537	4.5	6	5

在怀孕后期（预产期前 2~3 周）可将日粮的钙含量调节到低于饲养标准的 20%，以利于防止产后瘫痪。

2. 青年牛的管理

（1）分群管理　根据配种受孕情况，将怀孕天数相近的牛编入一群分群饲养管理。妊娠 7 个月后转入干乳牛舍饲养，临产前两周转入产房饲养。

（2）调教和乳房按摩　通过刷拭、牵拉、排队等措施进行调教，为后面的乳牛生产工作服务。按摩乳房从妊娠后 5～6 个月开始，每天 1～2 次，每次 3～5min，产前半个月停止。但不能试挤，也不能擦拭乳头，以免挤掉乳头塞或擦去乳头周围的蜡状保护物，而引起乳房炎或乳头裂口。

（3）防止互相吮吸乳头，引起瞎乳　乳房是乳牛实现经济效益的重要器官，如果一头牛在投入生产时就缺少 1 个乳头或 1 个乳区泌乳障碍，其生产损失将是显而易见的。头胎牛由于管理及一些综合因素的影响，往往有个别牛会出现互相吮吸乳头的恶癖，由此而引起瞎乳头，给生产带来严重损失。所以，在饲养管理中要仔细观察，发现吮吸乳头的牛要及时隔离或采取相应措施。

（4）清除易造成流产的隐患　青年牛由于是初次怀孕，好动恶静，在奔跑、跳跃、嬉耍中易导致流产，所以要及时修理圈舍，消除易导致流产的隐患。管理上要细致耐心，上下槽不急轰急赶，不乱打牛；不喂发霉变质饲料；冬天不饮结冰水，不喂冰冻料。

（5）保证足够运动量　对全舍饲的牛，每日至少要保证有 1～2h 的运动量。

（四）围产期母牛的管理

1. 围产前期的管理

（1）母牛进入围产期应转入产房。临产前母牛生殖器最易感染病菌，为此母牛产前 14 天应转入产房。产房事先必须用 2% 火碱水喷洒消毒，并进行卫生处理，母牛后躯乳房尾部和外阴部用 2%～3% 来苏儿溶液洗刷后，用毛巾擦干。

（2）保持环境安静，产房光线应暗。应避免一切干扰和刺激，因为在安静的环境里，奶牛大脑皮质容易接受子宫的刺激，发出强烈的冲动传达到子宫，使子宫强烈收缩，胎儿顺利产出。

（3）产房工作人员进出产房要穿清洁的外衣，用消毒液洗手。产房入口处设消毒池，进行鞋底消毒。

（4）产房应有人昼夜值班。发现母牛有临产征状——表现腹痛、不安、频频起卧，即用 0.1% 高锰酸钾液擦洗生殖道外部。产房要备有消毒药品、毛巾和接生用器具等。

（5）在奶牛围产期的管理上，要注意保胎，防止流产。防止母牛饮冰水和吃霜冻饲料，不要让母牛突然遭受惊吓、狂奔乱跳。

（6）分娩前 7 天和分娩后 20 天内不要突然改变饲料。此外，分娩前后食盐喂量要适量，否则，乳房水肿程度会增加，水肿时间会延长。

（7）要密切注意观察乳房的变化，保证乳房的健康。在正常情况下，产前没有挤奶的必要。但偶尔在产前遇到乳头或乳房过度充胀，甚至红肿、发热异常的情况下，可以进行挤奶，以免引发炎症、乳房变形等不良后果。

2. 分娩期管理 分娩期一般指母牛分娩到产后 4 天。

(1) 临产牛的观察与护理 为了保证安全接产，必须派有经验的饲养人员昼夜值班，注意观察母牛的临产征状。

① 观察乳房的变化 产前约半个月乳房开始膨大，一般在产前几天可以从乳头挤出黏稠、淡黄色液体，当能挤出白色初乳时，分娩可在 1～2 天发生。

② 观察阴门分泌物 妊娠后期阴唇肿胀，封闭子宫颈口的液塞融化，如发现透明索状物从阴门流出，则 1～2 天内将分娩。

③ 观察是否"塌沿" 妊娠末期，骨盆部开始软化，臀部开始有塌陷现象。在分娩前一两天，骨盆韧带开始软化，尾部两侧肌肉明显塌陷，俗称"塌沿"，这是临产的主要症状。

④ 观察宫颈 临产前，子宫肌肉开始扩张，继而开始出现宫缩，母牛卧立不安，频频排出粪尿，不时回头，说明产期将近。

观察到以上的症状后，应立即将母牛拉到产间，并铺垫清洁、干燥、柔软的褥草，做好接产准备，并用 0.1％高锰酸钾擦洗生殖道外部。

(2) 分娩与接产

①分娩过程

开口期：子宫肌开始出现阵缩。阵缩时，将胎儿和胎水推入子宫颈，迫使子宫颈开放，向产道开口。此后又由于阵缩把进入产道的胎膜挤破，使部分胎水流出，胎儿的前置部分顺着液体进入产道。

胎儿排出期：子宫肌发生更加频繁有力的阵缩，同时腹肌和膈肌也发生强烈收缩，腹内压显著升高，将胎儿从子宫经产道排出。

胎衣排出期：胎儿产出后，一般经 6～12h 的间歇，子宫肌又开始收缩，收缩间歇期较长，阵缩到胎衣完全排出为止。胎衣排出后，分娩过程全部结束。

②接产 一般胎膜小泡露出后 10～20min，母牛多卧下（要使它向左侧卧）。当胎儿前蹄将胎膜顶破时（当胎儿露出时，可直接用手撕破羊膜接取羊水，但不应过早破水），要用桶将羊水接住，产后给母牛灌服 3.5～4kg，可预防胎衣不下。胎儿在破水后 30min 一般均能正常娩出。在正常情况下，是两前脚夹着头部先出来；倘若发生难产，应先将胎儿顺势推回子宫，矫正胎位，不可硬拉。倒生时，待两腿产出后，应及早拉出胎儿，防止胎儿腹部进入产道后，脐带被压在骨盆底下，造成窒息死亡。

若母牛阵缩、努责微弱，应进行助产。用消毒绳缚住胎儿两前肢系部，助产者双手深入产道，大拇指插入胎儿口角，然后捏住下腭，趁母牛努责时一起用力，用力方向应朝向母牛臀部后上方，但拉的动作要缓慢，以免发生子宫内翻或脱出。当胎儿头部露出外阴后，用消毒毛巾消除其口、鼻中的黏液；当胎儿腹部通过阴门时，用手捂住胎儿脐孔部，防止脐带断在脐孔内，并延长断脐时间，使胎儿获得更多的血液。脐带没有断开的，可移动胎儿使其自然断开，断开后用手挤出内容物，用碘酒对脐带鞘进行消毒，及时消除被污染的垫草。

(3) 母牛分娩时期的管理 舒适的分娩环境和正确的接生技术对母牛护理和犊牛健康极为重要。母牛分娩时必须保持安静，并尽量使其自然分娩。应加强产房和母牛的清洁卫生，保持产房清洁、温暖、安静，牛床和运动场要及时清扫、更换褥草，奶牛尾部和后躯每天用1%的来苏儿刷洗。一般从阵痛开始需1～4h犊牛即可顺利产出，如发现异常，应请兽医助产。

①母牛分娩时应使其左侧躺卧，以免胎儿受瘤胃压迫造成产出困难；分娩后应尽早驱赶使其站立，以利子宫复位和防止子宫外翻。

②母牛分娩过程中的卫生状况与产后生殖道感染的发生关系极大。母牛分娩后必须将两肋、乳房、腹部、后躯和尾部等污脏部分用温消毒水洗净，用干净的干草全部擦干，并把污染的垫草和粪便清除出去，地面消毒后铺以厚的清洁垫草。

③母牛分娩后体力消耗很大，应使其安静休息。奶牛产犊后大量失水，产犊后20～30min将其哄起，并立即喂饮足量的温热麸皮盐钙汤10～20kg（麸皮1.5～2.0kg，食盐50g，碳酸钙50g），以补充分娩时体内水分、电解质的损耗，以利母牛恢复体力和胎衣排出。冬天尤为必要，可起到暖腹、充饥、增腹压的作用，有利于胎衣的排出和奶牛恢复体力。特别要注意食盐的添加量不宜过大，否则会增加奶牛乳房浮肿的程度。对产后极度虚弱的母牛，可用葡萄糖生理盐水1 500～2 000mL、25%的葡萄糖500mL、20%的安钠咖注射液10mL混合，一次静脉注射。

④母牛分娩后应尽早将其驱起并进行适量的运动，以免流血过多，也有利于生殖器官的恢复。为防止子宫脱出，可牵引母牛缓行15min左右，以后逐渐增加运动量。

⑤奶牛产后，将手伸入产道内检查，如果损伤面积较大应缝合，并涂布磺胺类药膏；如果出血量大，要及时结扎止血；如果产道无异常而仍见努责，可用1%～2%的普鲁因注射液10～15mL进行尾椎封闭，以防宫脱。

⑥母牛分娩后12h内胎衣一般可自行脱落，若分娩24h后胎衣仍不脱落，则应按胎衣不下处理，否则易出现不良后果。一般可肌肉注射催产素或与10%葡萄糖1 000mL混合静脉注射，效果较好，可促使子宫收缩，尽早排出胎衣。胎衣脱落后，要注意恶露的排出情况，如有恶露闭塞现象，即产后几天内仅见稠密透明分泌物而不见暗红色液态恶露，应及时处理，以防发生败血症或子宫炎等疾病。

⑦为了使母牛恶露排净和产后子宫早日恢复，还应喂饮热益母草红糖水

（益母草粉 250g，加水 1 500g，煎成水剂后，加红糖 1kg 和水 3kg，饮时温度 40～50℃），每天 1～2 次，连服 2～3 天，对母牛恶露排净和产后子宫复原有促进作用。

⑧犊牛出生后一般 30～60min 即可站立，并寻找乳头哺乳。所以，母牛产后 30min 应开始挤乳。挤乳前挤乳员要用温水和肥皂洗手，另用一桶温水洗净乳房。挤奶前用温水清洗牛体两侧、后躯、腹部。开始挤奶时，每个乳头的第一二把奶要弃掉，挤出 2～2.5kg，用新挤出的初乳哺喂犊牛。

⑨奶牛产犊后的几天，乳房内的血液循环及乳腺泡的活动控制与调节均未达到正常状态，乳房肿胀得很厉害，内压也很高，所以，如果是高产奶牛，此时绝对不能把乳房中的奶全部挤净，否则由于乳房内压显著降低，引起微细血管渗漏现象加剧，血钙、血糖大量流失，进一步加剧乳房水肿，会引起高产乳牛的产后瘫痪，重者甚至可造成死亡。挤奶的一般原则是产后第 1 天只挤 2kg 左右，够犊牛吃即可，第 2 天每次挤其泌乳量的 1/3，第 3 天每次挤其泌乳量的 1/2，4 天之后可将乳房中的奶全部挤净。分娩母牛膘情中等以上的，第一次挤奶可以将初乳全部挤出。挤奶时要充分按摩乳房，对水肿的乳房要热敷。产后母牛泌乳机能迅速增强，采食增加，代谢旺盛，常发生代谢紊乱而患酮病和其他代谢疾病，故需及时补糖补钙。

⑩对产犊后乳房严重水肿的奶牛，每次挤奶后应充分按摩乳房，并热敷 5～10min（可用温热的硫酸镁或硫酸钠饱和溶液），以使乳房水肿早日消失。

⑪母牛在分娩过程中是否发生难产、助产的情况、胎衣排出的时间、恶露排出情况以及分娩母牛的体况等，均应详细进行记录，以便汇总总结经验。

⑫为减轻产后母牛乳腺机能活动和照顾母牛产后消化机能较弱的特点，产后 2 天内应以优质干草为主，适当补喂易消化的玉米、麸皮等精料。日粮中钙的水平应由产前占日粮干物质的 0.2%～0.4%增加到 0.6%～0.7%。对产后 3～5 天的乳牛，如母牛食欲良好、健康、粪便正常，则可随其产乳量的增加，逐渐增加精料和青贮喂量。实践证明，每天精料最大喂量不超过体重的 1.5%。

⑬要经常观察产后奶牛的食欲和泌乳量，提高日粮营养水平，定期对尿液、乳汁和酮体进行监测，及时补糖补钙。如果是夏季产犊要及时补液。

⑭产后 30～35 天进行直肠检查，如果发现奶牛患有卵巢静止、子宫炎等疾病要及时治疗。如果奶牛在产后 50～60 天尚未表现发情征状，可用己烯雌酚 15～20mL 肌肉注射，诱导其发情。

3. 围产后期奶牛的管理

（1）挤乳过程中一定要遵守挤乳操作规程，保持乳房卫生，以免诱发细菌感染而患乳房炎。

（2）母牛产后 12～14 天肌注 $GnRH_1$（促性腺激素释放激素），可有效预防产后早期卵巢囊肿，并使子宫提早康复。母牛产后 15～21 天，如食欲正常、乳房水肿消失，即可进入泌乳期饲养。

（五）泌乳母牛的管理

1. 泌乳盛期奶牛的管理

（1）采用"预支"饲养法　从产后 10～15 天开始，除按饲养标准给予饲料外，每天额外多给 1～2kg 精料，以满足产奶量继续提高的需要，只要奶量能随精料增加而上升，就应继续增加。待到增料而奶量不再上升时，才将多余的精料降下来。"预支"饲养对一般产奶牛增奶效果比较明显。

（2）分群饲养　在生产上，按泌乳的不同阶段对奶牛进行分群饲养，可做到按奶牛的生理状态科学配方、合理投料，而且日常管理方便，可操作性强。对于奶牛未能达到预期的产奶高峰，应检查日粮的蛋白质水平。

（3）适当增加挤奶次数　有条件的牛场，对高产奶牛可改变原日挤 3 次为 4 次，有利于提高整个泌乳期的奶量。

（4）在日粮中的精、粗料干物质比不超过 60：40、粗纤维含量不低于 15％的前提下，积极投放精料，并以每天增加 0.3kg（必要时可 0.35kg）精料喂量逐日递增，直至达到泌乳高峰的日产奶量不再上升为止。

（5）供给优质粗饲料　如良好的全珠玉米青贮、优质干草、苜蓿等。

（6）添加非降解蛋白（UIP）量高的饲料　如增喂全棉子［1.5kg/（头·天）］。

（7）添加脂肪以提高日粮能量浓度　在泌乳高峰牛日粮中可添加占日粮干物质 3％～5％（高者可达 5％～7％）的脂肪或 200～500g 脂肪酸钙，以满足日粮中能量的需要。

（8）添加缓冲剂　在高产奶牛精料中添加氧化镁［50g/（头·天）］和碳酸氢钠［100g/（头·天）］组成的缓冲剂或其他缓冲剂。

（9）及时配种　一般奶牛产后 30～45 天，生殖器官已逐步复原，有的开始有发情表现，这时可进行直肠检查，及早配种。

2. 奶牛泌乳中期的管理

（1）遵照"料跟着奶走"的原则，即随着泌乳量的减少而相应减少精料用量　每周或每 2 周按产奶量调整精料喂量，同时应注意当时母牛的膘情，凡是在泌乳早期体重消耗过多和瘦弱的，应适当比维持和泌乳时多喂一些，以使母牛能及早恢复，这不仅对健康有利，也对母牛持续高产有好处，但绝不能喂得过肥，保持中等膘情即可。

（2）喂给多样化、适口性好的全价日粮　在精料逐渐减少的同时，尽可能增加粗饲料用量，以保证奶牛的营养需要。

（3）对于日产量高于 35kg 的高产奶牛，一年四季均应添加缓冲剂（小苏打、氯化镁）。夏季还应加氯化钾，有利于缓解热应激的影响。

（4）对瘦弱牛要稍增加精料，以利恢复体况；对中等偏上体况的牛要适当减少精料，以免出现过度肥胖。

（5）加强运动，供给充足的饮水；复查妊娠，做好保胎工作。

3. 泌乳后期奶牛的饲养管理　泌乳后期奶牛也是怀孕的中后期，这一阶段比泌乳 200 天之内体脂沉积效率要高。如果此阶段奶牛体膘膘度差异较大，则最好根据体膘膘度分群饲养。为泌乳后期的奶牛单独配制日粮有以下几方面的作用：

（1）帮助奶牛达到恰当的体脂储存。

（2）通过减少饲喂一些不必要的价格昂贵的饲料（如过瘤胃蛋白和脂肪饲料）来节省饲料开支。

（3）增加粗料比例确保奶牛瘤胃健康，从而保证奶牛健康。所以，该阶段应以粗料为主，防止牛过度肥胖。

此外，干奶之前再进行一次妊娠检查，注意保胎。

（六）干奶牛的饲养管理

进入妊娠后期，停止挤奶到产犊前 15 天，称为干奶期。干奶期是奶牛饲养的一个重要环节。干乳方法的好坏、干乳期的长短以及干乳期规范化的饲养管理对于胎儿的发育、母牛的健康以及下一个泌乳期的产奶量有直接影响。

1. 干奶期的意义

（1）胎儿后期快速发育的需要　母体内胎儿在后期的生长速度非常快，胎儿 65% 的体重是在干奶期两个月内增长的，此时无论是母体还是胎儿都需要大量的营养。

（2）乳腺组织周期性休养的需要　母牛经过几个月的泌乳期，各器官系统一直处于代谢的紧张状态，尤其是乳腺细胞需要营养和一定时间修补与更新。

（3）恢复体况的需要　母牛经过长期的泌乳消耗了大量的营养物质，也需要有干奶期，以便使母体亏损的营养得到补充，并且能够储存一定量的营养，为下一个泌乳期能够更好地泌乳打下良好的物质基础。

（4）治疗乳房炎的需要　由于干奶期奶牛停止泌乳，所以这段时间是治疗隐性乳房炎和临床型乳房炎的最佳时机。

2. 干奶期的长短　干奶期的长短可根据饲养管理条件、牛的体况及生产性能而定。体况好、产奶少的，干奶期可短；体况差的、高产牛、初产牛，干奶期可适当延长。干奶期一般为 60 天（50～75 天），短于 40 天会降低下一个及以后泌乳期的奶产量，有损母牛健康；同时，所产犊牛体重小，患病率高。

对高产奶牛，无论日产量有多高，都应采取果断措施干奶，以免影响下一胎次生产。

3. 干奶方法 干奶方法一般可分为逐渐干奶法、快速干奶法和骤然干奶法3种。干奶时不能患乳房炎，如有乳房炎需治愈后再干奶。

（1）逐渐干奶法 一般需要10～15天时间。此法对于高产奶牛以及有乳房炎病史的牛，是一种安全、稳妥的办法。从干奶的第1天开始，逐渐减少精料喂量，停喂多汁料和糟渣料，多喂干草，同时改变饲喂时间，控制饮水量，加强运动；打乱奶牛生活和泌乳规律，变更挤奶时间，逐渐减少挤奶次数，停止运动和乳房按摩，改日挤3次为2次，2次为1次乃至隔日挤奶，此时，每次挤奶应完全挤净，到最后一次挤2～3kg奶时停挤，以后随时注意乳房情况。

（2）快速干奶法 在4～7天内停奶，一般多用于中低产奶牛。快速干奶法的具体做法是：从干奶的第1天开始，适当减少精料，停喂青绿多汁饲料，控制饮水量，减少挤奶的次数和打乱挤奶时间。开始干奶的第1天由日挤奶3次改为1次，第2天挤1次，以后隔日挤1次。由于上述操作会使奶牛的生活规律发生突然变化，使产奶量显著下降，一般经5～7天后，日产奶量下降到8～10kg以下时，就可以停止挤奶。最后一次挤奶应将奶完全挤净，然后用杀菌液蘸洗乳头，再将青霉素软膏注入乳头内，并对乳头表面进行全面消毒。待完全干奶后，用木棉胶涂抹于乳头孔处封闭乳头孔，以减少感染机会。乳头经封口后即不再动乳房，即使洗刷时也禁止触摸，但应经常注意乳房的变化。

（3）骤然干奶法 在奶牛干奶日突然停止挤奶，乳房内存留的乳汁经4～10天可以吸收完全。对于产奶量过高的奶牛，待突然停奶后7天再挤奶1次，但挤奶前不按摩，同时注入抑菌的药物（干奶膏），将乳头封闭。

4. 干奶期日粮 干奶期奶牛的饲养原则是根据奶牛体况而定，对于营养状况较差的高产母牛应提高营养水平，使其在干奶前期的体重比泌乳盛期时增加10%左右，从而达到中上等膘情，这样才能保证在下一个泌乳期达到较高的泌乳量；对于营养状况良好的干奶母牛，整个干奶前期一般只给予优质牧草，补充少量精料即可；而对于营养不良的干奶母牛，除充足供应优质粗饲料外，还应饲喂一定量的精料，精料的喂量视粗饲料的质量和奶牛膘情而定，一般可以按日产10kg、15kg牛奶的标准饲养，大约供应8kg、10kg的优质干草、15～20kg的青绿饲料和3～4kg配合精料。干奶牛的配合精料中应补充矿物质微量元素和维生素预混料。

5. 干奶期的管理

（1）做好保胎工作 加强饲养管理是保胎工作的关键，保持饲料的新鲜和质量，绝对不能供给冰冻、腐败变质的饲草饲料，冬季不应饮过冷的水，及时防治一些生殖系统的疾病，防止拥挤、摔倒等事件的发生。

（2）适当的运动　运动不仅可促进血液循环，有利于奶牛健康，而且可减少（或防止）肢蹄病及难产。同时，还应增加日照时间，以便形成维生素 D，防止产后瘫痪。没有运动场的干奶期奶牛，每天应定时由饲养员牵引运动。产前停止运动。

（3）保持皮肤的卫生　母牛在妊娠期内，皮肤代谢旺盛，容易产生皮垢，因此每天应加强刷拭，以促进血液循环，使牛变得更加温顺易管。

（4）乳房按摩　为了促进乳腺发育，经产母牛在干奶 10 天后开始按摩，每天一次，但产前出现水肿的牛应停止按摩。初产牛的乳房按摩可以从犊牛 1 岁左右开始，也可以在青年母牛交配受胎后进行，即使在妊娠后期开始也有效果。对于初产母牛，最初 5 天可以每天按摩 1 次，以后 5 天内每天 1～2 次，往后 1 个月内每天可按摩 3 次，每次按摩的时间均以 5min 左右为宜。经过这样的按摩，初产母牛产后一般均可顺利地接受挤奶，乳房的形状和容量显著增大，分娩后也不会引发乳房炎和乳房肿胀。

（5）防治乳房炎　干奶期时乳腺组织处于休息状态，抵抗细菌能力差，容易感染乳房炎。这时感染又不容易发现，到下一胎发现时又很难治疗，且瞎乳头最容易发生在干奶期，因此应固定兽医进行干奶前检查。干奶前，要进行隐性乳房炎测定，对于隐性乳房炎在"＋＋"以上的乳区，用抗生素连续治疗 3 天方可干奶；临床性乳房炎，治愈后干奶；隐性乳房炎在"＋＋"以下的牛，可直接干奶。另外，根据牛日产量的多少，采取不同的干奶方法。干奶后的 15 天，由于乳腺组织尚未停止活动，极易发生乳房炎。因此，每天要检查乳房的变化。如果发现乳房肿胀，并有发红、发热、疼痛等炎症，应立即将奶挤净，进行治疗。方法是：①用 10％酒精鱼石脂或鱼石脂软膏涂抹患部。②用青霉素 800 万～1 200 万 IU，每天肌肉注射两次，或用四环素 600 万 IU 静脉注射，每天 1 次。

（七）奶牛的夏季管理

奶牛的适宜温度范围是 −4～18℃，一旦气温高于 26℃ 即出现采食量的下降，影响产奶量；气温高于 32℃，产奶量下降 3％～20％；气温达到 38℃，湿度为 20％ 时，奶牛出现热应激，需要采取降温措施以缓解热应激；38℃ 气温，湿度 80％ 可能导致奶牛死亡。夏季防暑降温对于获得全年的高产很重要，采取的措施包括：

1. 遮阴、通风　奶牛通过出汗蒸发散热的能力大约只有人的 10％，因此对高温更加敏感。夏季要有遮阴措施，牛舍、运动场安装通风设备，加快空气的流动，促进牛体的散热。

2. 充足的清凉饮水　夏季要保证奶牛随时可以喝到清凉的饮水。水温以不高于16℃为宜。应避免饮水长期存放、晒热，可用自动饮水器或使水槽内的水不断流动、更新。即使非高温季节，保证充足的饮水在泌乳母牛的管理中也很重要。泌乳母牛的需水量很大，每头泌乳母牛每天需要饮水60～70L。泌乳母牛的饮水量减少40%，干物质采食量可减少20%。

3. 喷淋　在运动场内设置喷淋装置，高温季节定时喷水淋浴以降温。喷淋处的地面最好硬化，以避免牛趴卧在泥泞的地面上。喷淋装置要间歇开启，每次开启的持续时间以无水珠沿乳头滴下为宜。注意喷出的水雾不能落到饲料上，以防饲料因含水量过高而容易发霉变质。

4. 调整日粮　夏季应多喂优质粗饲料，在精料补充料中可以考虑添加脂肪以提高营养浓度；提高日粮中钾、钠、镁的含量，补充因出汗造成的损失，钾的含量增加到日粮干物质的1.3%～1.5%，钠增加到0.5%，镁增加到0.3%。

5. 调整饲喂方式　增加饲喂次数，将饲喂时间安排在气温较低的时间，60%～70%的日粮在晚8：00～早8：00间喂给。

二、肉牛的饲养管理

(一) 肉牛犊牛的饲养管理

1. 犊牛的常规管理

(1) 出生犊牛的护理　犊牛出生后，首先应除去口腔鼻孔内的黏液，用干抹布擦静躯体上的黏液，然后挤出脐带中的内容物，用碘酊消毒，然后称重。犊牛出生后1h内，必须吃上初乳，初乳不仅含有必需的蛋白质、能量、维生素和矿物质，还含有免疫球蛋白。吮吸困难时，可人工辅助哺乳。犊牛每天应吃奶4～6次。每天要供给洁净饮水，让犊牛自由饮用。犊牛生后3～7天补铁和硒。

(2) 犊牛的管理

①犊牛的运动　出生7～10天后，可随母牛自由运动0.5h。1个月后增加至1～2h，以后逐渐延长。

②犊牛的去角　第7天去角，用固体烧碱在牛角生长点处用力涂擦数次，直到出现血迹为止。

③犊牛哺饲栏　从2～3月龄开始，在母牛圈外单独设置补料栏或补料槽，以防母牛抢食。栏高1.2m，间隙0.35～0.4m，犊牛能自由进出，母牛被隔离在外。

④肉用犊牛的保健

犊牛大肠杆菌下痢预防：犊牛生后10天最易患大肠杆菌下痢。特别是生后1～3天内，能引起犊牛抵抗力下降的各种因素都能诱发该病发生。该病主要通过消化道，其次通过脐部感染。病原存在于污染的垫料、奶桶、用具等。对于刚出生的犊牛，可以尽早投服预防剂量的抗生素药物。如氯霉素、痢菌净等，对于防止本病的发生具有一定的效果。另外，可以给妊娠母牛注射用当地流行的致病性大肠杆菌株所制成的菌苗。在本病发生严重的地区，应考虑给妊娠母牛注射轮状病毒和冠状病毒疫苗。

营养性下痢预防：营养性下痢多由于饲喂代乳品过多或质量不良，代乳品中碳水化合物和蛋白质质量不符合要求，脂类品质不良，添加量过多或过少，温度过低等所致。发病后应找出发病原因，及时预防。预防的方法是坚持"四定"、"四看"、"二严"。四定：定温、定时、定量、定饲养员；四看：食欲、精神、粪便、天气变化；二严：严格消毒、严禁饲喂变质代乳品或牛奶。

驱虫：犊牛生后20～30天应进行驱虫。

2. 犊牛育肥 因为犊牛的相对生长速度快，所以犊牛出生后就要开始制定育肥措施，一般采用丰富的母乳和人工乳饲喂，或搭配一定量的精料。

犊牛育肥是指犊牛出生后6～8月内，在特殊饲养条件下育肥至250～350kg时屠宰的育肥技术。肥育结束时屠宰率58%～62%、胴体重130～200kg，肉质呈淡粉红色、多汁，胴体表面均匀覆盖一层白色脂肪。犊牛肉蛋白质比一般牛肉高27.2%～63.8%，而脂肪却低95%左右，并且人体所需的氨基酸和维生素齐全，是理想的高档牛肉，发展前景十分广阔。

（1）犊牛选择 初生的肉用、乳肉兼用和乳用公犊以及高代杂种公犊，要求初生重不低于35kg，健康无病，无遗传缺陷，体型外貌良好（头方大，四肢粗壮有力，蹄大）。根据我国目前条件，以选择中国荷斯坦奶牛公犊及淘汰母犊为佳，其优点是前期生长快，育肥成本相对较低，且来源较丰富，便于组织生产。

（2）饲养技术 由于乳用公犊及淘汰母犊不能随母哺乳，故一般采用人工饲喂的方法。犊牛出生后3日龄内应吃足初乳；1月龄以前饲喂全乳或代乳品，每头每日3～5kg（体重的8%～9%）；30～150日龄用脱脂乳，每头每日2～6kg，并加喂含铁量低的精料和优质粗饲料，每头每日1.3kg；150～185日龄，每头每日饲喂脱脂乳6kg、精料5kg、优质粗饲料0.5kg。人工喂奶（代乳品、脱脂乳）时要控制好奶温，1～2周龄38℃左右，以后以30～35℃为宜，温度过低，犊牛易腹泻。此处，应注意严格控制饲料和饮水中的含铁量。

（3）管理措施 严格按计划饲喂代乳品，保证犊牛饮水充足。分群圈养，保证牛床清洁干燥。牛床最好采用漏粪地板，防止犊牛与泥土接触，防止下痢。牛舍最适温度保持18～20℃，冬季舍温保持10℃以上，相对湿度65%。

3周龄以内，犊牛的饲喂做到定时、定量、定温。天气晴朗时，让犊牛晒太阳1～2h。5周龄后，每天晒太阳3～4h。夏季注意防暑降温，冬季要防寒保暖。犊牛育肥全期，每天饲喂2～3次，自由饮水。夏季饮凉水，冬季饮温水，水温30℃，水质要新鲜、清洁。

（二）青年牛的饲养管理

1. 青年牛的日常管理　采用舍饲短绳拴系、定槽饲喂的方法。每天饲喂两次（上午8：00～9：00，下午2：00～3：00），持续60～90min，喂完后1h下槽饮水。夏季炎热，中午加饮一次水。精饲料给量一般按体重的0.9%～1.1%控制，粗饲料不限量。饲喂顺序应先粗后精，先料后水，要求少给勤添，严防暴饮暴食。每天上午下槽后清理圈舍，让牛在舍外晒太阳，并刷拭牛体。舍内温度夏季要求20～25℃，如果外界气温过高要注意通风，降低温度。舍外饲养要搭凉棚，防止中暑、日射病或热射病的发生。冬季舍内温度要求6～8℃以上，要防止贼风侵入，避免发生感冒。冬、夏季都必须使下水道保持通畅，夏季在下槽处垫干燥的沙土，冬季可铺垫草且要勤垫勤换，保持舍内卫生。每进出一批牛，圈舍都要彻底清理消毒一次，然后才能使用。

保持牛圈清洁卫生，定期打扫，定期消毒，绝不给牛饲喂发霉变质的饲料，饮水要清洁，冬季水中不能有冰，加强牛圈的保暖防寒，夏季一定要注意防暑、防潮等，做好疾病防疫工作，牛圈周围保持安静，尽量减少应激。

2. 青年牛的育肥技术　主要是指犊牛断奶后至成年之前育肥出栏的生产方式，此生长阶段的牛，生长强度大或者补偿生长能力强，肌肉和脂肪的沉积能力强，是目前各个国家肉牛生产的主要方式，根据饲养方式不同分为持续肥育和后期集中肥育。

（1）持续育肥法　持续肥育法是指犊牛断奶后立即转入肥育阶段进行肥育，一直保持很高的日增重，达到屠宰体重（12～18月龄，体重400～500kg）为止。持续肥育法广泛用于英国、加拿大和美国。使用这种方法，日粮中的精料可占总营养物质的50%以上。此种肥育方法由于在牛的生长旺盛阶段采用强度肥育，使其生长速度和饲料转化效率的潜力得以充分发挥，所以日增重高，饲养期短，出栏早，饲料转化效率高。生产的牛肉鲜嫩，而成本较犊牛肥育低，是一种很有推广价值的肥育方法。

根据地域的不同，持续肥育法可分为断奶后就地肥育和断奶后由专门化的肥育单位收购进行集中肥育。根据饲养方式的不同，可以分为舍饲持续育肥、放牧加补饲持续育肥法和放牧-舍饲-放牧持续肥育法。法国采用持续强度肥育的饲养方式，肉牛一般在13～18月龄屠宰。肉用犊牛随母放牧哺乳于6～9月龄断奶，断奶后转入舍饲肥育，于15～18月龄体重约500kg时屠宰。奶用公犊于 4～5 月龄时开始肥育，在 13～15 月龄体重 400 多千克时屠宰。英国随母哺乳阶段平均日增重为 0.9～1kg，冬季日增重保持在 0.4～0.6kg，第 2 个夏季日增重在 0.9kg，18 个月体重达 400kg 以上，平均每千克增重消耗精饲料 2kg，载畜量每头 0.45～0.83hm^2。

①舍饲持续肥育法　采取舍饲持续肥育法首先制订生产计划，然后按阶段进行饲养。制订肥育生产计划，要考虑到市场需求、饲养成本、牛场的条件、品种、培育强度及屠宰上市的月龄等。按阶段饲养就是按肉牛的生理特点、生长发育规律及营养需要特征将整个肥育期分成 2～3 个阶段，分别采取相应的饲养管理措施。

犊牛长到 6 月龄之后，体重达 150～200kg，即转入青年肥育牛阶段。这一时期中的饲料仍以粗饲料为主，适当掺加精饲料。精粗饲料之比可为 40∶60，粗蛋白质含量占 14%～16%。饲料中应注意补加钙、磷以及维生素 A、维生素 D 和维生素 E 的给量。12 月龄之后进入催肥阶段，精粗饲料比例为 60∶40 或 70∶30，日粮中粗蛋白质含量占 11%～13%。采用上述育肥法，黑白花公犊或其他优质杂交牛 16～18 月龄出栏，体重可达 450～500kg 以上。期间平均日增重 1 000g 以上，料肉比 3.5∶1。

②放牧加补饲持续肥育法　此种肥育方法适用于 3～5 月份出生的春犊。在牧草条件较好的地区，犊牛断奶后以放牧为主，根据草场情况适当补充精料或干草，使其在 18 月龄体重达 400kg。母牛哺乳阶段，犊牛平均日增重达到 0.9～1.0kg。冬季日增重保持 0.4～0.6kg，第 2 个夏季日增重在 0.9kg，在枯草季节，对杂交牛每天每头补喂精料 1～2kg。放牧时应做到合理分群，每群 50 头左右，分群轮放。放牧时要注意牛的休息和补盐。夏季防暑，狠抓秋膘。

③放牧-舍饲-放牧持续肥育法　此种肥育方法适用于 9～11 月份出生的秋犊。犊牛出生后随母牛哺乳或人工哺乳，哺乳期日增重 0.6kg，断奶时体重达到 70kg。断奶后以喂粗饲料为主，进行冬季舍饲，自由采食青贮料或干草，日喂精料不超过 2kg，平均日增重 0.9kg，到 6 月龄体重达到 180kg。然后在优良牧草地放牧（此时正值 4～10 月份），要求平均日增重保持 0.8kg。到 12 月龄可达到 325kg，转入舍饲，自由采食青贮料或青干草，日喂精料 2～5kg，平均日增重 0.9kg，到 18 月龄体重达 490kg。

（2）后期集中肥育　也叫架子牛育肥，是指对 2 岁左右未经肥育的或不够屠宰体况的牛，在较短时间内集中饲喂较多精料，让其增膘的方法。如果这些牛是从牧区、山区以及外地购进的，则称“易地育肥”。这种肥育方式可使牛在出生后一直在饲料条件较差的地区以粗饲料为主饲养相对较长的时间，然后转到饲料条件较好的地区肥育，在加大体重的同时，增加体脂肪的沉积。此法对改良牛肉品质、提高肥育牛经济效益有较明显的作用。

①架子牛的选择　一般来讲，12 月龄以上的牛都称为架子牛。在我国的肉牛业生产中，所谓"架子牛"一般是指未经育肥或不够屠宰体况的个体。架子牛正处在生长发育旺盛阶段，需经一段时间的强度肥育以达到增重长肉的目的。架子牛一般年龄为 1～1.5 岁，其特点是生长快、饲料利用率高、经济收益好。

选择架子牛时要注意选择健壮、早熟、早肥、不挑食、饲料报酬高的牛。具体操作时要考虑品种、年龄、体重、性别和体质外貌等。

架子牛品种应选择杂种肉牛（采用外来良种如夏洛来、利木赞、皮埃蒙特、西门塔尔等品种公牛与中国地方黄牛杂交所产的杂种牛）或中国地方良种黄牛（秦川牛、晋南牛、鲁西牛、南阳牛等）。

架子牛年龄应在 1～2 岁，最多不超过 2.5 岁，体重要求 300～350kg。只有 1～2 岁的架子牛才能生产出高档的牛肉，并且这一阶段的牛生长发育快、饲料转化率高、效益好。

雄性架子牛如果在两岁以前出栏可以不去势，因为此时公牛膻味小，生长速度和饲料转化率优于阉牛，胴体瘦肉多，脂肪少。如果选择已去势的架子牛，则早去势为好，3～6 月龄去势的牛可以减少应激，加速头、颈及四肢骨骼的雌化，提高出肉率和肉的品质。

架子牛的外貌要求头短额宽，嘴大颈粗，体躯宽深，前后躯较长，中躯较短，皮薄疏松，体格较大而肌肉不丰富，棱角明显，背尻宽平，具有长肉的潜力。而对体躯过矮、窄背、尖尻、交膝、体况过瘦弱的牛只不应选用。体高和胸围最好大于其所处月龄发育的平均值。

②架子牛的育肥技术　后期集中肥育有放牧加补饲法、舍饲育肥法。舍饲育肥法根据口粮类型的不同，又可分为高精料型和低精料型育肥，在我国可以因地制宜采用以秸秆、青贮饲料及酒糟等为主配以精饲料的低精料育肥法。

a. 放牧加补饲肥育　此方法简便易行，以充分利用当地资源为主，投入少，效益高。我国牧区、山区可采用此法。对 6 月龄末断奶的犊牛，7～12 月龄采用半放牧半舍饲，每天补饲玉米 0.5kg、人工盐 25g、尿素 25g，补饲时间在晚 8：00 以后；13～15 月龄放牧；16～18 月龄经驱虫后进行强度肥育，整天放牧，每天补喂精料 1.5kg，尿素 50g、人工盐 25g，另外适当补饲青草。

b. 短期快速育肥　架子牛短期舍饲育肥，属于高精料型育肥。根据牛的年龄体况，全期需要 100～200 天，分为前期、中期和后期 3 个阶段。

育肥前期也叫适应阶段，需 20～30 天，让牛适应新的饲养环境，调理胃肠增进食欲。刚引进的架子牛，经过长时间、长距离的运输以及环境的改变，一般应激反应比较大，胃肠中食物少，体内失水严重。因此，首先应提供清洁的饮水，并在水中加适量的人工盐。但要防止暴饮，第一次限量 10～20kg/头为宜，3～4h 后可以自由饮水。环境保持安静，防止惊吓，让其尽快适应育肥环境条件。开始 3～5 天内，只喂给容易消化的青干草，不喂给精饲料，并注意牛体重变化和个体精神食欲状况。以后补加适量麸皮，每天可按 0.5kg 的喂量递增，待能吃到 2～3kg 麸皮时，逐步更换育肥期饲料，减少麸皮给量。此时粗饲料比例应占总量的 70%～60%，精饲料占 30%～40%。日粮蛋白质水平应控制在 13%～14%，钙、磷含量各占 1%左右。另外，在此阶段还应进行体内外的驱虫与健胃、编组、编号以及增重剂埋植注射等项工作。如果购买的架子牛膘情较差，此时可出现补偿生长，日增重可以达到 800～1 000g。

育肥中期也叫增体期，需 60～90 天。日粮中精饲料比例应从 30%～40% 提高到 40%～60%，粗饲料下降到 60%～40%。日粮中能量水平提高，蛋白质水平下降，由 13%～14%下降到 11%～12%。精饲料给量 3.5～4.5kg，粗饲料 5.5～6.5kg，干物质采食量应逐渐达到体重的 2.2%～2.5%。若是采用白酒糟或啤酒糟作粗饲料时，可适当减少精饲料的用量，日增重 1.2kg 左右。建议精料配方：玉米 65%，大麦 10%，麦麸 14%，棉粕 10%，添加剂 1%，另外每头牛每天补加磷酸氢钙 100g、食盐 40g。

育肥后期也叫肥育期或肉质改善期，需 30～60 天。此时日料中能量浓度应进一步提高，蛋白质含量应进一步下降到 9%～10%。精饲料比例提高到 60%～70%，粗料下降到 40%～30%。这时干物质水平应为体重的 2.0%～2.4%，日增重为 1.5kg 左右。粗饲料应采取自由采食、计量不限量的方法饲喂，以牛吃饱为止。建议精料配方为：玉米 75%，大麦 10%，棉粕 8%，麦麸 6%，添加剂 1%，另外每头牛每天加磷酸氢钙 80g、食盐 40g。

一般情况下，肉牛育肥 3 个月，体重达 500kg 左右就可以出栏了。

青年牛后期肥育，为了节约精饲料用量，可使用加工副产品（如甜菜渣）、干草、尿素和少量精饲料或青贮（青草青贮或玉米青贮、干草、尿素和少量精饲料）。这种做法称为低精料型育肥。低精料型育肥是充分利用放牧条件或糟渣饲料、秸秆饲料及其他农副产品，少用精料，进行肉牛育肥。不追求过高的日增重，适当推迟出栏期限，料（精料）肉比一般在 3∶1 以下，有的甚至达到 1∶1 以下。这一技术充分利用当地的糟渣、饼粕类饲料及其他农副产品，符合我国国情，适合当前广大农村农户饲养肉牛。

（三）肉用基础母牛的饲养管理

1. 育成期母牛的饲养管理

（1）育成期母牛的饲养　育成母牛是指从断奶（6 月龄）到配种前的母牛，也称为青年母牛。此时期主要目的是使母牛正常生长发育，尽早投入生产。育成母牛由于还没有投入生产，一般以粗饲料为主，补充少量精料即可，应使母牛日增重保持 0.4～0.5kg 以上。

在育成前期，由于牛的体躯较小，瘤胃还没完全发育成熟，采食量相对较小，故对饲料的质量要求相对较高。粗饲料应以优质青干草为主，搭配部分青饲料。如果饲喂低质粗饲料，如小麦秸、玉米秸等，则应补充一定量的混合精料。

育成后期，母牛的体躯已接近成年母牛，瘤胃机能完全发育成熟，采食量大，可以大量利用低质粗饲料。粗饲料应以作物秸秆为主，搭配部分青绿饲料，保证配种前母牛的体况在中等以上，忌过肥。

（2）育成期母牛的管理 育成母牛的管理应因地制宜，既可舍饲，也可放牧，还可采用放牧加舍饲；既可以白天放牧，晚上舍饲，也可春末秋初放牧，冬季舍饲；既可拴系饲养，也可散养。舍饲时应设立运动场，以保证育成母牛有充足的光照和运动，因为育成期母牛正处于身体生长发育旺盛的时期，充足的光照和适宜的运动可以促进其肌肉和各个器官的发育。同时，每天要刷拭牛体 1～2 次，每次 5～10min，以促进血液循环。

2. 空怀期母牛的饲养管理 对空怀母牛来讲，在农区舍饲条件下，可饲喂低质粗饲料，但应补充一定量的混合精料，日饲喂量为体重的 0.5%～0.6%。在放牧条件下，夏秋季节一般不需补饲精饲料，也可以日补精料 0.5kg。在冬春枯草季节，应进行补饲。冬季舍饲日喂秸秆或干草 10～15kg、精料 1kg、预混料 0.1kg，有条件的喂青贮或半干青贮更好。补饲所用混合精料应根据不同母牛所需的营养需要配制，喂量根据牧草情况确定。喂牛要先粗后精，定时定量。

3. 妊娠期母牛的饲养管理 妊娠期的饲养管理，一是保证胎儿的健康发育；二是保持母牛一定的膘情。母牛妊娠期的饲养管理分为两个阶段，即妊娠前期和妊娠后期。

（1）妊娠前期饲养 妊娠前期一般是指从受胎到怀孕 6 个月之间的时期，此时期是胎儿各组织器官发生、形成的阶段，生长速度缓慢，对营养的需要量不大。

建议混合精料配方：玉米 72.5%，饼粕类（大豆、花生、棉子饼粕等）15%，麸皮 8%，磷酸氢钙 1.5%，食盐 1%，常量及微量元素添加剂 2%。混合精料日喂量 1～1.5kg。

（2）妊娠后期饲养 母牛怀孕后期，胎儿的生长发育速度逐渐加快，到分娩前达到高峰，怀孕最后 2 个月，其增重即占胎儿总重的 75% 以上，需要母体供给大量营养，所以，精饲料补饲量应逐渐加大。同时，母体也需要贮存一定的营养物质，使母牛有一定的妊娠期增重，以保证产后的产奶量和正常发情。

建议混合精料配方：玉米73%，饼粕类12%，麸皮10%，磷酸氢钙2%，食盐1%，常量及微量元素添加剂2%。混合精料日喂量1.5～2kg。分娩前最后1周内精料喂量应减少一半。

4. 哺乳期母牛的饲养管理　哺乳期一般是指从母牛分娩到犊牛断奶之间的时期，哺乳期饲养管理的目的是使母牛尽早产奶，达到并保持足够的泌乳量，以供犊牛生长发育的需要。

(1) 产犊时期的饲养管理　母牛产犊后体力消耗很大，要给予36～38℃的温水，水中加入麸皮1～1.5kg、食盐100～150g，调成稀粥状。饮麸皮水的目的是补充体内消耗的过多水分，维持母牛体内酸碱平衡，暖腹，增加腹压，帮助母牛恢复体力，应采取多次供给。还可给予0.25kg红糖、200mL益母草膏，加适量温水饮用。

母牛分娩后，一要注意观察母牛的乳房、食欲、反刍和粪便，发现异常情况及时治疗；二要注意观察胎衣排出情况，如果胎衣排出，要仔细检查是否完整，胎衣完整排出后用0.1%的高锰酸钾消毒母牛阴部和臀部，以防细菌感染，发生子宫炎症。

(2) 母牛分娩后两周内的饲养管理　母牛分娩后两周内体质仍然较弱，生理机能较差，饲养管理上应以恢复体质为主，不能使役。饲料要求适口性好、易消化吸收，以优质青干草为主，自由采食。产后3天内，一般饮用豆粕水较好，3天以后，补充少量混合精料，精饲料最高喂量不能超过2kg。在产后1周内，每天应饮温水。

(3) 母牛分娩两周后的饲养管理　饲料喂量应随产奶量的增加逐渐增加，饲料要保证种类多样，日粮中粗蛋白质含量不能低于10%，同时供给充足的钙、磷、微量元素和维生素。一般混合精料补饲量为2～3kg，主要根据粗饲料的品质和母牛膘情确定。粗饲料质量要好，并大量饲喂青绿、多汁饲料，以保证泌乳需要和母牛产后及时发情。

(4) 母牛分娩3个月后的饲养管理　泌乳量开始逐渐下降，怀孕母牛正处于妊娠早期，饲养上可逐步减少混合精料喂量，并通过综合管理措施避免产奶量急剧下降。

对舍饲母牛，青粗饲料应少给勤添，采用先粗后精的饲喂方式。对放牧母牛，应尽量采用季节性产犊，最好早春产犊。根据草场质量和母牛膘情，确定夜间补饲粗饲料和精料的种类和数量。另外，应保证充足的饮水。

配合精料的建议配方为：玉米55%～60%，饼粕类（大豆、花生饼粕等）25%～30%，麸皮5%～10%，磷酸氢钙2%，食盐1.5%，添加剂2%。

第六章　养牛场财务管理与人员管理

第一节　养牛场的财务管理

经济效益的高低是养殖行业普遍关心的问题，尤其对于养牛业，饲养周期长、投入成本大、见效慢，必须进行合理的财务核算和资金分配。完整而合理的财务账目记录能发挥以下四方面的作用：合理分配、分析进程、指导生产、远期规划，能让经营决策者对牛场的基本情况作出准确的判断并采取提高经济效益的措施，如改进经营管理、降低成本、缩短生产周期等。

一、牛场财务管理的具体内容

牛场的财务制度管理，重点是搞好经济核算，如资金核算、成本核算、盈利核算，以利于牛场的经营活动分析。

（一）资金核算

1. 固定资金　指固定资产的货币表现，包括固定资金利用情况核算和折旧核算，具体内容见图 6-1。

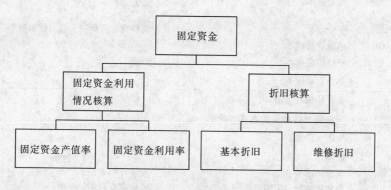

图 6-1　固定资金

2. 流动资金　企业流通周转所需要的货币，分类见图 6-2。

衡量流动资金的指标有流动资金周转率、产值资金率和资金利润率。

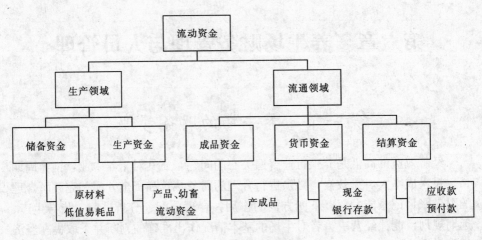

图 6-2 流动资金

(二)成本核算

成本核算是指以货币形式表现产品在生产过程中所消耗的全部费用，见表 6-1。

表 6-1 成本核算表

一级项目	二级项目	三级项目
成本分类	总成本	生产性支出和期间费用
	固定成本	固定资产折旧费、共同生产费、企业管理费等
	变动成本	饲料费、医药费、动力燃料费等
	单位成品成本	—
	单位固定成本	—
	单位变动成本	—
成本核算项目	工资和福利费用	—
	饲料费（从种子的购买—化肥—灌溉—生产—销售）	
	燃料和动力费	
	家畜医药费	
	种畜摊销费（折旧费）	确定家畜利用的年限
	固定资产折旧费	—
	固定资产修理费	—
	企业管理费	
	低值已耗费	工具、器具和劳保用品等
	其他杂费	

（续）

一级项目	二级项目	三级项目
成本计算	畜群日饲养成本	—
	育肥增重成本	—
	主产品单位成本	—

（三）盈利核算

盈利指产品的销售收入减去产品的总成本后的纯收入，分为税金和利润。经济指标有成本利润率（％）、销售利润率（％）和产值利润率（％）。

二、财务分析

1. 现金流量分析和收支分析　现金流量：现金的流入和流出；收支分析：即盈利分析。

2. 比率分析　包括以下指标：流动性比率、杠杆比率、活动比率、赢利比率、增长比率、评估比率。

3. 赢利与负债分析　常用利润率表示，是将利润与成本、产值、资金进行对比。常用的指标有：资产利润率、产值利润率、成本利润率、资产负债率。

三、需要的财务记录类型

1. 收入和支出分类账　收入和支出表是税收的要求，也可以作为一个商业管理工具的功能。现有基础上的收入和支出必须详细记录和精确合计，并且提供流水账，以便发现问题及时纠正。

2. 资产折旧账表　折旧记录是税收的要求，它提供了一个在养殖场使用的所有折旧资产的列表，并且可以用来构建库存记录和财务报表。资产折旧直接影响到国家和企业的经济效益，国家对企业的折旧方法有着严格的规定，但资产折旧账表又与企业经济的决策与制定密不可分，有必要保存第二份更好反映真实的经济成本的折旧记录，以达到分析和预算目的。

资产折旧账包括固定资产折旧和动物摊销费用。

3. 损益表　记录收入、费用和库存信息并且把它们联系在一起，给管理者提供一年或几年其劳动力、管理和股本的回报。准确的饲料和牲畜库存量的衡量，对于养殖场准确调整其净收益的计算是很重要的。

4. 现金流量表　现金流量记录提供资金在经营中如何流动的历史，并且可以作为未来资金流动计划的参考。真实现金流动记录可以作为衡量真实表现和计划表现的监测工具。

5. 生产报表　单独的农作物、牲畜和其他产业的产量记录对于管理者评估其管理表现是必不可少的。消耗的投资量和每个产业的产出的准确衡量能帮助建立有意义的产业预算。

6. 企业账目表 企业账目是非常重要的记录，帮助评估一个养殖场的若干产业中每个产业的表现。它可以拆分成农作物和牲畜产业，每个产业应该在分开的子账目里。企业账目可以帮助养殖场管理者看到哪个产业是获利最大的，决定一个产业里哪种生产方式在个体的农场条件下是经济的，并且帮助决定每个产业何种程度的产量是经济的。

7. 饲料记录表 饲料是牲畜企业最大的投资之一。管理者必须考虑各种牲畜企业的饲料利用率和效益。一个关于外购的和养殖场自产的饲料的良好记录，有利于指导管理者做出关于牲畜项目经济的决定，并正确认识到农业产业输入到牲畜产业的份额。例如，农民倾向于把收割的和储存的农作物作为免费的物品转移到奶牛场里作为"养殖场获得的利润"。这个明显的逻辑悖论忽略了生产粮食的实际成本，使奶牛场产业看起来比实际上更好，实际上是忽略了资金转移的概念，这些都应该是饲料账目记录的内容。

8. 人员登记变更表 持续进行劳动力使用研究可使完成相同任务的时间更短。测时记录可以帮助提供这个信息。

9. 设备登记表 更大的、更贵的、复杂的设备，有很高的固定成本，加上很大的运行成本，要求很多农场进行特别分析，须有单独的一套财务记录。这些信息可以作为买、卖和交易设备的指南，在和农户发生客户业务时，也是制定适当收费比率的决策依据。

10. 实验操作表 在当今快速的经济技术发展中，管理者经常面对新技术在他们的企业中是否能产生利益的决定。畜牧业企业的实验记录可以提供一个特定的农场条件下新技术的物质和财务的表现。

11. 生产现场记录表 对于地下水污染和化学品使用增加的关注，使得精确记录每块土地上化学品使用和栽培技术显得非常重要。随着农场规模扩大，用于疾病控制和害虫防治的药品数量增加，只靠记忆是不够的，必须要有专门记录。生产现场土地使用记录对一个管理者是很有价值的，可以用于分析肥料效力、杂草和病害控制效果的工具。

12. 牲畜情况记录表 养殖场的繁殖信息和产量记录反映牛群中每头牛的产量、目前的生产水平，良好的生产记录可以预计整个泌乳期的生产水平和预期的繁殖日期。

13. 远期预算表 一个养殖场远期计划是判断该场全年经营进展的基础计划和必要的控制文件。这个计划文件应该以季度为基础，以便监测目标收入和支出的差异并及时纠正。

以某奶牛场为例，财务记录核算表见表6-2、表6-3和表6-4。

表 6 - 2　牛场业务经济统计结构表

一级项目	二级项目	说　　明
总收入	牛奶收入	销售牛奶
		牛犊用奶
		员工或其他用奶
		仍有利用价值的次品奶
	牛群增值和销售收入	奶牛
		育成牛
		牛犊
		牛群增值
	内部往来收入	牛场内部相互转出入到其他部门所有自产物
	其他总收入	所有卖到牛场以外的自产物
可变成本	总饲喂成本	外购精粗饲料、牛场内部往来饲料、其他饲料如奶粉、矿物质等，成本中不包括牛场自产自用的饲料
	总保健成本	兽药、疫苗、人工配种服务、兽医服务等
	总卫生清洁成本	用于牛奶和奶牛卫生方面的所有物品，如清洗剂、酸、垫草等
	总种子成本	所有用于牛场的不同种子的成本
	总化肥成本	所有用于牛场的不同化肥的成本，包括购买粪肥
	总农药成本	所有用于牛场的除草剂和杀虫剂成本
	总其他作物成本	所有其他与作物有关的成本，如青贮塑料布等
	对外服务成本	机械部为牛场所做的工作的所有成本，基于机械部记录的拖拉机工作小时核算的
	总水电成本	由牛场和牛场所属土地使用的水电费成本

毛利润 ＝总收入－可变成本

固定成本	总劳工成本	牛场工人和经理的工资及与他们相关的用品费用
	总设施维护成本	牛场内设施和牛舍的所有维护和维修方面的成本
	总折旧成本	基于每个牛场的投资和所预计的使用年限，核算固定资产的折旧
	土地成本	牛场的租地费用
	其他管理成本	根据所交的奶量，为每个牛场核算运输费用。其他方面的管理费用也在此核算

牛场净收入（利润／亏损）＝毛利润－固定成本

表 6-3 机械部业务统计结构

一级项目	二级项目	说　明
总外部收入		所有为本牛场以外的牛场所做的活动
可变成本	燃料、油料等	燃料和润滑油等成本
	材料	机械棚所使用的材料成本
	小工具	机械部所购买和使用的所有成本
	配件	机械部所有机械的配件成本
	水电	机械棚所使用的水电费成本
固定成本	劳工	一个机械部经理和两个拖拉机手的工资
	维修	机械棚设施和建筑方面的维修成本
	折旧	机械棚建筑和机械设备的折旧成本
	土地	土地租金
	其他机械部成本	其他杂支
总成本	可变成本＋固定成本	
	净成本＝总外部收入 － 总成本	

表 6-4 牛场经济结果（元）

牛场	2001	2002	2003
奶收入	82 731	128 646	123 085
增值和销售	14 600	76 250	17 350
内部往来总计	3 600	19 260	15 200
其他收入总计	0	0	0
总收入	100 931	224 156	155 635
饲喂成本总计	45 292	44 793	81 342
保健成本总计	3 662	2 717	3 478
清洗成本总计	509	946	754
种子成本总计	0	0	0
化肥成本总计	0	0	0
农药成本总计	0	0	0
其他作物成本总计	0	30	0
协议工作总计	1 942	4 148	3 780
水电成本总计	3 982	4 773	5 096
可变成本	51 406	57 405	94 450
毛利润	49 525	166 750	61 185

（续）

牛场	2001	2002	2003
劳工成本总计	19 784	21 511	22 365
维修成本总计	222	1 803	3 701
折旧成本总计	19 873	35 662	35 745
土地成本	2 096	2 019	2 019
其他管理成本	7 225	1 055	2 174
总固定成本	49 200	62 049	66 004
牛场净收入（利润）	324	104 701	−4 819

第二节　工人的劳动管理

以乳牛场为例来说明几种主要生产定额的制定，即人员配备定额、主要劳动定额、饲料消耗定额和成本定额。

一、生产定额的制定

（一）人员配备定额

1. 乳牛场人员组成　乳牛场的人员由工人、管理人员、技术人员、后勤及服务人员等组成。具体工种有：饲养人员（挤乳员）、饲料加工人员、乳处理人员、锅炉工、夜班工、司机、维修工、技术人员（畜牧技术员、兽医、人工授精员、资料员）、管理人员、服务人员（卫生员、保育员等）。

2. 定员计算方法　乳牛场对乳牛应该实行分群、分舍、分组管理，定群、定舍、定员。分群是按牛的年龄和饲养管理特点，分为成年母牛群、育成牛群和犊牛群等；分舍是根据牛舍床位分舍饲养；分组是根据牛群头数和牛舍床位，分成若干组。然后根据人均饲养定额配备人员。

（二）劳动定额

劳动定额是在一定生产技术和组织条件下，为生产一定的合格产品或完成一定的工作量，所规定的必要劳动消耗量，是计算产量、成本、劳动生产率等各项经济指标和编制生产、成本和劳动等项计划的基础依据。

养牛场主要劳动定额包括：各龄畜群饲养管理定额、饲料加工供应定额、人工授精定额、疫病防治定额、产品处理定额等。这些定额的制定，主要是根据生产条件（如机械化程度、饲养方式）、职工技术状况和工作要求，并参照历年统计资料和职工实践经验，经综合分析来确定。

（三）饲料消耗定额

以饲养乳牛为例说明饲料消耗定额。一般情况下，乳牛每天平均需优质干草 6kg、玉米青需贮 25kg；育成牛每天平均需干草 4kg、玉米青贮 15kg。对于成母牛，精饲料除按 3～5kg 乳给 1kg 精料补充料外，还需加基础料 2kg/（头·天）；青年母牛平均每天饲喂精料补充料 3kg/头，育成牛平均每天 2.5kg/头；犊牛平均每天 1.5kg/头。

（四）成本定额

成本定额是牧场财务定额的组成部分，牧场成本分产品总成本和产品单位成本。成本定额通常指的是成本控制指标，是生产某种产品或某种作业所消耗的生产资料和所付的劳动报酬的总和。畜牧业上的成本包括牲畜饲养日成本和单位产品成本。乳牛业成本，主要是各龄母牛群的饲养管理日成本和牛乳单位成本。

二、主要工人的岗位职责及管理要求

（一）产房工人

（1）严格遵守公司各项规章制度，不迟到、不早退，按时上下班。

（2）严格按照公司消毒防疫制度，着干净工作服装进入生产区。严格按照生产制度生产，时刻注意自身及牛只安全。按饲养操作规范饲喂、挤奶，不堆槽不空槽，不喂发霉变质、冰冻的饲料，及时捡出饲料中的异物。

（3）定期清理水池，保证牛只正常饮水。

（4）熟悉每头牛的基本情况，如牛号、膘情、配种情况，并注意观察牛只，填写观察记录，将牛只异常变化及时报告技术人员。

（5）加强牛只护理，做到及时接产，做好记录。保证初生犊牛在产后 1h 内吃上初乳，以及母牛的乳房保健。做好产前产后消毒工作，协助犊牛饲养员将犊牛放入犊牛舍。

（6）每次挤奶前擦拭牛体。

（二）繁殖人员

（1）做好发情观察与鉴定。

（2）及时治疗繁殖疾病，每月对繁殖障碍的牛只进行整理分类、会诊分析，争取早期治愈。

（3）做好适时配种工作，做好妊娠诊断，减少空怀时间，提高受胎率。

（4）做好液氮罐及冻精的保管工作。

（5）把被动治疗改为主动预防，特别是对产后母牛的子宫净化工作，应严密进行产后监控。

（6）加强自身业务以及学习的主观能动性，积极主动地完成各项繁殖指标。

（7）严格遵守公司各项规章制度，不迟到、不早退、不旷工、不随意请假外出。

（8）严格执行公司的防疫、消毒制度，坚持着工作服（胶鞋）进入生产工作区。

（9）根据安全管理制度，注意人身及牛只的安全。

（三）挤奶人员

（1）具有良好的品德，熟练业务技能，爱岗敬业，工作时间着工装，保持良好的形象，不抽烟、不喝酒，保持严肃的工作作风。

（2）每次开机前对机器进行全面检查，对发现的问题要及时予以处理，严格按机器清理程序进行清洗并填写清洗记录。开机后，观察机器的运行状态，及时发现故障予以处理，如不能处理应及时上报。停机后，严格按规程对机器进行清洗，并观察储奶罐运行是否正常，温度控制是否达到要求。每次公司抽完奶后，对大罐进行清洗，定期处理残留物。

（四）兽医技术员

（1）严格遵守公司各项规章制度，不迟到、不早退、不旷工、不随意请假。

（2）制定并严格监督执行公司的防疫消毒制度，坚持着工作服（胶鞋）进入生产工作区。积极深入牛舍进行巡诊（上班后、下班前 30min），观察牛只，监督、引导、配合工人及时发现疾病，并及时治疗，认真诊断，不无故拖延治疗，且做到病因记录完整。

（3）制定全场防疫消毒计划并监督实施，做好消毒记录，针对大规模流行传染病做到早发现早预防。

（4）制定全场牛只检疫免疫计划、驱虫计划，并具体监督实施，及时记录完整。

（5）对发病牛只制定相应的治疗方案和处理措施，有重大情况及时上报，对兽医技术事故做出结论并承担相应的责任。

（6）保证春秋两季对全场牛只肢蹄普查一遍，及时进行修蹄。

（7）保证病牛的调群工作，及时把治愈健康牛转入正常牛群中，病历卡记录及时完整，并下发调牛通知单。

（8）及时总结本月工作总结，做好下月生产计划，及时上报兽药申请及月报表和各种疾病发病总结报表，总结病情，重大事件及时上报。

（9）积极协助场领导及饲养员、繁殖员做好生产各项工作，积极参加公司组织的各项会议和活动。

（10）加强学习，努力学习摸索新技术，提高诊断治疗水平，缩减医药费用。

（11）积极完成上级领导交代的临时任务。

（12）做好乳腺炎的防治工作。

（五）饲料供应员

（1）严格遵守公司各项规章制度，不迟到、不早退、不脱岗，按时上下班，做到有事请假。认真执行消毒、安全生产制度，进入生产区应着干净工作服、工作鞋。

（2）严格按照技术员下发的饲养通知单定量准时送到指定位置。

（3）拉草、料应服从仓库保管员的安排，减少饲料草在输送过程中的损耗量。下班前将草库附近路上掉的成堆的草重新入库。

（4）严格按照要求对饲草料进行准确称量、记录，严禁不称重按料单填写报告，饲草、饲料记录按时汇总，按时上交。

（5）发现草料问题，及时上报。

（6）司机按时保养车辆，如发现保养车辆不及时造成车辆故障而影响生产，视情况进行处罚。车辆停放在指定位置，不得乱放。

（7）保证完成上级交给的临时任务以及义务劳动等。

（8）按时参加公司组织的会议和活动。

（9）保证所属卫生区内干净整洁。

（六）饲养员

（1）严格遵守公司各项规章制度，不迟到、不早退，按时上下班，做到有事请假。

（2）严格按照公司消毒防疫制度，着干净工装进入生产区。

（3）严格按照生产制度生产，时刻注意自身及牛只安全。按饲养操作规范饲喂、挤奶，不堆槽不空槽，不喂发霉变质、冰冻的饲料，及时捡出饲料中的异物。

（4）定期清理水池，保证牛只正常饮水。熟悉每头牛的基本情况，如牛号、膘情、配种情况，并注意观察牛只，填写观察纪录，将牛只异常变化及时报告技术人员。

（5）饲料调整，没有技术人员的调动通知，其他任何人员不得私自调整饲料。

（6）积极协助技术人员做好奶牛繁殖、育种、保健、防疫等工作，按要求协助相关人员进行附属工具的维修、保养，配合奶厅工作人员工作。按时参加公司组织的会议、活动。

（7）每周把牛体刷拭一遍，做好消毒工作。

（8）保证运动场、牛床不能有积水、石块等不利于牛只健康的杂物。

（9）定期清洗饮水池，保证牛只正常饮水。保证所属卫生区的干净整洁，积极完成领导安排的临时任务。

第三节　养牛场技术管理人员的培训

社会经济的不断发展，提出了构建学习型社会的新要求，知识更新换代的步伐略见一斑。特别是新技术的引进和养殖行情的千变万化，给养殖场企业员工和技术人员提供完善的培训计划就显得越来越重要，及时灌输新知识、传输新信息，从而优化员工的知识结构，提高技能水平，提升自身能力，加强责任意识，改进工作动机和行为，达到提高工作效率和组织目标的实现的效果，只有这样才能使企业处于竞争的优势，创造更大的效益。

一、完好的培训机制带来的效应

（1）减少员工流比率，增强企业的稳定性。通常员工在选择企业时不仅要看提供的报酬，后续发展也是一个考虑的问题，培训做得好，有发展潜力，就能长久地留住人才。

（2）帮助新员工更快地胜任本职工作。

（3）展现清晰的职位及组织对个人的期望。

（4）减少员工的抱怨。好的培训，会减少员工的焦虑和抱怨，让其真正地专心干工作。

（5）了解和融入企业的文化，增强主人翁意识。企业文化是一种潜移默化的东西，只有把企业当作家一样爱护才能干好本职工作。

（6）提高员工技能。不同时期提供的培训能为员工提供新的工作思路、知识、信息、技能，同时增长员工才干和敬业、创新精神。

（7）很好的激励措施。定期的培训和交流能充分调动员工学习新知识的愿望，克服枯燥工作带来的消极情绪。

（8）适应市场变化、增强竞争优势。企业只有储备了足够的后备力量，才能保持永继经营的生命力，提升竞争力。

二、养殖场如何组织一场培训

良好的组织工作是企业培训成功的基础，特别是对于一些培训示范中心，组织一场好的培训必须考虑以下四方面：培训规划、培训准备、现场组织和培训服务。周到的规划和准备是培训获得成功的前提，现场组织和跟踪服务是指导和检验培训效果不可缺少的环节。四者相互配合，组成了一场高效培训的完整流程。

(一) 培训设计规划

进行一场培训，必须先进行规划。主要是进行总体框架安排，搭好框架后，其他工作才能在此基础上进行。规划的具体内容包括：培训对象、培训内容、培训讲师、培训方式、信息反馈等。根据经验，培训规划一般需要在一场培训前 3 个月开始进行。

1. 培训对象 通常在组织一场培训时，总是认为人员越多越好，这样钱花得才值。但往往由于人员水平不一、对象不明，而导致培训效果大大降低。所以，应该将不同岗位、不同级别、不同阶段的员工分开培训，按他们所需求的知识、技能和关注点来讲述，并采用不同的授课方式，以充分提高培训的效率。

2. 培训内容 培训前一定要弄清楚员工目前的知识水平，通过充分的调研，了解工作中难点和亟待解决的问题，找出员工与组织期望的差距，这样对症下药，才能起到事半功倍的效果。如果培训是满堂灌、照搬照抄，则会流于形式化，削弱员工参加培训的积极性。

3. 培训讲师 培训讲师是整个培训的重点。目前很多培训要么随便请个人进行纯理论枯燥灌输，要么是实践经验丰富但讲不出来，往往是整个培训砸锅。所以，培训前对讲师进行考察至关重要，讲课风格、专业知识、讲课技巧、现场控制能力、个人品行都是应考虑的问题。当然还要根据听课者的水平选择讲师。

4. 培训方法 培训方法对于培训的效果也很关键。培训或者讲课最忌讳形式呆板、照本宣科、满堂灌。培训不同于理论学习，一般侧重于实践性和实用性，所以除了原理外，更多地结合实际进行，因此要激发学员参与的形式，案例分析、实践操作、小组讨论都是学员乐于接受的方式。此外，学员还应有机会与老师进行交流。

5. 信息反馈 及时进行信息的反馈很必要，一方面检验员工的接受效果，另一方面也可以对讲师的讲课效果有一个大概的掌握，为下次进行培训积累经验，好的地方继续发扬，不周到的地方及时修改，同时能督促员工在工作中运用新知识和新思路。

（二）培训组织准备

1. 组建培训项目小组　在培训准备阶段要成立培训小组，根据培训的规模成立不同的小组，明确责任，如组建财务组、后勤保障组、接待组、联络组等，避免到时间出现脱节。

2. 召开培训动员会议　要提前召开动员会议，集思广益、提前准备，让大家心中有所准备，最好在培训前一天再召开一次会议，检查准备的情况，查漏补缺。

3. 人员分工　小组成立后，在培训开始前要对人员详细分工，把每一件事落实到每一个人身上，保证培训顺利进行。

（三）培训现场组织

1. 培训沟通协调　在培训进行的过程中，组织者要及时地与学员和老师进行沟通，将学员的问题和老师的遗漏处及时反映出来，进行协调改进，这样可以增加学员的兴奋度，把握培训的主题和课程的松紧度，更好地协调培训的形式。因为学员将问题反馈给老师，通过讨论，老师就会把握讲课的重点，进行适当的安排，在培训的过程中调整培训的节奏、内容和层次，更好地完成培训。

2. 现场应急补救　作为组织者一定要有培训不利的心理准备，特别是大规模的培训，一旦所请的老师没到场，天又下雨，人员暴满，或者讲课效果差，人员埋怨时，要有临时的补救措施。

3. 培训后勤安排　后勤安排也直接影响到培训的效果，如食宿安排、培训资料的准备、培训器材的调换、培训场地、培训纪律等。

（四）培训跟踪应用

培训结束后要让学员对讲师和培训组织情况进行打分评价，写培训心得，以加深印象。特别是要将培训应用于实践，一段时间后还要对培训效果进行跟踪，及时收集和反馈出现的问题，最后组织者要写出总结报告。

三、如何进行养牛场人员培训

（一）合理安排培训计划

1. 长期计划

（1）确立培训的目标。通过对培训需求的分析，确定企业培训的总体目标。如通过一系列的培训来实现牛场的各项经营指标，例如肉牛增重指标，提高受胎率指标或者牧场的机械化操作水平等，或者通过对上年度各项工作的总结和分析，通过培训解决人员管理问题等，作为年度的重点培训项目。

（2）研究企业发展动态。通过研究企业的生产经销计划，确定如何通过培训完成牛场的生产经营指标，而任务的完成与员工是否具备所需要的知识、技能和态度有关。此外，还要通过检查各项业务，确定哪些方面进行培训，如降低难产死亡率、降低乳房炎发生率等。

（3）确定培训对象。例如是针对牛场技术人员和饲养员的业务培训，还是针对管理人员的指导培训，必须事先明确目标，然后指定培训计划。

（4）决定培训课程。要想吸引人员参加培训，必须向参培人员明确培训的内容和达到的目的，需要列出培训课程细目表。如进行人工授精方面的培训，须简要拟定和标示培训的具体内容、培训的时间、培训的地点及培训的方法等。

（5）培训的预算规划。在制订培训计划时，需要对总费用有一个估计预算，包括所需的经费、器材和设备的成本以及教材、教具、外出活动和专业活动的费用等。

2. 短期计划　短期培训指根据生产情况，针对不同的环节和内容需要进行的培训活动。主要从以下几方面制订培训计划：

（1）确立培训目的，培训结束后受训人应该有立竿见影的收获。

（2）确立培训大纲和期限，草拟课程表。

（3）设计学习途径。

（4）制定检验措施。

（5）确定评估方法。

（二）培训流程及培训形式

1. 填写培训计划，交管理部门审核

2. 岗前培训

（1）新到员工的培训　企业介绍、员工手册、人事制度介绍→企业文化培训→工作要求、工作职责、工作程序说明→技能培训。

（2）调职人员的培训　由调入部门决定。

3. 在职培训　为了提高员工的工作效率而进行的培训，应根据情况由各部门决定培训内容。

4. 专题培训　根据发展需要或岗位需要进行的某一主题的培训。

5. 培训后考核

6. 存档

四、牛场管理和技术人员培训的基本要点

（一）一个称职的饲养管理人员的基本要求

（1）识别动物是否健康。

（2）理解动物习性改变的含义。

（3）知道什么时候需要兽医治疗。

（4）有计划地实施畜群健康管理方案。

（5）实施适当的动物饲养和草场管理方案。

（6）认识到总体环境（舍内或舍外）能否提高牛的健康和福利。

（7）有适合养殖场规模和技术要求的管理技能。

（二）培训的具体环节和要点

1. 了解反刍动物的基本性情

（1）消化特点　反刍和瘤胃的消化。

（2）乳牛的行为特点

一般行为：群居、好静、温顺。

生理行为：摄食、饮水、反刍、排泄、发情、清洁。

病理行为：神态、粪尿、体温、脉搏、呼吸、睡姿、鼻镜分泌物、异食癖。

2. 养牛场的基本规章制度　包括消毒制度、卫生制度、工作时间制度、挤奶制度、配种员工作守则、牛场小组长职责、场长职责。

3. 牛只不健康的表现和基本诊疗

（1）行为表现及病理性行为观察

（2）基本诊疗

物理检查：包括一般检查（姿势、体况、体型、性情）、实际操作检查（体温、脉搏、呼吸）、体左侧检查（心肺听诊、瘤胃、腹部）、体右侧检查（心肺听诊、腹侧部、乳腺）、头部检查、直肠检查。

辅助实验：包括活组织检查、尿液导管术、血液实验室诊断。

（3）治疗方法与常规操作　包括静脉穿刺、肌肉注射、皮下注射等。

4. 预防接种计划　掌握传染病流行的种类、季节和规律，了解牛群的基本情况，制定相应的免疫计划，对未发生疫病的牛必要时应该进行紧急接种。

5. 奶牛场的管理　主要从奶牛的饲料、动物保健、繁殖、育种、青年牛饲养、牛舍和挤奶几个环节进行培训。掌握和考查的指标如下：

（1）饲料

饲料的储备：精饲料和粗饲料储备。

饲料的加工、储藏与供应：精、粗饲料的基本搭配，青贮加工方法。

（2）保健 卫生防疫、乳房保健、肢蹄保健计划。

（3）繁殖

繁殖指标：受胎率、胎间距、繁殖率。

繁殖技术：发情鉴定、配种、妊娠诊断。

产科管理：分娩管理、产后监护、繁殖障碍治疗。

繁殖记录统计。

（4）育种 育种资料记录、优秀公母牛的选择与评定、线性评定、选配等。

（5）饲养管理 泌乳牛、干乳牛、后备牛的饲养管理，包括营养和饲养要求及日常管理。

（6）挤奶。

6. 肉牛场管理 公母牛的饲养管理、后备牛的饲养管理、肉牛的快速育肥技术。

7. 草地管理方案

（1）土地的种植规划。

（2）牧草的收割。

（3）青贮饲料的制备和青干草的加工。

8. 环境对牛体的不利影响 牛为反刍大家畜，环境对其产生的不利影响主要表现为热应激，牛场管理人员必须了解如下知识：热应激的危害、夏季缓解热应激的措施、发生热应激后的措施。

9. 关爱动物福利 良好的饲养技术是动物福利的关键，细心地呵护动物会保证它们的福利。应该从以下方面确保动物福利：

（1）避免动物口渴、饥饿和营养不良。

（2）避免动物不舒服。

（3）避免动物疼痛、受伤和疫病。

（4）避免挤奶不当伤害到奶牛。

（5）避免动物惊恐。

第四节 员工安全

安全生产是一个企业的重中之重，包括生产环节的安全、工人的安全、产品的安全等。以人为本的生产背景，就要求牛场生产单位有能力给员工提供一个安全健康的工作环境，因为员工安全是后续工作顺利进行的保证。

一、安全规划

养牛场在场区规划时，必须按照标准化程序进行，场房的设计要标准化，对工人考虑安全因素，对动物充分体现动物福利，场房的设备安装及工作程序同样要求标准化。同时，在每个工作车间和区域必须拟定安全议定书。

二、安全责任制度

牛场要指定总的生产安全责任人，对于饲养车间、青贮加工厂、机械部、粪污处理等划定责任人，制定安全制度，确保牛场和员工的人身安全。

三、牛场的员工安全管理制度

（1）员工必须认真执行牛场的安全指令，按照规范的操作进行作业，包括消毒安全、饲喂安全、挤奶安全、配种安全、用电安全、防火防盗安全等。

（2）定期进行安全知识学习，随时强化员工的安全意识。

（3）定期参加安全活动训练，包括防火演练等。

（4）新进员工要进行岗前教育。

（5）定期进行安全检查，对牛场进行安全评估，将可能的安全隐患记录下来，严加防范。

（6）进行安全维护。定期对牛场设备、装备、消防器材、器具等进行维护，排除隐患。机械操作间要专人专管，制定专门的工作流程，防止出现意外。

（7）记录安全报告。对可能发生的安全隐患和已经发生的安全事件进行记录并上报，防患于未然。

（8）对已建的沼气设施制定安全管理程序。

①沼气池指定人员专业管理，以免闲人进入。

②严格执行消防法规，严禁动用明火，远离电线、油、化学及防爆物品等，以防意外事故发生。

③外来人员未经许可不得入内，特别是小孩。

④及时检查沼气池密封口的水位，确保正常供气。

⑤要经常检查开关、管道、接头等设施，确保没有漏气情况发生。

⑥不得在沼气池、净化池上面建设其他建筑，如办公用房、畜舍等，并保证净化池有两头通气，以避免再次产气。

（9）定时检查工程运行是否正常，发现问题及时排除故障，确保工程安全。

四、牛场卫生与工人的保健

1. 牛场卫生管理制度

（1）所有人员进入厂区必须穿干净工作衣，经过消毒室。

（2）消毒室内更衣室采用紫外线消毒，走道内采用紫外线和生石灰消毒。

（3）在挤奶前用肥皂洗手。

（4）在接产时，一定要使用和穿戴消毒好的工作用品。

（5）如果已经有发病牛，要及时隔离和淘汰。

（6）加强牛的传染病防控，维护员工安全。

2. 工人的保健措施

（1）就业前进行健康检查，及时发现从事奶牛、肉牛养殖的禁忌症，如活动性肺结核、慢性肺部疾病、严重的慢性上呼吸道和支气管疾病以及心血管疾病等。

（2）定期进行健康检查，及早发现人畜共患传染性疾病的工人，及时采取防治措施。

（3）定期对牛场、牛舍、饲料加工车间及粪污处理池等进行监测。了解作业场所劳动条件，及时落实或改进卫生措施，改善劳动条件。

（4）加强作业工人的个人防护，常用的个人防护用具有口罩、防护面具、防护头盔和防护服等。养殖场工人必须养成良好的个人卫生习惯，如勤换工作服、班后洗澡、保持皮肤清洁。此外，还应加强营养，劳逸结合，生活有规律。

（5）要求员工按照标准化程序进行牛的检查、接产，并要加强消毒，严防疾病传播。

（6）进行牛的配种或其他检查时，对牛要温顺，防止被牛蹄伤。

第七章　规模化养猪与环境管理

第一节　规模化养猪生产工艺

规模化养猪是采用配套的现代化养猪科学技术，创造适宜猪繁殖、生长发育的最佳环境条件和符合科学要求的饲养管理条件，从而保证猪本身所具有的生产能力得到充分发挥。\ 最终目的是提高养猪生产水平和养猪生产的经济效益，降低饲养员的劳动强度，提高劳动生产效率，从而产生最佳规模效益。

一、养猪生产工艺流程

现代化养猪普遍采用的是分阶段饲养和全进全出的连续流水式生产工艺。这种生产工艺适应了集约化养猪生产的要求，提高了养猪的生产效率。由于猪场的饲养规模、技术水平、猪群的生理要求不同，为了使生产和管理方便、系统、高效，可以采用不同的饲养阶段，实施全进全出的工艺。规模化养猪生产工艺分为一点一线的生产工艺和两点或三点或生产工艺两种。

（一）一点一线的生产工艺

一点一线的生产工艺是指在一个饲养场，按照配种、妊娠、分娩、保育、生长、肥育的生产流程组成一条生产线。其优点是地点集中、管理方便、转群简单、应激小，主要问题是防疫困难。由于仔猪和公母猪、中猪、大猪在同一生产线上，所以容易受到垂直和水平的疾病传染，对仔猪健康和生长带来严重的威胁。这种生产工艺适用于规模小、资金少的猪场。目前，我国养猪业中一般采取这种工艺，常见的有以下几种方式。

1. 四段饲养工艺流程　空怀及妊娠期→分娩哺乳期→仔猪保育期→生长肥育期。

采用这种饲养工艺，配准的母猪要在空怀待配区观察饲养 4 周，在妊娠母猪饲养区饲养 11 周半，母猪分娩前 1 周转群至分娩哺乳猪舍。仔猪 42 日龄断奶后转至断奶仔猪培育舍，母猪转至待配母猪舍。断奶仔猪在培育舍饲养 5 周，待体重达到 20kg 后转群至肥育猪舍，饲养 15～16 周，直至出栏上市。从仔猪出生到肥猪上市，共计 180 天左右，生长肥育猪体重可达 90～110kg。

四段饲养工艺整个过程有 3 次转群，适合规模小的养猪场。其优点：①猪群数量少，减少了猪舍修建种类和维修费用；②工艺环节少，便于操作管理；③转群次数少，减少了工作量和转群应激。

2. 五段饲养工艺流程

（1）空怀配种期→妊娠期→分娩哺乳期→仔猪保育期→生长肥育期

（2）空怀及妊娠期→分娩哺乳期→仔猪保育期→生长期→肥育期

五阶段生产工艺流程分为两种，一种是空怀配种母猪、妊娠母猪、分娩哺乳母猪、保育仔猪、生长肥育猪5个工艺猪群，由于空怀母猪和妊娠母猪分开，有利于发情观察，便于集中配种，提高繁殖效率；另一种是空怀妊娠母猪、分娩哺乳母猪、保育仔猪、生长猪和肥育猪5个工艺猪群，由于生长猪与肥育猪分开，充分满足了猪只从断奶到出栏过程中对不同饲料营养和环境条件的需要，可最大限度地发挥其生长潜力，提高养猪效率。其问题是：①与四阶段相比，增加了一次转群以及其产生的应激；②增加了猪群，增加了猪舍修建种类和猪舍维修工作量。此工艺适合千头、上万头规模的养猪场。

3. 六段饲养工艺流程 空怀配种期→妊娠期→分娩哺乳期→保育期→育成期→肥育期

这种饲养工艺适用于大型猪场，便于实施全进全出的流水式作业。此工艺流程具有五阶段生产工艺流程两种方式的全部优点，由于猪群划分较细，故便于猪群全进全出和猪群保健。其问题是：①猪群划分较多，猪舍修建和维修费用增加；②转群次数为5次，进一步加大了劳动量和猪只应激。此工艺适用于万头至几万乃至几十万头规模的大型养猪场。

（二）两点或三点式生产工艺

两点或三点生产工艺是指仔猪在较小的日龄即实施断奶，然后转到较远的另一个猪场中饲养，如图7-1所示。采用两点或三点饲养工艺获得成功的主要措施是：选择正确的断奶日龄；使用高质量的仔猪饲料；实施严格的生物安全措施。该工艺通过猪群的远距离隔离，控制各种特异性疾病，提高各个阶段猪群的生产性能。这种生产工艺需要额外的场地、大量的资金，在小型猪场不容易实现。

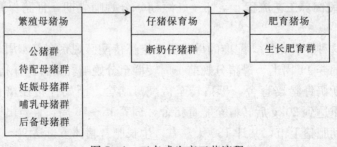

图7-1 三点式生产工艺流程

二、生产工艺的组织方法

饲养工艺设计应根据种猪、饲料营养、机电设备和经营管理水平的实际情况，不能生搬硬套，盲目追求先进。因而，因地制宜制定生产工艺是规模化养猪首先要解决的问题。

（一）确定饲养模式

饲养模式不仅要根据经济、气候、能源、交通等综合条件来确定，还要考虑资金、猪场的性质、规模、养猪技术水平。如果规模太小，采用定位饲养，投资很高、栏位利用率低、每头猪的出栏成本高，则难以取得经济效益。中国现阶段的养猪生产水平下，饲养模式一定要符合当地的条件，不能简单的模仿，要选择适宜猪只健康生长、方便管理、高效的饲养模式。

（二）确定繁殖节律

繁殖节律是指相邻两群泌乳母猪转群的时间间隔（天数）。也就是根据生产规模，在一定时期内确定有多少母猪配种、妊娠、分娩，以保证获得规定数量的仔猪和育肥猪。繁殖节律的长短一般按猪场的规模来确定，猪场的规模越大，相应的繁殖节律越短，反之则越长。实践表明，年产 5 万～10 万头商品肉猪的大型企业多实行 1 或 2 日制，即每天或每两天有一批母猪配种、产仔、断奶、仔猪育成和肉猪出栏；年产 1 万～3 万头商品肉猪的企业多实行 7 日制，规模更小的猪场还可采用 12、28 和 56 日制等。需要指出的是，7 日制与其他几种繁殖节律相比，具有较大的优越性：因为猪的发情周期是 21 天，恰为 7 的倍数，以 7 天作为一个繁殖节律，可以有效地减少空怀和后备的母猪数。另外，以 7 天作为一个繁殖节律还可以按照周或月来制定工作计划，建立有秩序的工作和休假制度，有利于猪场的劳动管理。在实际生产中，繁殖节律要根据生产规模的大小、组织管理的特点以及生产水平的高低来合理地确定。

（三）确定工艺参数

为了准确计算猪群结构，即各类猪群的存栏数、猪舍及各猪舍所需栏位数、饲料用量和产品数量，必须根据养猪的品种、生产力水平、技术水平、经营管理水平和环境设施等，实事求是地确定生产工艺参数。表 7-1 为一万头商品猪场的工艺参数，供参考。现就几个重要的生产工艺参数加以讨论说明。

表7-1 某万头商品猪场的工艺参数

指标	参数	指标	参数
妊娠期（d）	114	每头母猪年产活仔数： 初生（头）	19.8
哺乳期（d）	35	35 日龄（头）	17.8
仔猪培育期（d）	28～35	36～70 日龄（头）	16.9
断奶至受胎（d）	7～10	71～180 日龄（头）	16.5
繁殖周期（d）	163～169	初生至 180 日龄体重（kg）：	
母猪年产胎次	2.24	初生	1.2
母猪窝产仔数（头）	10	35 日龄	6.5
窝产活仔数（头）	9	70 日龄	20
种猪年更新率（%）	33	180 日龄	90
母猪情期受胎率（%）	85	每头母猪年产肉量（活重，kg）	1 575.0
公母比例：		平均日增重（g）：	
自然交配	1∶25	初生～35 日龄	156
人工授精	1∶100	36～70 日龄	386
成活率（%）：		71～180 日龄	645
哺乳期	90	圈舍冲洗消毒时间（d）	7
仔猪保育期	95	繁殖节律（d）	7
育成育肥期	98	周配种次数	1.2～1.4
		妊娠母猪提前进入产房时间（d）	7
		母猪配种后原圈观察时间（d）	21

1. 繁殖周期 繁殖周期决定母猪的年产窝数，关系到养猪生产水平的高低，可按如下公式计算：

繁殖周期＝母猪妊娠期（114 天）＋仔猪哺乳期＋母猪断奶至受胎时间

（1）繁殖周期与仔猪哺乳期 仔猪哺乳期与所选择的工艺密切相关。通常，哺乳期的长短对仔猪存活率有很大影响。目前，国内采用定位饲养工艺的猪场多数采取 35 日龄断奶。随着营养学研究的不断深入，一些猪场开始将断奶日龄减至 28 日龄或 21 日龄，以缩短母猪的繁殖周期，提高母猪利用效率。舍饲散养工艺中，由于暖床的应用使仔猪的生存环境得到极大改善，因而即使采用较短的哺乳期，也能获得较高的存活率。一般认为，舍饲散养中采用 21 或 28 日龄断奶比较理想。

（2）母猪断奶至受胎时间 母猪断奶至受胎时间分两部分：断奶至发情（7～10 天），配种至受胎。这一时期的长短主要取决于情期受胎率和分娩率的高低。如分娩率为 100%，哺乳时间为 35 天，将返情的母猪多养的时间平均分配给每头猪，则此期为：21×（1-情期受胎率）。

故：繁殖周期＝114＋35＋10＋21×（1-情期受胎率）

即：繁殖周期＝159＋21×（1-情期受胎率）

当情期受胎率为70%、75%、80%、85%、90%、95%、100%时，繁殖周期为165天、164天、163天、162天、161天、160天、159天。情期受胎率每增加5%，繁殖周期减少1天。

2. 母猪年产窝数

母猪年产窝数＝365×分娩率/繁殖周期

母猪年产窝数与情期受胎率、仔猪哺乳期的关系见表7-2。当分娩率和仔猪哺乳期确定时，情期受胎率每增加5%，母猪年产窝数增加0.01~0.02；当分娩率和情期受胎率确定时，仔猪哺乳期每缩短7天，母猪年产窝数增加大约0.1。

表7-2 母猪年产窝数与情期受胎率、仔猪哺乳期的关系

情期受胎率（%） 仔猪哺乳期	70	75	80	85	90	95	100
21d 断奶	2.26	2.28	2.29	2.31	2.33	2.34	2.36
28d 断奶	2.16	2.18	2.19	2.21	2.23	2.25	2.26
35d 断奶	2.08	2.09	2.11	2.12	2.14	2.16	2.17

（四）猪群结构

规模化猪场的猪群由种公猪、种母猪、后备猪、哺乳仔猪、保育仔猪、生长肥育猪等构成。这些猪在猪群中的比例关系称为猪群结构。按照生产指标的要求，规模化猪场生产走向正常以后，生产上就会出现每周都有产仔，每周都有仔猪断奶，每周都有保育猪转到生长猪舍，每周都有商品猪出售，猪场的日常存栏应出现相对稳定的状态。饲养阶段划分目的是为了最大限度地利用猪群、猪舍和设备，提高生产效率。

下面以年产万头商品育肥猪的猪场为例，介绍一种简便的猪群结构计算方法。

1. 年产总窝数

年产总窝数＝计划年出栏头数÷（窝产仔数×从出生至出栏的成活率）

＝10 000÷（10×0.9×0.95×0.98）

＝1 193（窝/年）

2. 每个繁殖周期转群头数

（1）分娩母猪头数 对一个年产万头商品肉猪、采用自繁自养方式的猪场而言，年产总窝数为 1 193 窝，按一年 52 周计算，则周产仔窝数＝1 193÷52＝23（窝/周），即每周分娩哺乳母猪数为 23 头。

（2）妊娠母猪数　若妊娠母猪的分娩率为 95％，则妊娠母猪数＝23÷0.95＝24（头）。

（3）配种母猪数　为确保每周有 24 头母猪妊娠，在情期受胎率为 80％时，则每周空怀母猪和后备母猪参加配种头数＝24÷0.80＝30（头）。

（4）哺乳仔猪数　若分娩母猪的平均产活仔数为 10 头，哺乳期仔猪存活率为 90％，则每周有 207 头（23×10×0.9）哺乳仔猪断奶。

（5）保育仔猪数　仔猪断奶后，进入保育猪舍，这一过程一般持续到 70 日龄结束。若这一时期仔猪的存活率为 95％，则每周将有 196 头（207×0.95）仔猪转入育成期。

（6）生长肥育猪数　每周转入的 196 头 70 日龄仔猪，若生长育肥期猪的成活率为 98％，则每周达到上市体重的育肥猪应为 192 头（196×0.98）。

3. 各类猪群组数　由于整个生产是按照 7 天为一个繁殖周期，故猪群组数等于饲养的周数。

4. 猪群的结构　就整个猪场而言，各类猪群存栏数＝每组猪群头数/猪群组数。全场的猪群结构组成见表 7 - 3。其中，生产母猪的头数为 576 头。而种公猪、后备猪群则可按以下方法计算：

（1）种公猪数　按公母比例 1∶25 计算，即 576 头母猪配 23 头种公猪。

（2）后备公猪数　按年更新率 40％计算，一年共需 8 头。若半年一更新，实际养 4 头即可。

（3）后备母猪数　按年更新率 40％、选种率 50％计算，每周需更新 8 头。

表 7 - 3　万头猪场猪群结构

猪群种类	饲养期（周）	组数（组）	每组头数（头）	存栏数（头）	备注
空怀配种母猪群	5	5	30	150	配种后观察 21d
妊娠母猪群	12	12	24	288	
哺乳母猪群	6	6	23	138	
哺乳仔猪群	5	5	230	1 150	按出生头数计算
保育仔猪群	5	5	207	1 035	按转入的头数计算
生长肥育猪群	16	16	196	3 136	按转入的头数计算
后备母猪群	8	8	8	64	8 个月配种
种公猪群	52			23	不转群
后备公猪群	12			8	9 个月使用
总存栏数				5 592	最大存栏头数

（五）猪栏配备

现代化养猪生产能否按照工艺流程进行，关键是猪舍和栏位配置是否合理。猪舍的类型一般是根据猪场规模按猪群种类划分的，而栏位数量需要准确计算，计算栏位需要量方法如下：

1. 各饲养群猪栏分组数　各饲养群猪栏分组数＝猪群组数＋消毒空舍时间（天）÷生产节律（天）

例如：空怀配种母猪群猪栏分组数＝猪群组数＋消毒空舍时间÷生产节律＝5＋7÷7＝6（组）

2. 每组栏位数　每组栏位数＝每组猪群头数÷每栏饲养量＋机动栏位数

例如：空怀配种母猪群每组栏位数＝每组猪群头数÷每栏饲养量＋机动栏位数＝30÷5＋1＝7（栏）

3. 各饲养群猪栏总数　各饲养群猪栏总数＝每组栏位数×猪栏组数

例如：空怀配种母猪群猪栏总数＝每组栏位数×猪栏组数＝7×6＝42（栏）

按照以上方法，可以计算出万头猪场不同猪群的栏位数，如下表7-4所示。

表7-4　万头猪场各饲养群猪栏配置数量

猪群种类	猪群组数（组）	每组头数（头）	每栏饲养量（头/栏）	猪栏组数（组）	每组栏位数	总栏位数
空怀配种母猪群	5	30	4～5	6	7	42
妊娠母猪群	12	24	2～5	13	6	78
哺乳母猪群	6	23	1	7	24	168
保育仔猪群	5	207	8～12	6	20	120
生长肥育猪群	16	196	8～12	17	20	340
后备母猪群	8	8	4～6	9	2	18
公猪群（含后备）	—	—	1	—	—	28

第二节　养猪生长过程良好农业规范要求

近年来，我国养猪业发展迅速，集约化、规模化水平越来越高，散养猪逐步淘汰。但是，养猪业从疫病防治、兽医用药、饲料添加剂使用、饲养技术到加工工艺和废弃物处理等环节并没有形成相应的管理体系来保障生猪及其产品的卫生与安全。在养猪生长过程中实施良好农业规范，可以有效解决养猪生产源头污染问题和快速提高生猪及其产品的品质。现将养猪生产过程中的一些良好农业规范要求介绍如下。

一、圈舍和建筑的要求

（一）漏粪地板的要求

保证没有普遍的猪蹄损伤，板条间缝隙的最大宽度应满足以下要求：哺乳仔猪 11mm，断奶仔猪 14mm，育肥猪 18mm，母猪 20mm；板条的最小宽度为：哺乳仔猪和断奶仔猪 10mm，育肥猪和母猪为 80mm；如果没有板条结构，则以上要求不能适用。

（二）圈舍的要求

为防止咬尾或其他恶习，满足猪的行为需求，应考虑饲养密度和丰富周围环境，使生猪能够获得充足的垫草或其他合适的物料，提供充足的环境空间。所有生猪都应该获得清洁干燥的躺卧区域。当使用垫草时，应该加满和定期更换，以保持清洁卫生。舍内养猪的企业应该是封闭的，进出的门是可控的。

1. 公猪圈舍　公猪圈不能都是实心的墙和门，以利于猪只进行相互交流，并且要提供足够额外的空间用于交配，但圈舍的形状不能过分限制公猪的自由活动。

2. 母猪限位栏

（1）产前 7 天到产后 4 周（断奶时），应允许其自由活动，可以使用限位栏，但不能拴系。

（2）确保母猪不被单独隔离。

（3）母猪产仔前在限位栏中不应超过 7 天，产仔后在限位栏中不应超过 42 天。

（4）限位栏应足够长，使母猪舒适躺卧。其长度应可以调整，以防止母猪过多地自由活动。

（5）限位栏顶部的横梁和床底应有足够的距离，以确保母猪能够正常活动。

二、生猪来源要求

（1）所有引入的生猪应戴有免疫耳标，并有畜牧兽医部门出具的检疫证、非疫区证明和车辆消毒证明。

（2）引进种猪时，应隔离观察 15～30 天，经兽医检查确定为健康合格后，方可供繁殖使用。

（3）生猪应有可追溯的猪只记录和运输记录。保证所有的猪能够被单独标识，能追踪到生产涉及的各个环节。

（4）猪场应保存猪只来源、品种、来源途径以及人工授精精液来源的书面记录。

（5）使用育种公司的种猪，应通过文件验证其使用的种猪品种纯正，氟烷基因检测为显性纯合子（NN）。

三、不同阶段猪只的饲养管理要求

（一）妊娠母猪的饲养管理要求

（1）提供高纤维饲料供妊娠母猪自由采食，以抵御饥饿；提供饮水，让妊娠母猪随时饮用和保持凉爽。

（2）让彼此熟悉和关系融洽的母猪待在一起；提供足够的空间供母猪运动、休息、排泄。

（3）为减少群养时的争斗行为，可使母猪待在饲养密度较低的小规模稳定群体中，投喂时均匀分撒饲料或将母猪隔开，将过于强悍的母猪从群体中转移出去。

（二）产仔母猪的饲养管理要求

为了防止仔猪被踩压，应挑选母性强的品种、提高饲养员的素质、提供充足的稻草或其他垫料、为仔猪提供安全区域、为即将产仔的母猪提供单独的产房（母猪一般会选择一个角落来产仔），当母猪群居时为产仔母猪提供单独的棚窝。

（三）仔猪的饲养管理要求

（1）仔猪出生7天内不应该进行麻醉阉割，兽医在给7日龄以上的乳猪去势或断尾时，必须使用麻醉剂，并使用药效较长的止痛法。

（2）新生仔猪如需断牙和断尾，应由经过培训的具备相应能力的饲养员在仔猪出生48h内完成，最晚不得超过出生后7天。

（3）仔猪在21日龄不应该断奶，除非兽医要求或者是特别的福利原因。适宜的断奶时间为21～28日龄。

（四）生长肥育猪的饲养管理要求

（1）改善养殖环境，稳定养殖群体，并提供丰富的饲养环境，使生猪有事可做，降低咬尾风险。

（2）生长期间生猪处于稳定的群体中，不混养。

（3）为地位较低的生猪提供逃避区，以躲避争斗。

（4）通过育种和投喂来减少疝气、受伤和营养代谢问题。

（5）给生猪投喂微量元素、矿物质充足的饲料，可以减少咬尾现象。

（五）公猪的饲养管理要求

（1）为公猪提供充足的运动空间，使其能够表达自然行为。

（2）提供垫料供其放松和觅食，使其便于立足、舒适，缓解饥饿和打发时间。

（3）确保其始终能够看到和接触到（如果身体上可能的话）其他生猪，如果不可能的话，确保其在嗅觉上能接触到其他生猪。

（4）如果公猪从小在一起，又有充足的空间来躲避争斗，就可以成群养殖。

四、饲料、饮水和用药的要求

（1）外购饲料应符合标准要求或经饲料产品认证的企业生产的饲料。自制配合饲料应保存相应产品的饲料配方，不能向饲料中直接添加兽药和其他禁用药品。

（2）不应使用餐饮业的废弃物食品喂猪。

（3）每天提供充足、清洁、新鲜的饮用水，每年至少按 GB 5749 规定进行一次水质检测。

（4）饮水设施要按照不同猪生理阶段的需要进行安装。

（5）只能使用经农业部批准、在农业部注册过的兽药，并严格遵守每一种药物的使用说明书的规定。不应长期使用以促进生长为目的的治疗性抗生素，禁止使用激素类促生长剂。

（6）应定期开展对违禁药物（如激素和其他严禁使用物质）的检测。

五、生猪健康、安全和福利要求

（1）在兽医专家的协助下，制定并执行一个文件性的兽医健康计划，每年应对计划进行审核和更新。其内容包括：疾病预防措施（包括培训计划）、主要疾病的症状、常见问题的处理措施、使用的免疫程序、使用的寄生虫控制措施、对饲料和水进行药物处理的要求等。审核的内容包括：猪群生产性能、所处的环境、生物安全、员工素质和培训计划。

（2）应对治疗圈中的猪只每天至少进行两次检查。对治疗无效的猪只，应立即征求兽医的处理意见或者实施人道屠宰。治疗圈应通风良好、结构合理、温暖干燥，并为伤病猪提供适宜的躺卧区，使用前应彻底清扫消毒。

（3）养猪场的兽医健康计划和净化程序中应包括预防和控制沙门氏菌病的内容，并把沙门氏菌病的发生率降到最低限度。

（4）在防疫或对生猪进行药物注射时，应该对有断针的生猪做永久性标识。事故发生的时间、被标识的生猪及药物的种类应该记录在用药手册中。

（5）无论何时均以免受伤害、痛苦和疾病折磨的方式对待和管理猪群。

六、日常管理要求

实行流水式的生产工艺要求有严密的工作计划和有条不紊的工作安排，对周内的各项工作和周内各个工作日的主要工作内容都应有严格规定。现将各工作日的工作内容重点提示如下：

星期一：对待配后备母猪、断奶后的成年空怀母猪和妊娠前期返情的母猪进行发情鉴定和人工授精，从妊娠母猪舍内将临产母猪转至分娩哺乳舍，妊娠前期母猪由群养转至妊娠后期单栏饲养。对准备接纳新猪群的猪舍进行清洗、消毒和维修工作。搜集、审查、分析上周生产记录，分析报表，提出本周改进意见。制定本周饲料、药品和其他物质采购与供应计划，更换消毒液。

星期二：对待配空怀母猪进行发情鉴定和人工授精，哺乳小公猪去势，肉猪出栏，清洁通风设备和机电设备。

星期三：母猪发情鉴定和配种，仔猪断奶，断奶母猪转群至空怀猪舍待配，肉猪出栏，肥猪舍清洗、消毒和维修，机电设备检查。

星期四：母猪发情鉴定，分娩舍的清洗、消毒和维修，小公猪去势，兽医防疫注射，供水、排水和冲洗设备的检查。

星期五：母猪发情鉴定和人工授精，对断奶1周后未发情的母猪采取促发情措施，断奶仔猪的转群，兽医防疫注射。

星期六：填写本周各项生产记录和报表，进行一些临时性的突击性工作，检查饲料储备数量，检查排污和粪尿处理设备，病猪隔离和死猪处理，尽量少安排需要细致处理的工作。

七、生猪的装载和运输

生猪应送往国家的定点屠宰场屠宰，对送宰的生猪进行检查并记录。严禁将伤病和休药期未结束的生猪送往屠宰场，淘汰的种猪应特别标识，并事先通知屠宰场。运往屠宰场前应禁食12h以上；装载或发运前禁止使用镇定类药物；转运的斜道坡度应不超过 20°，以免生猪滑倒。

第三节　规模化养猪的环境控制

随着养猪业规模化和集约化程度的不断提高，猪对环境条件的要求也变得愈来愈高。适宜的环境可以使猪发挥最大的生产潜能，反之，猪的健康与生产效益都会受到威胁和限制。因此，强化环境综合控制措施，为猪群创造适宜的温度、相对湿度、通风、光照及饲养密度等环境，在养猪生产中十分重要。

一、舍外的环境控制

猪舍外环境指猪场以外的环境和猪场内猪舍外的环境，主要包括猪场的选址、绿化和规划等。

（一）选址

猪场应选在无污染源，生态条件良好，地势高、平坦，向阳，水质良好，水源充足，交通便利的地方，但也不能离城市太近。如果猪场距离不超过500m，应选在夏天的下风向处。

（二）猪场的绿化

猪场绿化既可以减轻空气污染，也可以净化场区空气。绿色植物可以吸收猪舍排除的二氧化碳，同时放出氧气。还有许多植物可吸收空气中的有害气体，如氨气、硫化氢、二氧化碳、氟化氢等，使这些有害气体在空气中的浓度大大降低，减少恶臭。此外，某些植物对铅、镉、汞等重金属元素也有一定的吸收能力。植物叶面、树叶等还可吸附、阻留空气中的大量灰尘、粉尘而使空气得到净化。许多绿色植物还有杀菌作用，场区绿化可使空气中的细菌减少279％。同时，绿色植物还可降低场区噪声，有益于人和猪的健康。

绿化可调节场区内温度、湿度、气流等，改善场区小气候。夏季，绿色植物的叶面水分蒸发可吸收大量热量，使周围环境温度降低，散失的水分可调节空气湿度。高大的树冠可为猪舍遮阳，草地和树木可吸收大量的太阳辐射，有利于夏季防暑。冬季，树木可降低气流速、阻挡风沙，减少场区空气中的沙尘、粉尘等。

因此，在实际生产中应增加猪场地面绿化面积，每幢猪舍之间栽种生长速度快、高大的落叶树等，在场区外围种 5～10m 宽的防风林。这样可使场区空气中的有毒、有害气体减少 25％，臭气减少 50％，尘埃减少 30％～50％，细

菌减少 20%～30%，冬季风速降低 70%～80%，还能使夏季气温下降
10%～20%。

（三）科学规划、合理布局

猪场内的生产区、饲养管理区、生活区、隔离区等应严格分开，而且要把
生产区按方位划分为数个较小的有一定间隔的分区。生产区主建筑应坐落在主
风向的上风处，饲料库、仔猪舍、育肥猪舍、怀孕母猪舍、产房等应间隔20～
30m，便于疫病控制、扑灭。生产区的出入口处一定要设消毒设施，如门口消
毒池、更衣室内的紫外光灯等。

二、舍内的环境控制

猪场内环境指猪舍内的小环境，主要包括温度、湿度、适当的饲养密度、
新鲜空气、适当的光照和运动等。畜舍小气候状况取决于外围护结构设计是否
合理，通过合理设计进行有效的通风换气、采光、照明和排水，并根据具体情
况适当采用采暖、降温、通风、光照、空气处理等设备，以求给猪创造适宜的
生存和生活环境。

（一）不同类型的猪对畜舍环境的要求

生产实践中，通常将畜舍温度、湿度、风速、有害气体含量、光照、噪声
作为评价畜舍环境的主要指标。不同类型的猪对不同的环境指标的要求有所
不同。

1. 温度　低温使猪需要消耗更多能量用于产热，从而提高了生产成本，
还会使猪的抗病力下降，引起气管炎、支气管炎、胃肠炎等疾病的发生。环境
温度过高，则会使猪发生热应激，影响正常生产，严重的可导致死亡。猪对畜
舍温度的要求请参照表 7－5。

表 7－5　各类型猪的适宜温度（仅为参考温度）

猪类别	年龄	最佳温度（℃）	推荐的适宜温度（℃）
仔猪	初生几小时	34～35	32
	1 周内	32～35	1～3 日龄，30～32
			4～7 日龄，28～30
	2 周	27～29	25～28
	3～4 周	25～27	24～26
保育猪	5～8 周	22～24	20～21
	8 周后	20～24	17～20

（续）

猪类别	年龄	最佳温度（℃）	推荐的适宜温度（℃）
保育猪		17~22	15~23
公猪	成年	23	18~20
母猪	后备及妊娠	18~21	
	分娩后 1~3d	24~25	25~28
	分娩后 4~10d	21~22	24~25
	分娩 10d 后	20	21~23

2. 相对湿度　空气湿度对动物机能的影响主要通过水分蒸发影响猪体热的散发。尤其对于高温或低温等极端天气，湿度升高将加剧高温或低温对牛生产性能的不良影响。

对于猪来说，畜舍环境的相对湿度应在 65%～70% 之间，不宜过高或过低。

3. 气流　气流对牛的主要作用是使皮肤热量散发。在一定范围内，对流速度越大，机体散热也越多。此外，气流还可以改善畜舍内的空气质量。各类猪舍的适宜气流速度可参考表 7-6。

表 7-6　猪舍适宜的气流（m/s）

猪舍类型	春、秋、冬季	夏季
哺乳母猪舍	0.15	0.4
妊娠母猪舍	0.3	1
仔猪舍	0.2	0.6
育肥猪舍	0.2	随自然风

4. 有害气体含量　猪舍内空气中有害气体的最大允许值，二氧化碳为 3 000mg/L，氨为 30mg/L，硫化氢为 20mg/L，空气污染超标往往发生在门窗紧闭的寒冷季节。

5. 光照　适当的光照可加强机体组织的代谢过程，加速骨骼生长，同时对提高母猪繁殖性能产生很大的影响，如增加光照可诱使母猪早发情，提高母猪繁殖率、新生仔猪窝重和仔猪育成率。一般成年母猪、仔猪和后备母猪舍的光照度应保持在 60~100lx，每天光照 12~18h，公猪和育肥猪每天保持光照 10~12h。夏季也应保证一定的光照时间，但要尽可能避免阳光直射猪舍内。

6. 噪声　外界传入、舍内机械和猪的争斗是猪舍的主要噪声来源。噪声对猪的休息、采食、增重都有不良影响，一定强度的噪声还会引起猪惊恐，造成应激。因此，要尽量避免突发性的噪声，一般猪舍的噪声强度以不超过85天 B 为宜。

（二）畜舍的环境管理

1. 猪舍的保温与采暖 猪舍的保温性能取决于猪舍样式、尺寸、外围护结构使用材料的热工性能和厚度等。加强猪舍外围护结构的保温性能，是提高猪舍保温防寒性能的根本措施。具体地说，开放式、半开放式猪舍的温度受外界气温影响较大，而封闭舍受外界气温影响相对较小。猪舍的散热与外围护结构的面积呈正比，所以，减少外围护结构的面积可减少散热量。外围护结构材料的隔热性能越好，越保温。

寒冷冬季为保证猪舍温度，首先应加强外围护结构保温性能，其次在导热性强的地板和猪床上铺垫草，这样既保温又防潮。此外，在保证畜舍通风量的情况下，尽量减少门窗的开启。如果以上措施仍不能满足猪舍的温度要求时，就需要采取人工采暖措施。人工采暖包括局部采暖和全舍采暖两种。局部采暖一般采用火炕、电热板、红外线灯等，如仔猪舍常采用以上设备取暖。全舍采暖利用暖气设备、热风炉等对猪舍集中供暖，这种取暖方式常用于密闭舍和有窗式猪舍。

2. 猪舍的防暑降温 夏季高温环境是畜禽养殖业遇到的难题之一，河南地区夏季炎热，防暑降温显得尤为重要。除了绿化遮阴、降低饲养密度、加强猪舍的隔热设计等防暑方式外，必要时可采取人工措施防暑降温。生产中常采用以下几种降温措施。

（1）通风降温方式 在猪舍中安装风扇，通过加大猪舍通风量，提高空气流动速度，以加快猪皮肤表面汗液蒸发量，来达到降温的目的。但有实践证明，只有当舍外气温低于35℃时，通风降温才有作用。

（2）喷淋吹风的降温方式 在猪舍内安装喷雾系统和吹风系统，喷淋与通风交替进行。原理是高压喷头将水压成雾状喷到猪体表面，再用风扇加速空气的流动，使之加速蒸发，从而带走猪体多余的热量。

（3）蒸发降温 湿垫式蒸发装置由蒸发冷却湿垫和低压大流量风机组成。蒸发冷却湿垫设置在猪舍一端，风机安装在另一端。由一套水循环设备使水经湿垫流过，通过风机转运，使舍外空气经湿垫降温后进入舍内，舍内的热空气则由风机排向舍外，使舍内温度明显降低。

需注意，在使用喷淋吹风降温方式和蒸发降温方式时，一定要注意猪舍的湿度，适时开启降温装置。

3. 猪舍的通风换气 猪舍内空气中有害气体超标，猪易感染或激发呼吸道疾病。如气喘病、传染性胸膜肺炎等，还可引起猪的应激综合征，表现食欲下降、泌乳量减少、狂燥不安或昏昏欲睡、咬尾咬耳等现象。规模化猪场的猪舍在任何季节都需通风换气，尽可能减少猪舍内有害气体含量，这是提高猪只生产性能的一项重要措施。当严寒季节保温与通风发生矛盾时，可向猪舍内定时喷雾过氧化类消毒剂。其释放出的氧能氧化空气中的硫化氢和氨，起到杀菌、降臭、降尘、净化空气的作用。

通风一般分为自然通风和机械通风。自然通风的动力是靠自然界风力造成的风压和舍内外温差产生的气压，使空气流动，进行舍内外空气交换。自然通风的方式一般为间歇通风。内外温差大（20℃）的时候可以开小一点，多开几扇，开15～30min就关上，间隔1～2h再开；温差小（10℃）的时候窗户可以开大一点。在开窗通风时要注意观察温度变化，不要使温度骤降，以免引起猪只感冒。与自然通风相比，机械通风可以人为地控制通风量、空气流动速度和方向，但需要投入一定的设备和费用。

4. 猪舍的采光与照明 适当的光照可促进猪的新陈代谢，加速其骨骼生长并消毒杀菌。哺乳母猪栏内每天维持16h光照，可诱使母猪早发情。一般母猪、仔猪和后备猪猪舍每天保持光照14～16h，公猪和育肥猪每天保持光照8～10h，但夏季应尽量避免阳光直射到猪舍内。此外，在任何时候都应提供足够的照明设备（固定的或便携的），以便于检查使用。

5. 群居环境和圈养密度 在集约化条件下，每只猪所占面积如果过小会造成猪只应激，以致影响猪只生长，还因为每只猪所散出之热量，造成原本已炎热的南方夏季环境变得更热，因此要给每只猪提供适当的地面面积，保证所有的猪在任何情况下都可以自由地转身（产仔的母猪除外）并能同时躺卧。具体可参照表7-7确定猪的饲养密度，如条件较差，密度应低一些。其中，配种后的后备母猪和妊娠母猪的躺卧区应是无缝坚固的地板，面积至少分别为0.95m²/头和1.3m²/头，其中不超过15%的面积用作排污区。各猪场应结合具体情况，做好夏季防暑降温及冬季防寒保暖工作，并注意通风换气，防潮排水，改善舍外自然环境。

表7-7 猪的饲养密度

猪别	体重（kg）	每只猪所占面积（m²）		每栏头数
		非漏缝地板	漏缝地板	
断奶仔猪	4～11	0.37	0.26	20～30
小猪	11～18	0.56	0.28	20～30
	18～45	0.74	0.37	20～30
育肥猪	45～65	0.93	0.56	10～15
	68～95	1.11	0.74	10～15

（续）

猪别	体重（kg）	每只猪所占面积（m²）		每栏头数
		非漏缝地板	漏缝地板	
青年母猪	113～136	1.39	1.11	12～15
妊娠母猪		1.58	1.30	12～15
成年母猪	136～227	1.67	1.39	12～15
带仔母猪		3.25	3.25	

第四节 减少规模化养猪的环境污染

随着畜牧科技的进步，养猪生产的规模化、集约化程度不断提高，其产生的粪尿、污水等污染物的数量日益增加。这些污染物不仅危害人类健康和当地生产、生活安全，而且严重影响生猪本身的生产性能，甚至制约养猪业自身的发展。因此，采用科学合理的处理工艺、设计，配置相应的设施设备，以期获得较好的经济和生态环境效益，已经成为养猪业可持续发展的重要技术问题。

一、规模化养猪对环境的影响

规模化养猪与传统的养猪方式相比，产生的粪尿、污水等污染物数量大大增加。产生的污染物主要是粪尿、冲洗用水、残存的饲料渣等，造成的污染主要是对大气、水体、土壤环境的污染。

（一）对大气的污染

猪粪便的恶臭是污染空气的最大问题。恶臭主要来自粪便、污水、垫料、饲料残渣等的腐败分解，此外还有消化道排出气体，皮脂腺、汗腺、外激素分泌物等。在上述物质中，以未处理和处理不当的粪尿危害最为严重。我国大约有80%的猪场粪污没有经过处理而直接排放，再加上饲料垫料发酵、腐败分解，猪喘气等，向空气中排放大量的氨气、硫化氢等有毒有害气体，不仅危害人类健康，而且严重影响猪只的生产性能和产品品质。

（二）对水体的污染

污水含量高是猪场粪污的最大特点，而且产量高，因此对水体的污染主要来自粪尿和污水。猪粪污中含有的有机污染物流入水域消耗水中大量溶解氧，可造成富营养化，而使水体变黑发臭。粪尿不加处理地到处堆放，其中的氮直接或被氧化成硝酸盐后，通过径流、下渗污染地表水和地下水。液态粪施入土地过量或者固态粪便和液态粪刚施入土地就下雨，会由于超过了土壤的过滤能力，而使磷酸盐和硝酸盐渗入地下水源和地面水源，污染水体。

（三）对土壤的污染

对土壤的污染主要是粪污作为有机肥使用不当引起的。长期和过量施用猪粪尿有机肥的土地，土壤中的氮、磷等元素均过量，就形成了土壤污染。猪饲料中高剂量的微量元素并没有被猪完全吸收利用，大部分随粪尿排出体外，随着猪粪尿作为有机肥施用到土地中，过量的铜、锌等微量元素在土壤中积累而形成了污染。

（四）病原微生物和寄生虫的污染

猪粪尿中含有大量的病原体和寄生虫，能够通过空气、水体等途径传播，而且孳生蚊蝇，对人畜健康和生产生活都有很大的威胁。粪便中的病原体，即使液态粪经过沉淀、曝气甚至干燥等处理也不能完全消除，如果排入水体，就会造成病原体的传播，特别是沙门氏菌，如果河水中含有 100mg/L 有机物，沙门氏菌就会大量繁殖。粪便中寄生虫的虫卵和幼虫具有相当强的生命力和抵抗力，对人、畜的健康同样有很大的威胁，如旋毛虫、血吸虫、囊虫等可引起人畜共患病。因此，猪粪作为有机肥施入土地一定要经过适当的处理；液态粪处理后的排出液必须达到国家污水排放标准才能排放到环境中。

二、减少污染物产生的措施

鉴于猪粪尿对环境的危害性，减少其污染是实在必行的。综合考虑，可以从建厂设计、营养控制、合理饲养管理以及科学管理粪污等方面减少粪污对环境的污染。

（一）科学规划规模化养猪场

规模化养猪场选址时，要从保护环境的角度出发，必须考虑猪场与周围环境的相互影响，既要考虑到猪场不受周围环境已存在的污染的影响，也要考虑到猪场产生的废弃物不要污染周围的环境。应执行国家标准或相关行业标准的规定，符合环境保护、兽医防疫的要求。

（1）严禁在生活饮用水水源保护区、风景名胜区、自然保护区的核心区和缓冲区、城市和城镇居民区等人口和建筑物密集的地方以及有其他污染源的工矿企业、屠宰和食品加工厂附近建设养猪场。

（2）最好选择在农田或经济作物相对集中的地区，且位于其上方，以节省污水抽排的成本。

（3）要在生产布局科学的基础上，切实按照标准化生产的要求，建立健全污染防控和生物安全体系。即实现生产区、生活管理区的隔离，粪便污水处理设施应设在养殖场的生产区、生活管理区的常年主导风向的下风向或侧风向处。排水系统实行雨水和污水收集输送系统分离，在场区内外设置的污水收集输送系统，采取暗沟布设，雨水收集输送系统采取明沟布设。设置专门的粪便贮存设施，并设置防止降雨（水）进入的措施。

（4）要注重生产区域的环境绿化，努力把生产区建成四周有高大的防护屏障，户间有成行的隔离林带，空坪隙地有茂盛的花草掩映，环境优美，生态平衡的花园式、生态型养殖园地。

（二）营养控制

解决养猪生产中污染的问题根本在于有效的营养措施，科学的日粮配制技术和生物技术在饲料中的应用为解决这一难题在一定程度上提供了新的方法。

1. 应用理想蛋白质的原理配制日粮　通过氨基酸平衡（一般是通过使用多种氨基酸添加剂）使蛋白质能够得到充分的利用，减少多余的氨基酸被用作能量来源。该方法可以提高蛋白质利用率，节约成本，又可以减少氮的排放，从而减少对环境的污染。但是这种方法需要较为专业的知识，可以向饲料配方专家寻求帮助。

2. 正确使用饲料添加剂　随着饲料工业和养猪业的不断发展，为了高收益，越来越多的饲养者在饲养过程中滥用饲料添加剂，事实上，这些添加剂只有少部分被猪利用，停留在猪体内，大部分以排泄物的形式排放到环境中，造成氮磷、微量元素等的污染。正确使用添加剂不仅能够提高饲料转化率，提高猪的生产性能，改善猪产品的品质，而且能够减少污染物的排放，从源头减少环境污染。

3. 饲料添加剂种类　目前猪用饲料添加剂种类繁多，这里主要介绍几种既能提高生产性能，又对减少环境污染效果明显的几种饲料添加剂。

（1）酶制剂　在饲料中添加酶制剂，不但能补充猪内源性消化酶的不足，而且能破坏饲料中的抗营养因子或毒物，促进饲料养分的消化和吸收，从而减少猪粪尿的排泄量。其中，植酸酶对环境保护的作用最大，可以催化植酸磷向正磷酸盐、肌醇和肌醇衍生物转化，促进无机磷的释放，减少磷的排放，从而降低磷的污染。

（2）微生态制剂　这种添加剂是由活体微生物制成的产品，进入肠道内可改善胃肠道环境，抑制腐败菌的生长活动，提高机体对各种营养物质的吸收，从而减少氨气、硫化氢的释放量和胺类物质的产生。目前应用的微生态制剂有酵母、霉菌、光合杆菌、乳酸杆菌、双歧杆菌、酵母菌、芽孢杆菌等。例如在仔猪日粮中添加浓缩乳酸杆菌 0.5%，干物质和氮的排出量分别降低 12.6% 和 4.2%。

（3）沸石粉　沸石是天然矿物除臭剂，内部有很多排列整齐的晶穴和通道，能产生极强的静电吸附力。添加到饲料中可补充猪所需要的微量元素，提高日粮的消化利用率，减少粪尿中含氮、硫等有机物质的排放。撒盖在粪便及猪舍地面上，能有效降低猪舍内氨气、硫化氢和二氧化碳等有害气体的浓度，吸收空气与粪便中的水分，有利于调节环境中的湿度。

（4）中草药添加剂　一方面中草药添加剂含有丰富的氨基酸、矿物质、维生素等营养成分，能提高饲料的利用率，减少污染物的排放，促进猪的生长；另一方面，中草药添加剂含有的苷类、黄酮类、生物碱类、多糖类等生物活性物质，可与臭气分子反应生成挥发性较低的无臭物质，抑制病原菌的生长与繁殖，降低其分解有机物的能力，从而使臭气减少。

4. 饲料添加剂正确使用

（1）必须遵循相关国家规定和行业规定，例如中华人民共和国农业行业标准《无公害食品畜禽饲料和饲料添加剂使用准则》（NY 5032—2006）。

（2）应该根据饲养条件，猪的营养状况、生理状态、年龄、体重等，有目的、有针对性地选用，切不可滥用。

（3）要严格按照各类添加剂的使用说明，对适用对象、计量和注意事项等严格控制，遵守注意事项，不可擅自更改。

（4）使用时要与饲料混匀，特别是添喂量小的，必须采用少量预拌、逐级扩大的方法。通常是先与 5%～10% 的饲料预混，再混以 30% 的料，最后全混，切不可把添加剂一次加入大量料中混合。

（5）饲料添加剂的保存期以不超过 6 个月为宜，尤其是维生素制剂，其稳定性较差，应随购随用，不可挤压。短期贮存的添加剂只能混于干粉料中，不能混于加水贮存料活发酵饲料中，更不能和饲料一起加热煮沸。暂时不用或没用完的，要保存在干燥、阴凉、避光的地方，以免失去活性，影响效果，维生素添加剂尤其要避免高温和曝晒。

（6）交替使用　抗生素添加剂要交替使用，防止病原微生物产生耐药性，从而影响使用效果。

（7）防止混用　有些添加剂在同时使用或使用过量时可产生拮抗作用，使效果下降甚至失去作用。在使用时必须注意哪些不能同时使用，哪些不能使用过量。例如：土霉素不宜与钙、镁、铁、锡、铋等元素同时使用，同时使用其吸收可被抑制，使土霉素失去应有的药效；添加铁剂时，不宜添加过多的骨粉或磷酸氢钙，因为磷用量过多可降低铁的吸收；铁剂使用过量，会加快畜禽体内维生素 A、维生素 D、维生素 E 等的氧化破坏过程；铁、铜、锰、锌、碘等的化合物，可使维生素 A、维生素 B_1、维生素 B_6、维生素 K_3 和叶酸的效价降低；钙与锌之间有拮抗作用，所以在添加硫酸锌时不宜加过多的钙剂，在添加钙剂时不宜添加过多的硫酸锌；添加磷酸氢钙或骨粉时，不可添加过多的氧化镁或硫酸镁，因为镁过多可以降低磷的吸收；维生素 C 过多时，可减少铜在体内的吸收贮留；维生素 C 的水溶液呈酸性，而且还有强还原性，可使维生素 B_1、维生素 B_2、维生素 B_{12} 和泛酸作用降低；胆碱的碱性很强，可使维生素 C、维生素 B_1、维生素 B_{12}、维生素 B_6、维生素 K_1、维生素 K_2 及烟酸和泛酸失效；钙、磷在碱性环境中难以被吸收，甚至不被吸收，所以，钙、磷添加剂不能与碱性的胆碱同时使用。

（三）合理地进行饲养管理

选择正确合理的饲养和管理方式，也可以减少污染。

1. 合理的饲喂方式

（1）分群、多阶段饲养　具体方法见本章第一节（规模化养猪生产工艺）。

（2）公母分开饲养　不同性别猪的营养需要不同，把公猪、阉公猪、母猪分开饲养，针对不同的营养需要配制日粮，可以减少饲料浪费和污染。

2. 合理的管理方式　养猪生产工艺中对环境影响最大的是清粪工艺。养猪场采用的清粪工艺有水冲式清粪、自流式清粪和干清粪法。

（1）水冲式清粪　该方法是在缝隙地板下设粪沟，粪沟的一端有冲洗水箱，另一端有接收坑。水箱由销轴支撑在架上，销轴位在水箱垂直横断面形心以上，由自来水管向水箱连续加水，加满后水箱自动倾翻，水倒到粪沟内，水箱自动回位。这种工艺的主要目的是及时、有效地清除粪便和尿液，保持猪舍环境卫生，减少粪污清理工程中的劳动力投入，提高养殖场自动化管理水平，是目前规模化养猪场主要采用的清粪工艺。

（2）自流式清粪　自流式清粪又称水泡粪工艺，是在水冲式清粪的基础上改进而来的。在缝隙地板下面设有粪沟，粪沟的一端与排污管相连，排污管接口处有一塞子，塞子每 4～5 天打开一次。由于自动饮水器的滴漏，以及工人清洗猪栏时的水稀释了沟内的猪粪尿，使其有自流性，当塞子打开时，沟内的液态粪污即排入贮粪设施中。这种工艺的主要目的是定时、有效地清除粪便和尿液，减少粪污清理过程中的劳动力投入，减少冲洗水，提高养殖场自动化管理水平。

（3）干清粪法　推荐使用干清粪工艺。这种清粪工艺的主要方法是粪便一经产生便分流，干粪由机械或人工收集、清扫、运走，尿以及冲洗水则从下水道流出，分别进行处理。其主要目的在于尽量防止固体粪便与尿及污水混合，以简化粪污处理工艺及设备，且便于粪污的利用，能及时有效地清除舍内的粪便、尿液，保持舍内环境卫生，充分利用劳动力资源丰富的优势，减少粪污清理过程中的用水、用电，保持固体粪便的营养物，提高有机肥肥效，降低后续粪尿处理的成本。

干清粪工艺分为人工清粪和机械清粪2种。人工清粪只需用一些清扫工具、人工清粪车等。设备简单，不用电力，一次性投资少，还可以做到粪尿分离；其缺点是劳动量大，生产率低。机械清粪包括铲式清粪和刮板清粪，其优点是可以减轻劳动轻度，节约劳动力，提高功效；缺点是一次性投资较大，还要花费一定的运行维护费用。而且目前生产的清粪机在使用可靠性方面还存在欠缺，故障发生率较高，由于工作部件上沾满粪便，导致维修困难。此外，清粪机工作室噪声较大，不利于猪生长，因此我国的养猪场很少使用机械清粪。

3种清粪方式相比较可以看出，水冲粪和自流式清粪可以提高劳动效率、减轻劳动强度，但粪便与大量的水混合后，给后处理造成了极大困难，即使可以通过固液分离后再分别处理固形物和污水，也必将增加固液分离的设备投资和能耗。同时，由于粪便中的大量营养物质溶于水中，使分离后的固体物料肥效大大降低，而污水处理的有机负荷却因此大大增加，粪污处理投入也相应提高，使猪场难以承受。这是造成粪污任意流失，导致环境污染、粪污不能作为资源利用的重要原因。

而干清粪法得到的固态粪污含水量低，粪中营养成分损失小、肥料价值高，便于高温堆肥或其他方式的处理利用。产生的污水量少，其中的污染物含量低，易于净化处理。这样既节约了用水量，又减轻了污水的处理难度，是目前理想的清粪工艺。

3. 发酵床养猪模式　发酵床养猪模式是目前养猪生产中减少环境污染切实有效的措施之一，详见本章第四节（发酵床养猪生产工艺与技术）

三、粪污的管理

猪场粪污的管理包括粪污的收集、运输、贮存、处理以及利用等多个部分，与牛场粪污的管理基本相同，可以参考牛场粪污的管理，详见第三章（环境保护）。

第五节　发酵床养猪生产工艺与技术

一、发酵床养猪技术概述

（一）什么是发酵床养猪

微生物发酵床养猪技术，是基于控制畜禽粪便排放与污染的一种养殖方式，其基本做法是在畜舍内铺设厚垫料，猪在垫料上饲养，粪尿和垫料被混合发酵，猪饲养和粪尿处理同时在畜舍内完成。它利用全新的自然农业理念和微生物处理技术，实现养猪低排放、无臭气，缓解规模养猪场的环境污染问题，是一种全新的环保养猪方式，又称为土著菌发酵床或自然养猪法。近几年，该技术由日本传入我国，在山东、福建、吉林、河南、北京、黑龙江等地推广应用，并取得了一定的效果，从而带动全国出现了"发酵床养猪热潮"。

（二）发酵床养猪技术的基本原理

发酵床养猪技术的基本原理是：利用自然环境中的生物资源，即采集土壤中的多种有益微生物，对其进行选择、培养、检验、扩繁，形成有相当活力的微生物原种，再按一定比例将原种、锯木屑、稻壳、辅助材料、活性剂、食盐等进行混合、发酵形成有机垫料。在经过特殊设计的猪舍里，填上上述有机垫料，再将猪引入猪舍中。猪从小到大都生活在这种有机垫料上面，利用生猪的拱翻习性，猪的排泄物和垫料得以充分混合，通过垫料中微生物菌落的分解发酵，被迅速降解、消化。同时，粪便又给菌类提供营养，使有益菌不断繁殖、形成菌丝，这些菌丝因富含蛋白质又可以作为饲料被猪采食。整个发酵床形成了一个小的"生物圈"，不再需要对排泄物进行人工清理，从而可以使猪只健康、快速生长，达到节省劳动力，降低劳动强度，粪便、污水和臭气零排放的目的。

二、发酵床养猪技术体系

（一）发酵床养猪的基本技术路线

发酵床养猪的基本技术路线见图7-2。

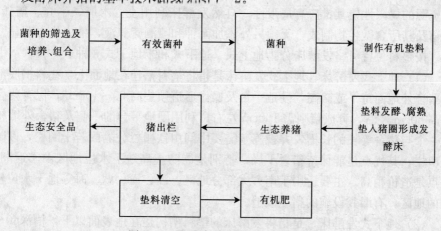

图7-2 发酵床养猪的基本技术路线

（二）发酵床菌种的选择

从发酵床的发酵目的来看，发酵床功能菌群要具备自身活力强大、休眠性好、对粪尿的降解效率高、不产生明显的有害物质、发酵成熟的垫料能成为猪的替代饲料等特点。且发酵床的发酵过程以有氧发酵过程占绝对优势，所以发酵床中的功能菌应以好氧菌为主。依据上述要求，归纳出生产中使用的菌种主要有以下 3 种类型：①自然型。所用的菌种由野外采集，多为来自森林浅层土壤中的土著菌。②复合型。这类菌剂由纯培养的好氧菌与厌氧菌复合而成。③好氧型。该菌剂由纯培养的好氧菌 1 种或几种复合而成。

因发酵过程由多种功能菌组成的菌群系统分工协作共同完成，所以是由多种物质参与化学转化的复杂的生物化学反应过程。它需要不同温区活性的菌种相互配合，单一菌种无法达到目的，而人工简单掺和在一起的混合菌种可能存在相互对抗而无法发挥很高的效能，直接采集的野生天然复合菌群的活性功能对发酵床环境又不完全适应，所以如果采用天然菌群，需要对天然复合菌群进行培养和加工。良好的商品菌剂由多种功能菌组成，包括丝状真菌、酵母菌、放线菌等。随着发酵床养猪技术的推广应用，高效、安全、经济、适用性广的菌种已经由专业公司生产，购买时注意选择有信誉的品牌和厂家。

（三）发酵床制作技术

1. 发酵床制作模式　在发酵床养猪技术中，因选择菌种不同可以将发酵床分为土著菌发酵床、优势菌种接种发酵床、林荫落叶垫料发酵床和自然发酵床等，其中以日本的土著菌发酵床最为典型。土著菌法和优势菌种接种法，需要采集、分离、制备菌种与接种环节；林荫落叶垫料法，适用于林区，但因落叶资源的局限性使其推广有局限性；自然发酵床利用土、木屑、牛粪、猪粪、青草及其所含微生物制成，无须另外添加菌种和喷洒营养液，推广优势明显。

按垫料位置可将发酵床分为地上式、地下式和半地下式 3 种。

（1）地上式发酵床　地上式发酵床是指将垫料槽建在地面上，垫料槽底部与猪舍外地面持平或略高，硬地平台及操作通道须垫高 50～100cm，保育猪舍垫高 50cm 左右，育成猪则需 100cm 左右，利用硬地平台的一侧及猪舍外墙构成一个与猪舍等长的长槽，并视养殖需要中间由铁栅栏分隔成若干圈栏，以防止串栏。其优点是能保持猪舍干燥，特别是能防止高地下水位地区雨季返潮，缺点是造价稍高。主要适用于南方大部分地区，江、河、湖、海等地下水位较高的地区，有漏粪设施的猪场改造。

（2）地下式发酵床　是指将发酵床的垫料槽构建在地表面以下，槽深40～80cm，保育猪 40cm 左右、育成猪 80cm 左右，新猪场建设时可仿地上槽模式；一次性开挖一地下长槽，再由铁栅栏分隔成若干单元，原猪舍改造时，适宜在原圈栏开挖坑槽。优点：冬季发酵床保温性能好，造价较地上槽低；缺点：透气性稍差，无法留通气孔，发酵床日常养护用工多。适用于北方干燥或地下水位较低的地区。

（3）半地下式发酵床　也称半地上槽模式，即将垫料槽一半建在地下、一半建在地上，硬地平台及操作通道取用开挖的地下部分的土回填，槽深 50～90cm，保育猪 40～50cm、育成猪 80～90cm，长槽的建设与分隔模式同地上槽。优点：造价较地上和地下两种模式都低，发酵床养护便利；缺点：透气性较地上槽差，不适用于高地下水位的地区。主要适用于北方大部分地区及南方坡地或高台地区。

2. 发酵床的制作　所谓发酵床，即利用稻壳、锯末、植物秸秆粉等物作为载体，添加一定的水分，利用有益微生物菌将其进行发酵。发酵床在养猪生产过程中起到的作用越来越大，不仅育肥猪使用发酵床，哺乳母猪、妊娠母猪、保育仔猪也越来越多地使用发酵床来饲养。因此，发酵床的制作是发酵床养猪技术的决定性环节。

（1）发酵床垫料的选择　发酵床的主要成分是垫料。垫料原料按照不同分类方式，可以划分成不同的类型。

按使用量划分，可以分为主料和辅料：①主料。就是制作垫料的主要原料，通常这类原料占到物料比例的 60% 以上，由一种或几种原料构成，常用的主料有木屑、草炭、秸秆粉、花生壳、蘑菇渣。②辅料。主要是用来调节物料水分、pH、通透性的一些原料，由一种或几种原料组成，通常这类原料占整个物料的比例不超过 40%。常用的辅料有稻壳粉、麦麸、饼粕、玉米面。

按原料性质划分，可以分为碳素原料、氮素原料和调理剂类原料：①碳素原料。是指那些有机碳含量高的原料，这类原料多用作垫料的主料，如木屑、谷壳、秸秆粉、草炭、蘑菇渣、糠醛渣等。②氮素原料。通常是指含氮有机物含量高的原料，并多作为垫料的辅料，如养猪场的新鲜猪粪、糖厂的甘蔗滤泥、啤酒厂的滤泥等，这类原料通常用来调节碳、氮比。③调理剂类原料。主要指用于调节 pH 的原料，如生石灰、石膏以及稀酸等，有时也将调节碳、磷比的原料如过磷酸钙、磷矿粉等归为调理剂。此外，还包括一些能量调理剂，如红糖或糖蜜等，这类有机物加入后可提高垫料混合物的能量，使有益微生物在较短的时间内激增到一个庞大的种群数量，所以又俗称"起爆剂"。

（2）选择垫料的原则　发酵床垫料配方所用原料以惰性原料为主。各种原料的惰性大小排序为：锯木屑＞花生壳＞稻糠＞稻草粉＞其他秸秆粗粉。惰性越大的原料，越是要加点营养在内（如米糠或麦麸、玉米粉），不然，全部用惰性原料如锯木屑，没有营养在内，无法发酵产热。

选择垫料有两个基本要求：透气性和吸水性。目前使用最多的垫料原料是锯末和稻壳，锯末的吸水性特别强，吃水力好，透气性中等，产热能力在常用的制作发酵床的垫料原材料中是最强的。稻壳的吸水能力相比之下就很差，稻壳的灰分含量高，容重比较小，但是稻壳有一个独特的优势，就是它的壳状空间结构，这种结构的立体支撑能够使垫料原材料之间保持一定的空隙，这种空隙是非常重要的。如果空隙彻底消失的话，空气就不能够进入垫料的主发酵层，发酵床就将无法进行发酵工作，猪的粪尿不能够被降解。除上述两个基本要求外，还要根据当地情况，选择最经济的垫料。

(3) 垫料碳氮（C：N）比例的控制（表 7-8）　发酵床垫料碳氮比是该体系中最重要的影响因子。碳氮比值越高，垫料利用的年限越长；碳氮比值越低，垫料利用的年限越短。因为，微生物活动、繁殖所需的最佳碳氮比为25：1，所以一般根据各地的垫料资源不同，把碳氮比大于 25：1 的垫料原料和碳氮比小于 25：1 的营养辅料进行有效组合，以最大限度地降低垫料成本，延长垫料的使用时间，提高垫料发酵的质量，发挥生物发酵床养猪的技术优势。

表 7-8　常用垫料碳氮比例表（干物质）

垫料	碳（%）	氮（%）	碳：氮
杂木屑	49.18	0.10	491.8：1
栎木屑	50.4	1.10	45.8：1
稻壳	36.00	0.48	75：1
稻草	42.30	0.72	58.7：1
麦秸	46.50	0.48	96.9：1
玉米粒	46.70	0.48	97.3：1
玉米心	42.3	0.48	88.1：1
豆秸	49.80	2.44	20.4：1
野草	46.7	1.55	30.1：1
甘蔗渣	53.10	0.63	84.2：1
棉子壳	56.00	2.03	27.6：1
麦麸	44.70	2.20	20.3：1
米糠	41.20	2.08	19.8：1
啤酒糟	47.00	7.00	6.7：1
豆饼	45.40	6.71	6.8：1
花生饼	49.00	6.32	7.75：1
菜子饼	45.20	4.60	9.8：1

（续）

垫料	碳（%）	氮（%）	碳：氮
马粪	12.20	0.58	21：1
黄牛粪	38.60	1.78	21.7：1
奶牛粪	31.80	1.33	24：1
猪粪	25.00	2.00	12.5：1
鸡粪	30.00	3.00	10：1

（4）发酵床的制作　根据发酵床的体积计算出所需要的各种垫料原料的用量，把选好的垫料原料按照主料、辅料、微生物原种按比例一层一层铺好后，喷上盐、水和营养液，用机械或人工将混合物反复翻堆以混合均匀，使水分调节在 60%～65%（喷水宜在填材料 50% 后开始），以保证有益菌的大量发酵。

按照这样的顺序把猪圈垫料填满后，选择垫料不同部位监测 30cm 深处温度变化。温度逐渐上升，第 2 天可达到 40℃，以后最高可达到 70℃左右，1 周后又缓慢下降到 40～45℃，温度趋于稳定，说明垫料发酵成熟。因微生物原种的作用，经过数天臭味自然消失，苍蝇和蛆不再繁殖，2～3 个月后，猪床底层成为自然繁殖状态，中部形成白色的菌体，其温度可达到 40～50℃，发酵床即制作好。

若垫料堆积 1 周后还不发酵（温度没有上升），要分析材料的质量是否符合要求，是否含防腐剂、杀虫剂，微生物菌种是否保存不良而失活变质。另外，要检查垫料的水分是否过高或不足。若垫料堆积 1 周后温度上升，但有臭味，这是因为垫料水分过高造成厌气发酵所致，此时需要重新添加垫料主料与辅料以调整水分达到规定要求，再重新堆积发酵。

（5）发酵床制作的注意事项　①水分的控制。要根据垫料的干湿决定加水的多少，要先把菌液加到水中稀释，然后再往垫料里混合，这样能够使菌液垫料混合均匀，垫料混合之后水分达不到 50%，还可以再加清水。②垫料混合之后要堆积 3～5 天发酵，之后可以铺开，没有场地时可以直接垫进去，表面要铺垫 5cm 厚的锯末，3～5 天后就可以上猪。如果垫料里面的有机物存在过少，刚开始猪床的内部温度会不高，随着猪粪便的增多，有机物的增多，猪床里面的温度就会上升。③配方是根据发酵床的厚度进行配比的，如果增加厚度，其他的量要随之增加。

3. 发酵床活性剂的施用技术　发酵床用过一段时间后，向其表面喷洒一定的活性剂以提高降解效率。活性剂包括有益微生物菌种、氨基酸营养液等，主要用于调节土壤微生物的活性。特别是在土壤微生物活性降低时，可以用活性剂提高土壤微生物的活力，以加快对排泄物的降解、消化速度。因此，活性剂的合理使用对发酵床的循环利用有十分重要的作用。活性剂是从植物生长点内提取出来、经发酵后形成的，已开发出许多的商业产品，使用时要选择适合发酵床中微生物生长的产品，并根据实际情况喷洒。

三、发酵床的日常管理

发酵床养猪与规模化、集约化养猪的日常管理相似，但因发酵床有其独特的地方，故其日常管理也有不同之处。主要分为发酵床上生猪的管理和发酵床的管理。

(一) 发酵床上生猪的管理

1. 单位面积饲养密度 发酵床上饲养猪的头数过多，床的发酵状态就会降低，不能迅速降解、消化猪的粪尿。一般以每头猪占地 $1.2\sim1.5m^2$ 为宜，体重 20kg 以上的生长育肥猪需公母分栏饲养，夏季 $1.5m^2$/头，冬季 $1.2m^2$/头。繁殖母猪 $2\sim2.5m^2$/头，分娩母猪每圈可饲养 6 头，自然分娩。

2. 防病驱虫 垫料 40～50℃高温并不能灭菌，猪只入舍前必须先驱虫，防止将寄生虫带入发酵床，以免猪在啃食菌丝时将虫卵再次带入体内而发病。同时，要注重防疫卫生。

3. 猪舍通风换气 发酵床发酵熟化是一个放热过程，若不加控制，温度过高，会过度消耗有机质，影响发酵维持，故发酵床温度超过 55℃就应采用通风或翻堆的方式加以控制。若堆肥发酵温度高于 70℃，微生物将进入休眠状态或大量死亡，发酵缓慢甚至停止，对猪体健康不利。所以，夏季要采取降温通风措施，否则栏内会形成高温高湿不利环境。降温设施最好采取新一代节能环保空调，即蒸发式降温换气机组，它能够直接输送自然风及输送经降温后的凉风，起到通风降温的效果。冬季由于垫料发酵产生热量，加上猪体的热度，舍内可保持适当的温度。但在猪栏温度不好控制的情况下，不适宜养 20kg 以下的猪，因为垫料表层温度低，加上一定的湿度，猪只太小，自身调节能力差，会导致生长不良。畜舍结构合理、通风换气充分是发酵床维持的必要条件。

4. 合理饲喂 据报道，发酵床养猪可省料 20％～30％，故猪的饲喂量应控制在正常量的 80％，以利于猪拱翻地面。通过翻拱，粪尿可与垫料充分混合，有利于粪尿的分解发酵和微生物的繁殖，同时生猪也可采食垫料中的菌体蛋白等营养物，节省饲料。应选择不含抗生素和重金属的饲料，防止杀灭微生物而影响发酵的维持。

（二）发酵床的管理

发酵床管理的目的主要是两方面：一是保持发酵床正常微生态平衡，使有益微生物菌群始终处于优势地位，抑制病原微生物的繁殖和病害的发生，为猪的生长发育提供健康的生态环境；二是确保发酵床对猪粪尿的消化分解能力始终维持在较高水平，同时，为生猪的生长提供一个舒适的环境。发酵床管理主要涉及垫料的通透性管理、水分调节、酸碱度控制、垫料补充、疏粪管理、补菌、垫料更新等多个环节。

1. 垫料通透性管理　长期保持垫料适当的通透性，即垫料中的含氧量始终维持在正常水平，是发酵床保持较高粪尿分解能力的关键因素之一，同时也是抑制病原微生物繁殖、减少疾病发生的重要手段。通常比较简便的方式就是将垫料经常翻动，翻动深度保育猪为 $15\sim20cm$、育成猪 $25\sim35cm$，通常可以结合疏粪或补水将垫料翻匀，另外每隔一段时间（$50\sim60$ 天）要彻底地将垫料翻动 1 次，并且要将垫料层上下混合均匀。

2. 水分调节　由于发酵床中垫料水分的自然挥发，其含量会逐渐降低，当垫料水分降到一定水平后，微生物的繁殖就会受阻或者停止，所以定期或视垫料水分状况适时地补充水分，是保持垫料微生物正常繁殖、维持垫料粪尿分解能力的另一关键因素。垫料合适的水分含量，因季节或空气湿度的不同而略有差异。常规补水方式可以采用加湿喷雾补水，也可结合补菌时补水。但应注意雨水或地下水不能渗入床内。

3. 酸碱度控制　垫料发酵微生物多是需要微碱性环境，pH 7.5 左右最为适宜，过酸（pH<5.0）或过碱（pH>8.0）都不利于猪粪尿的发酵分解。猪粪分解过程产生有机酸，所以在区域内 pH 会有所降低。正常的发酵垫料一般不需调节 pH，靠其自动调节就可达到平衡。也可以通过翻垫料或其他措施调节酸碱度，以适应发酵微生物的生长。

4. 疏粪管理　由于生猪具有集中定点排泄粪尿的特性，所以发酵床上会出现粪尿分布不匀，粪尿集中的地方湿度大，消化分解速度慢，只有将粪尿分散撒布在垫料上（即疏粪管理），并与垫料混合均匀，才能保持发酵床水分的均匀一致，并能在较短的时间内将粪尿消化分解干净。通常保育猪 $2\sim3$ 天进行 1 次疏粪管理，育成猪应每 $1\sim2$ 天进行 1 次疏粪管理。夏季每天都要进行粪便的掩埋，把新鲜的粪便掩埋到 20cm 以下，避免生蝇蛆。

5. 补菌　定期补充菌液是维护发酵床正常微生态平衡、保持其粪尿持续分解能力的重要手段。补菌最好每周 1 次，按 $1:50\sim100$ 倍稀释喷洒，一边翻猪床 20cm 一边喷洒。补菌可结合水分调节和疏粪管理进行。

6. 垫料补充与更新　发酵床在消化分解粪尿的同时，垫料也会逐步损耗，所以，及时补充垫料是保持发酵床性能稳定的重要措施。通常垫料减少量达到10％后就要及时补充，补充的新料要与发酵床上的垫料混合均匀，并调节好水分。

垫料是否需要更新，可按以下方法进行判断：

(1) 高温段上移。通常发酵床垫料的最高温度段应该位于床体的中部偏下段，保育猪发酵床为向下 20～30cm 处，育成猪发酵床为向下 40～60cm 处，如果日常按操作规程养护，高温段还是向发酵床表面位移，就说明需更新发酵床垫料了。可以再添加有机物含量小的垫料并加以混合，比如锯末。

(2) 发酵床持水能力减弱，垫料从上往下水分含量逐步增加。

(3) 猪舍出现臭味，并逐渐加重。

四、发酵床的使用年限与垫料处理

(一) 发酵床的使用年限

发酵床垫料有一定的使用寿命，因垫料性质、饲养与管理方式的不同而存在较大差异，较短的为数月，最长可达 5 年以上，一般的发酵床使用 2～3 年是正常的。一般来说，碳氮比越大的垫料原料，发酵床使用年限越长；碳氮比越小，发酵床使用年限越短。农作物秸秆类等易降解的材料使用寿命较短，草炭、果壳、树皮和木屑等难降解的材料使用寿命较长。养殖密度大，发酵床负荷重，物料使用寿命短；反之，使用寿命长。

发酵床垫料不能无限期使用的原因主要有两点：一是由于动物踩踏、人的扰动及微生物分解作用，造成物料的颗粒变细，有机物不断分解，有机成分含量降低，从而导致垫料的通透性和吸附性变差。二是长期使用后，垫料中积累大量由粪尿带来的盐分以及物质转化产生的盐分离子，如钠离子、钾离子、钙离子、氯离子、硝酸根离子、硫酸根离子等，使用年限超过 3 年的垫料，其盐分含量往往超过 2％，而盐分的升高对微生物活性产生抑制作用，过高的盐分会导致发酵床的降解能力下降甚至丧失。

发酵床的使用年限与垫料厚度也密切相关。其一，采用常年不清理模式，仅在每个饲养周期结束时，舍内转堆进行一次高温发酵，空闲 7～10 天，但是该法不能保障全面卫生。其二，消除部分，仅将留用部分堆积在舍外，进行高温发酵，舍内清洗消毒，再将高温发酵垫料返还使用，上层补充新素材。其三，清除所有床材，舍内清洗消毒，再加新床材，保育舍、产房宜于使用此模式，安全隐患低。

发酵床的使用年限受多种因素影响，一般注意以下几点可延长垫料使用限：①垫料一定要完全发酵腐熟后再进猪使用，这也是对垫料的一个消毒过程；②在饲料中添加一些微生态添加剂，既通过粪便随时对床体进行补菌，又对猪只本身的免疫力、饲料转化率有所提高；③按发酵床要求控制养殖密度，避免床体超负荷工作；④选择合格的发酵床菌种；⑤当垫料下沉超过10cm时及时补料。

（二）垫料处理

发酵床垫料的使用寿命是有一定期限的，日常养护措施到位，使用寿命相对较长；反之则会缩短。当垫料达到使用期限后，必须将其从垫料槽中彻底清出，并重新放入新的垫料。清出的垫料送堆肥场，按照生物有机肥的要求，做好腐熟处理，并进行养分、有机质调节后，作为生物有机肥出售。

1. 垫料再生 优质的垫料资源如木屑等比较缺乏，垫料的再生和重复使用是成省发酵床养殖节本的重要措施。对于使用时间较短、吸附性能和微生物活性下降的发酵床垫料，可以经过处理重新利用。操作方法是：从发酵床中将垫料取出，在阳光下曝晒2～3天，通过高温和紫外线对物料进行消毒处理。再用5mm筛进行过筛，筛上部分为粗料，吸附的盐分相对较少，透气性良好，为再生垫料，返回发酵床重新使用；筛下部分含盐分高、透气性差，不宜返回发酵床，但可以经过处理后作有机肥料使用。

2. 垫料堆肥 对于已经达到使用年限、没有再生必要的垫料以及在垫料再生过程中淘汰的部分，可以经过高温堆肥处理，对垫料进行高温杀菌消毒和腐熟后，制成有机肥料使用，实现资源化利用。堆肥的方法：将垫料取出，调节垫料水分为65%左右，即手挤后出水、松手后能够散开的程度。调节水分后，将垫料堆成1m高、2m宽，长度视堆肥地点与物料多少自由调节，用塑料布盖上，以防水分散失太快。一般堆后的第2天即可升温至45℃以上，经高温堆肥1周后，翻堆1次，如果水分不足，适当补充水分，然后再堆制，经过2～3周，即可成腐熟堆肥。

五、发酵床养猪的技术优势

（1）解决环境污染问题，实现无污染排放。

（2）改善猪只的生长环境，符合动物福利的要求，实现了生猪养殖工艺创新。

（3）猪只喜食发酵床垫料，可节省部分饲料，饲养效率和饲料转化率提高。

（4）节省劳动力成本，提高管理效率。

（5）节省养殖成本，省去了传统养猪模式中粪污处理系统投资，提高了土地的利用效率，降低运营成本，经济效益好。

（6）变废为宝，实现稻壳、秸秆等废弃物的循环利用，垫料与猪粪尿混合发酵后，直接变成优质的有机肥。

（7）全程基本不用抗生素，可大大减少药物残留，提高畜禽产品品质。

附　　录

一、牛场常用抗生素使用方法

序号	药物名称	作用	用法用量	休药期
	β-内酰胺类			
1	注射用青霉素钠	主用于革兰氏阳性菌的感染性疾病，如猪丹毒、炭疽、放线菌病、坏死杆菌病、肾盂肾炎、乳腺炎、子宫炎、肺炎、败血症等。亦用于钩端螺旋体病等	肌内注射。一次量，每1kg体重，牛1万~2万U；犊牛2万~3万U；一日2~3次，连用2~3日。临用前加灭菌注射用水适量使之溶解 【注意】（1）青霉素钠（钾）易溶于水，水溶液不稳定，很易水解，水解率随温度升高而加速，因此注射液应在临用前配制。必须保存时，应置冰箱中（2~8℃），可保存7日，在室温只能保存24h。（2）应了解与其他药物的相互作用和配伍禁忌，以免影响青霉素的药效。（3）青霉素钠100万U（0.6g）含钠离子1.7mmol（0.039g），大剂量注射可能出现高钠（钾）血症，对肾功能减退或心功能不全患畜会产生不良后果，钾离子对心脏的不良作用更严重	0日，弃奶期3日
2	注射用青霉素钾	主用于革兰氏阳性菌的感染性疾病，如猪丹毒、炭疽、放线菌病、坏死杆菌病、肾盂肾炎、乳腺炎、子宫炎、肺炎、败血症等。亦用于钩端螺旋体病等	肌内注射。一次量，每1kg体重，牛1万~2万U；犊牛2万~3万U。一日2~3次，连用2~3日。临用前加灭菌注射用水适量使之溶解 【注意】同注射用青霉素钠	0日，弃奶期3日
3	注射用普鲁卡因青霉素	用于对青霉素敏感菌引起的慢性感染，如牛子宫蓄脓、复杂骨折、乳腺炎等。亦用于放线菌及钩端螺旋体等感染	临用前加灭菌注射用水适量制成混悬液肌内注射。一次量，每1kg体重，牛1万~2万U；犊牛2万~3万U。一日1次，连用2~3日 【注意】（1）本品仅用于治疗高度敏感菌引起的慢性感染，常与青霉素钠合用。（2）其他参见注射用青霉素钠	弃奶期3日

201

（续）

序号	药物名称	作用	用法用量	休药期
4	普鲁卡因青霉素注射液	同注射用普鲁卡因青霉素	同注射用普鲁卡因青霉素	牛 10 日，羊 9 日，猪 7 日；弃奶期 48h
5	注射用苄星青霉素	适用于对青霉素高度敏感的革兰氏阳性菌引起的慢性感染，如葡萄球菌、链球菌和厌氧性梭菌等感染引起的牛肾盂肾炎、子宫蓄脓、复杂骨折、乳腺炎等	肌内注射。一次量，每 1kg 体重，牛 2 万～3 万 U，必要时 3～4 重复一次。【注意】(1) 本品血药浓度较低，急性感染时应与青霉素钾（钠）并用。(2) 其他参见注射用青霉素钠	牛、羊 4 日，猪 5 日；弃奶期 3 日
6	氨苄西林混悬注射液	用于敏感的革兰氏阳性菌和革兰氏阴性菌感染。主要用于慢性细菌性感染的治疗	皮下或肌内注射。一次量，每 1kg 体重，家畜 5～7mg。使用前应先将药液摇匀，一日 1 次，连用 2～3 日【注意】参见氨苄西林可溶性粉。注射后应在注射部位多次轻轻按摩。如由革兰氏阴性菌引起的疾病，每日可注射 2 次	牛 6 日，弃奶期 2 日；猪 15 日
7	注射用氨苄西林钠	用于对氨苄西林敏感的革兰氏阳性菌和革兰氏阴性菌感染。例如巴氏杆菌病、肺炎、乳腺炎、子宫炎、白痢、沙门氏菌病、败血症等	肌内、静脉注射。一次量，每 1kg 体重，家畜 10～20mg。一日 2～3 次，连用 2～3 日【注意】有青霉素过敏史者禁用，不宜用于耐青霉素的革兰氏阳性菌感染	牛 6 日，猪 15 日；弃奶期 2 日
8	阿莫西林、克拉维酸钾注射液	用于对阿莫西林敏感的家畜细菌性感染，如巴氏杆菌病、肺炎、乳腺炎、子宫炎、白痢、沙门氏菌病、败血症等	肌内或皮下注射。每 20kg 体重，牛 1mL。一日 1 次，连用 3～5 日【注意】参见注射用青霉素钠。使用前摇匀	牛、猪 14 日；弃奶期 60h
9	注射用苯唑西林钠	用于耐青霉素葡萄球菌感染，如乳腺炎、肺炎、败血症、烧伤创面感染等	肌内注射。一次量，每 1kg 体重，牛 10～15mg。一日 2～3 次，连用 2～3 日【注意】同注射用青霉素钠	牛、羊 14 日，猪 5 日；弃奶期 3 日
10	注射用氯唑西林钠	用于耐青霉素葡萄球菌感染，如奶牛乳腺炎等	乳管注入，奶牛每乳室 200mg【注意】同氯唑西林钠。	牛 10 日，弃奶期 48h
11	头孢氨苄乳剂	用于革兰氏阳性菌（如链球菌、葡萄球菌等）和革兰氏阴性菌（如大肠杆菌等）引起的奶牛乳腺炎	乳管注入，奶牛每乳室 200mg。一日 2 次，连用 2 日	牛弃奶期 48h

（续）

序号	药物名称	作用	用法用量	休药期
12	硫酸头孢喹肟注射液	抗生素类药。主要用于治疗大肠杆菌引起的奶牛乳房炎，多杀性巴氏杆菌或胸膜肺炎放线杆菌引起的猪呼吸道疾病	肌内注射。一次量，每1kg体重，牛1mg。一日1次，连用2日	牛5日，猪2日；弃奶期1日
13	氨苄西林、苄星氯唑西林乳房注入剂（干乳期）	用于革兰氏阳性菌和阴性菌引起的奶牛乳房炎	乳管注入，干乳期奶牛，每乳室4.5g。隔3周再注入一次【注意】专用于奶牛干乳期乳房炎，产犊前49日使用	牛28日，弃奶期产犊后4日
14	氨苄西林钠、氯唑西林钠乳房注入剂（泌乳期）	用于革兰氏阳性菌和阴性菌引起的奶牛乳房炎	乳管注入，泌乳期奶牛，每乳室5.0g，按病情需要。每日2次，连用数日【注意】专用于奶牛泌乳期乳房炎	牛7日，弃奶期2.5日
15	普鲁卡因青霉素、萘夫西林钠、硫酸双氢链霉素乳房注入剂（干奶期）	用于治疗干奶期奶牛由葡萄球菌、链球菌或革兰氏阴性菌引起的亚临床型乳房炎和预防干奶期奶牛由对青霉素、萘夫西林和/或双氢链霉素敏感的细菌引起的乳房炎	乳房灌注，干奶期奶牛每个乳区1支（3.0g）【注意】(1)仅用于干奶期奶牛。(2)对β-内酰胺类抗生素或双氢链霉素过敏的动物禁用。(3)与抑菌剂同时使用可能有拮抗作用。(4)在注射之前，乳汁要完全挤出，乳头和乳头孔用干净的毛巾彻底清理干净。(5)使用一次性注射器。给药后，轻轻按摩乳房和乳头，使药物完全扩散。(6)使用时尽量避免接触本品；操作员如对本品过敏，请停止使用；如果接触后发现皮疹或脸部、嘴唇和眼睛肿胀、呼吸困难症状，请立即就医	牛14日。泌乳期禁用。产犊前42日内禁用。弃奶期1.5日
16	注射用头孢噻呋钠	用于治疗畜禽细菌性疾病，如猪细菌性呼吸道感染，鸡大肠杆菌、沙门氏菌感染，以及由坏死梭杆菌和产黑色素拟杆菌感染引起的牛腐蹄病	肌内注射。一次量（按头孢噻呋计），每1kg体重，牛1.1~2.2mg	牛3日，猪1日，弃奶期12h

（续）

序号	药物名称	作用	用法用量	休药期
	氨基糖苷类			
17	注射用硫酸链霉素	用于治疗革兰氏阴性菌和分枝杆菌感染	肌内注射。一次量，每 1kg 体重，家畜 10～15mg。一日 2 次，连用 2～3 日 【注意】(1) 链霉素与其他氨基糖苷类有交叉过敏现象，对氨基糖苷类过敏的患畜禁用。(2) 患畜出现脱水（可致血药浓度增高）或肾功能损害时慎用。(3) 用本品治疗泌尿道感染时，宜同时内服碳酸氢钠使尿液呈碱性	牛、羊、猪 18 日；弃奶期 72h
18	注射用硫酸双氢链霉素	用于治疗革兰氏阴性菌和分枝杆菌感染	肌内注射。一次量，每 1kg 体重，家畜 10mg。一日 2 次 【注意】本品耳毒性比链霉素强，慎用。其他参见注射用硫酸链霉素	牛、羊、猪 18 日；弃奶期 3 日
19	硫酸双氢链霉素注射液	用于治疗革兰氏阴性菌和分枝杆菌感染	肌内注射。一次量，每 1kg 体重，家畜 10mg。一日 2 次 【注意】参见注射用硫酸双氢链霉素	28 日，弃奶期 7 日
20	硫酸卡那霉素注射液	主用于治疗败血症、泌尿道及呼吸道感染	肌内注射。一次量，每 1kg 体重，家畜 10～15mg。一日 2 次，连用 3～5 日 【注意】参见注射用硫酸链霉素	28 日，弃奶期 7 日
21	注射用硫酸卡那霉素	主用于治疗败血症、泌尿道及呼吸道感染。也用于治疗猪气喘病	肌内注射。一次量，每 1kg 体重，家畜 10～15mg。一日 2 次，连用 2～3 日 【注意】参见注射用硫酸链霉素	28 日，弃奶期 7 日
	大环内酯类			
22	注射用乳糖酸红霉素	主用于治疗耐青霉素葡萄球菌引起的感染性疾病，也用于治疗其他革兰氏阳性菌及支原体感染，如肺炎、子宫炎、乳腺炎、败血症和禽支原体病等	静脉注射。一次量，每 1kg 体重，牛 3～5mg。一日 2 次，连用 2～3 日 临用前，先用灭菌注射用水溶解（不可用氯化钠注射液），然后用 5% 葡萄糖注射液稀释，浓度不超过 0.1% 【注意】(1) 本品局部刺激性较强，不宜作肌内注射。静脉注射的浓度过高或速度过快时，易发生局部疼痛和血栓性静脉炎，故静注速度应缓慢。(2) 在 pH 低的溶液中很快失效，注射溶液的 pH 应维持在 5.5 以上。(3) 其他参见红霉素片	牛 14 日，羊 3 日，猪 7 日；弃奶期 3 日

（续）

序号	药物名称	作用	用法用量	休药期
23	替米考星注射液	用于治疗胸膜肺炎放线杆菌、巴氏杆菌及支原体感染	皮下注射。牛每1kg体重10mg，仅注射1次 【注意】(1) 本品禁止静脉注射。牛一次静脉注射 5mg/kg 即致死，对猪、灵长类动物和马也有致死性危险。(2) 肌内和皮下注射均可出现局部反应（水肿等），也不能与眼接触。(3) 注射本品时应密切监视心血管状态。除牛以外，其他动物注射给药慎用	牛35日。泌乳期奶牛和肉牛犊禁用
	四环素类			
24	土霉素注射液	用于治疗敏感的革兰氏阳性菌和阴性菌、立克次体、支原体等引起的感染性疾病，如巴氏杆菌病、大肠杆菌病、布氏杆菌病、炭疽、沙门氏菌病等	肌内注射。一次量，每1kg体重，家畜10～20mg（效价） 【注意】(1) 马注射后可发生胃肠炎，慎用。(2) 肝、肾功能严重不良的患畜忌用本品。(3) 其他参见土霉素片	牛、羊、猪28日；弃奶期7日。泌乳牛禁用
25	长效土霉素注射液	用于治疗敏感的革兰氏阳性和阴性菌、立克次体、支原体等引起的感染性疾病	肌内注射。一次量，每1kg体重，家畜10～20mg 【注意】同土霉素注射液	牛、羊、猪28日；弃奶期7日
26	注射用盐酸四环素	同土霉素注射液	静脉注射。一次量，每1kg体重，家畜5～10mg。一日2次，连用2～3日 【注意】同土霉素注射液	牛、羊、猪8日；弃奶期2日。泌乳牛禁用
27	注射用盐酸土霉素	同土霉素注射液	静脉注射。一次量，每1kg体重，家畜5～10mg。一日2次，连用2～3日 【注意】土霉素盐酸盐水溶液酸性较强，刺激性大，不宜肌内注射。其他参见土霉素注射液	牛、羊、猪8日；弃奶期48h
	其他类			

（续）

序号	药物名称	作用	用法用量	休药期
28	盐酸吡利霉素乳房注入剂（泌乳期）	抗生素药。用于治疗葡萄球菌、链球菌引起的奶牛泌乳期临床或亚临床乳房炎	乳管注入，泌乳期奶牛每乳室 50mg。一日 1 次，连用 2 日。视病情需要，可适当增加给药剂量和延长用药时间【注意】(1) 仅用于乳房内注入，应注意无菌操作。(2) 给药前，用含有适宜乳房消毒剂的温水充分洗净乳头，待完全干燥后将乳房内的奶全部挤出，再用酒精等适宜消毒剂对每个乳头擦拭灭菌后方可给药。(3) 本品弃奶期系根据常规给药剂量和给药时间制定，如确因病情所需而增加给药剂量或延长用药时间，则应执行最长弃奶期。(4) 尚缺乏本品在奶牛体内残留消除数据，给药期间和最长停药期之间动物不能食用	弃奶期 72h

二、牛用饲料添加剂品种目录

（摘自中华人民共和国农业部公告第 1126 号《饲料添加剂品种目录》，2008）

类别	通用名称	适用范围
氨基酸	L-赖氨酸、L-赖氨酸盐酸盐、L-赖氨酸硫酸盐及其发酵副产物（产自谷氨酸棒杆菌，L-赖氨酸含量不低于 51%）、DL-蛋氨酸、L-苏氨酸、L-色氨酸、L-精氨酸、甘氨酸、L-酪氨酸、L-丙氨酸、天（门）冬氨酸、L-亮氨酸、异亮氨酸、L-脯氨酸、苯丙氨酸、丝氨酸、L-半胱氨酸、L-组氨酸、缬氨酸、胱氨酸、牛磺酸	养殖动物
	蛋氨酸羟基类似物、蛋氨酸羟基类似物钙盐 N-羟甲基蛋氨酸钙	猪、鸡和牛反刍动物
维生素	维生素 A、维生素 A 乙酸酯、维生素 A 棕榈酸酯、β-胡萝卜素、盐酸硫胺（维生素 B_1）、硝酸硫胺（维生素 B_1）、核黄素（维生素 B_2）、盐酸吡哆醇（维生素 B_6）、氰钴胺（维生素 B_{12}）、L-抗坏血酸（维生素 C）、L-抗坏血酸钙、L-抗坏血酸钠、L-抗坏血酸-2-磷酸酯、L-抗坏血酸-6-棕榈酸酯、维生素 D_2、维生素 D_3、α-生育酚（维生素 E）、α-生育酚乙酸酯、亚硫酸氢钠甲萘醌（维生素 K_3）、二甲基嘧啶醇亚硫酸甲萘醌、亚硫酸氢烟酰胺甲萘醌、烟酸、烟酰胺、D-泛醇、D-泛酸钙、DL-泛酸钙、叶酸、D-生物素、氯化胆碱、肌醇、L-肉碱、L-肉碱盐酸盐	养殖动物

（续）

类别	通用名称	适用范围
矿物元素及其络（螯）合物[1]	氯化钠、硫酸钠、磷酸二氢钠、磷酸氢二钠、磷酸二氢钾、磷酸氢二钾、轻质碳酸钙、氯化钙、磷酸氢钙、磷酸二氢钙、磷酸三钙、乳酸钙、硫酸镁、氧化镁、氯化镁、柠檬酸亚铁、富马酸亚铁、乳酸亚铁、硫酸亚铁、氯化亚铁、氯化铁、碳酸亚铁、氯化铜、硫酸铜、氧化锌、氯化锌、碳酸锌、硫酸锌、乙酸锌、氯化锰、氧化锰、硫酸锰、碳酸锰、磷酸氢锰、碘化钾、碘化钠、碘酸钾、碘酸钙、氯化钴、乙酸钴、硫酸钴、亚硒酸钠、钼酸钠、蛋氨酸铜络（螯）合物、蛋氨酸铁络（螯）合物、蛋氨酸锰络（螯）合物、蛋氨酸锌络（螯）合物、赖氨酸铜络（螯）合物、赖氨酸锌络（螯）合物、甘氨酸铜络（螯）合物、甘氨酸铁络（螯）合物、酵母铜*、酵母铁*、酵母锰*、酵母硒*、蛋白铜*、蛋白铁*、蛋白锌*	养殖动物
	丙酸锌*	猪、牛和家禽
	硫酸钾、三氧化二铁、碳酸钴、氧化铜	反刍动物
微生物	地衣芽孢杆菌*、枯草芽孢杆菌、两歧双歧杆菌*、粪肠球菌、屎肠球菌、乳酸肠球菌、嗜酸乳杆菌、干酪乳杆菌、乳酸乳杆菌*、植物乳杆菌、乳酸片球菌、戊糖片球菌*、产朊假丝酵母、酿酒酵母、沼泽红假单胞菌	养殖动物
	保加利亚乳杆菌	猪、鸡和青贮饲料
非蛋白氮	尿素、碳酸氢铵、硫酸铵、液氨、磷酸二氢铵、磷酸氢二铵、缩二脲、异丁叉二脲、磷酸脲	反刍动物
抗氧化剂	乙氧基喹啉、丁基羟基茴香醚（BHA）、二丁基羟基甲苯（BHT）、没食子酸丙酯	养殖动物
防腐剂、防霉剂和酸度调节剂	甲酸、甲酸铵、甲酸钙、乙酸、双乙酸钠、丙酸、丙酸铵、丙酸钠、丙酸钙、丁酸、丁酸钠、乳酸、苯甲酸、苯甲酸钠、山梨酸、山梨酸钠、山梨酸钾、富马酸、柠檬酸、柠檬酸钾、柠檬酸钠、柠檬酸钙、酒石酸、苹果酸、磷酸、氢氧化钠、碳酸氢钠、氯化钾、碳酸钠	养殖动物
调味剂和香料	糖精钠、谷氨酸钠、5′-肌苷酸二钠、5′-鸟苷酸二钠、食品用香料[2]	养殖动物
黏结剂、抗结块剂和稳定剂	α-淀粉、三氧化二铝、可食脂肪酸钙盐、可食用脂肪酸单/双甘油酯、硅酸钙、硅铝酸钠、硫酸钙、硬脂酸钙、甘油脂肪酸酯、聚丙烯酸树脂Ⅱ、山梨醇酐单硬脂酸酯、聚氧乙烯20山梨醇酐单油酸酯、丙二醇、二氧化硅、卵磷脂、海藻酸钠、海藻酸钾、海藻酸铵、琼脂、瓜尔胶、阿拉伯树胶、黄原胶、甘露糖醇、木质素磺酸盐、羧甲基纤维素钠、聚丙烯酸钠*、山梨醇酐脂肪酸酯、蔗糖脂肪酸酯、焦磷酸二钠、单硬脂酸甘油酯	养殖动物

类别	通用名称	适用范围
	硬脂酸*	猪、牛和家禽
其他	甜菜碱、甜菜碱盐酸盐、大蒜素、山梨糖醇、大豆磷脂、天然类固醇萨洒皂角苷（源自丝兰）、二十二碳六烯酸（DHA）、啤酒酵母培养物*、啤酒酵母提取物*、啤酒酵母细胞壁*	养殖动物
	乙酰氧肟酸	反刍动物

注：＊为已获得进口登记证的饲料添加剂，进口或在中国境内生产带"＊"的饲料添加剂时，农业部需要对其安全性、有效性和稳定性进行技术评审。

1. 所列物质包括无水和结晶水形态；2. 食品用香料，见《食品添加剂使用卫生标准》（GB 2760—2007）中食品用香料名单。

三、牛用药物饲料添加剂

（摘自农业部发布《进口兽药质量标准》）

（1）地克珠利预混剂 Diclazuril Premix

［有效成分］地克珠利

［含量规格］每 1 000g 中含地克珠利 2g 或 5g。

［适用动物］畜禽

［作用与用途］用于畜禽球虫病。

［用法与用量］混饲。每 1 000kg 饲料添加 1g（以有效成分计）。

［注意］蛋鸡产蛋期禁用。

注：摘自《进口兽药质量标准》（1999 年版）和《兽药质量标准》（第二册）。

（2）莫能菌素预混剂 Monensin Premix

［有效成分］莫能菌素钠

［含量规格］每 1 000g 中含莫能菌素 50g 或 100g 或 200g。

［适用动物］牛、鸡

［作用与用途］用于鸡球虫病和肉牛促生长。

［用法与用量］混饲。鸡，每 1 000kg 饲料添加 90～110g；肉牛，每头每天 200～360mg。以上均以有效成分计。

［注意］蛋鸡产蛋期禁用；泌乳期的奶牛及马属动物禁用；禁止与泰妙菌素、竹桃霉素并用；搅拌配料时禁止与人的皮肤、眼睛接触；休药期 5 天。

［商品名称］瘤胃素、欲可胖

注：摘自《进口兽药质量标准》（2006 年版）和《兽药质量标准》（第一册）。

（3）杆菌肽锌预混剂 Bacitracin Zinc Premix

［有效成分］杆菌肽锌

［含量规格］每 1 000g 中含杆菌肽 100g 或 150g。

［适用动物］牛、猪、禽

［作用与用途］用于促进畜禽生长。

［用法与用量］混饲。每 1 000kg 饲料添加，犊牛 10～100g（3 月龄以下）、4～40g（6 月龄以下），猪 4～40g（4 月龄以下），鸡 4～40g（16 周龄以下）。以上均以有效成分计。

［注意］休药期 0 天。

注：摘自 2000 年版《中国兽药典》。

（4）黄霉素预混剂 Flavomycin Premix

［有效成分］黄霉素

［含量规格］每 1 000g 中含黄霉素 40g 或 80g。

［适用动物］牛、猪、鸡

［作用与用途］用于促进畜禽生长。

［用法与用量］混饲。每 1 000kg 饲料添加，仔猪 10～25g，生长、育肥猪 5g，肉鸡 5g，肉牛每头每天 30～50mg。以上均以有效成分计。

［注意］休药期 0 天。

［商品名称］富乐旺

注：摘自《进口兽药质量标准》（2006 年版）。

（5）盐霉素钠预混剂 Salinomycin Sodium Premix

［有效成分］盐霉素钠

［含量规格］每 1 000g 中含盐霉素 50g 或 60g 或 100g 或 120g 或 450g 或 500g。

［适用动物］牛、猪、鸡

［作用与用途］用于鸡球虫病和促进畜禽生长。

［用法与用量］混饲。每 1 000kg 饲料添加，鸡 50～70g；猪 25～75g；牛 10～30g。以上均以有效成分计。

［注意］蛋鸡产蛋期禁用；马属动物禁用；禁止与泰妙菌素、竹桃霉素并用；休药期 5 天。

［商品名称］优素精、赛可喜

注：摘自《进口兽药质量标准》（1999 年版）。

（6）硫酸黏杆菌素预混剂 Colistin Sulfate Premix

［有效成分］硫酸黏杆菌素

［含量规格］每 1 000g 中含黏杆菌素 20g 或 40g 或 100g。

［适用动物］牛、猪、鸡

[作用与用途] 用于革兰氏阴性杆菌引起的肠道感染，并有一定的促生长作用。

[用法与用量] 混饲。每 1 000kg 饲料添加，犊牛 5～40g，仔猪 2～20g，鸡 2～20g。以上均以有效成分计。

[注意] 蛋鸡产蛋期禁用；休药期 7 天。

[商品名称] 抗敌素

法律法规及技术标准引用

[1] GB 18406.3—2001《农产品安全质量 无公害畜禽肉产品安全要求》——第二章第一节引用

[2] GB/T 18407.3《农产品安全质量 无公害畜禽肉产地环境要求》——第二章第一节引用

[3] NY 5027—2008《无公害食品 畜禽饮用水水质》——第二章第一节、第二节引用

[4] NY5028—2008《无公害食品 畜禽产品加工用水水质》——第二章第一节、第二节引用

[5] GB/T 18920《中水回用标准》——第二章第一节引用

[6] GB/T 8186—2005《挤奶设备 结构与性能》——第二章第二节引用

[7] GB/T 13879—1992《贮奶罐》——第二章第二节引用

[8] GB/T 10942—2001《散装乳冷藏罐》——第二章第二节引用

[9] GB 5083—1999《生产设备安全卫生设计总则》——第二章第二节引用

[10] GB 14930.2《食品工具、设备用洗涤消毒剂卫生标准》——第二章第二节引用

[11] HG/T 2387《工业设备化学清洗质量标准》——第二章第二节引用

[12] 中华人民共和国农业部办公厅《生鲜乳生产技术规范（试行）》——第二章第二节引用

[13] GB/T 16569—1996《畜禽产品消毒规范》——第二章第三节引用

[14] GB 16548《畜禽病害肉尸及其产品无公害化处理规程》——第二章第三节引用

[15] 中华人民共和国农业部公告 1137 号《乳用动物健康标准》——第二章第三节引用

[16] GB 13078—2001《饲料卫生标准》——第二章第四节引用

[17] NY 5032—2006《无公害食品 畜禽饲料和饲料添加剂使用准则》——第二章第四节引用

[18] 中华人民共和国国务院令 327 号《饲料和饲料添加剂管理条例》——第二章第四节引用

[19] 中华人民共和国农业部公告第 168 号《饲料药物添加剂使用规

范》——第二章第四节引用

[20] 中华人民共和国农业部公告第 1126 号《饲料添加剂品种目录（2008）》——第二章第四节引用

[21] 中华人民共和国农业部公告第 1224 号《饲料添加剂安全使用规范》——第二章第四节引用

[22] GB 4789.2—2010《食品微生物学检验　菌落总数测定》——第二章第五节引用

[23] GB 4789.3—2010《食品安全国家标准　食品微生物学检验　大肠菌群计数》——第二章第五节引用

[24] GB 4789.4—2010《食品安全国家标准　食品微生物学检验　沙门氏菌检验》——第二章第五节引用

[25] GB 4789.18《食品卫生微生物学检验　乳与乳制品检验》——第二章第五节引用

[26] GB 4789.27—2008《食品卫生微生物学检验　鲜乳中抗生素残留检验》——第二章第五节引用

[27] GB/T 5009.11—2003《食品中总砷及无机砷的测定》——第二章第五节引用

[28] GB/T 5009.12—2003《食品中铅的测定方法》——第二章第五节引用

[29] GB/T 5009.17—2003《食品中总汞及有机汞的测定方法》——第二章第五节引用

[30] GB/T 5009.44—2003《肉与肉制品卫生标准的分析方法》——第二章第五节引用

[31] GB/T5009.116—2003《畜、禽肉中土霉素、四环素、金霉素残留量的测定（高效液相色谱法）》——第二章第五节引用

[32] GB/T 9960—2008《鲜、冻四分体牛肉》——第二章第五节引用

[33] GB/T 5009.123—2003《食品中铬的测定》——第二章第五节引用

[34] GB/T 5409—85《牛乳检验方法》——第二章第五节引用

[35] GB/T 5413.1《婴幼儿配方食品和乳粉　蛋白质的测定》——第二章第五节引用

[36] GB/T 5413.30—2010《乳和乳制品杂质度的测定》——第二章第五节引用

[37] GB/T 5009.33—2010《食品中亚硝酸盐和硝酸盐的测定》——第二章第五节引用

[38] GB/T 18980—2003《乳和乳粉中黄曲霉毒素 M_1 的测定　免疫亲和

层析净化高效液相色谱法和荧光光度法》——第二章第五节引用

[39] NY/T 800—2004《生鲜牛乳中体细胞的测定方法》——第二章第五节引用

[40] NY/T 829《牛奶中氨苄青霉素残留检测方法》——HPLC——第二章第五节引用

[41] NY 5030《无公害食品　畜禽饲养兽药使用准则》——第二章第五节引用

[42] NY 5032《无公害食品　畜禽饲料和饲料添加剂使用准则》——第二章第五节引用

[43] NY 5045《无公害食品　生鲜牛乳》——第二章第五节引用

[44] NY 5047《无公害食品　奶牛饲养兽医防疫准则》——第二章第五节引用

[45] NY/T5049—2001《无公害食品　奶牛饲养管理准则》——第二章第五节，第三章第一节、第三节引用

[46] NY 5050《无公害食品　牛奶加工技术规范》——第二章第五节引用

[47] NY 5140—2005《无公害食品　液态乳》——第二章第五节引用

[48] NY/T 5344.6《无公害食品　产品抽样规范　第6部分　畜禽产品》——第二章第五节引用

[49] 农业部781号公告《牛乳中磺胺类药物残留量的测定　液相色谱-串联质谱法》——第二章第五节引用

[50] NY 5044《无公害食品　牛肉》——第二章第五节引用

[51] GB 18596—2001《畜禽养殖业污染物排放标准》——第三章第一节引用

[52] 国家环境保护总局令第9号《畜禽养殖污染防治管理办法》——第三章第一节引用

[53] HJ/T 81—2001《畜禽养殖业污染防治技术规范》——第三章第一节引用

[54] GB 7959—1987《粪便无害化卫生标准》——第三章第一节、第二节引用

[55] NY 525—2002《有机肥料》——第三章第一节引用

[56] GB18877—2002《有机-无机复混肥料》——第三章第一节引用

[57] NY 884—2004《生物有机肥》——第三章第一节引用

[58] NY/T 798—2004《复合微生物肥料》——第三章第一节引用

[59] GB/T 25169—2010《畜禽粪便监测技术规范》——第三章第二节

引用

[60] GB 8172《城镇垃圾农用控制标准》——第三章第二节引用

[61] NY/T 1167—2006《畜禽场环境质量及卫生控制规范》——第三章第三节引用

[62] GB 14554—93《恶臭污染物排放标准》——第三章第三节引用

[63] NY/T 1567—2007《标准化奶牛场建设规范》——第四章第二节引用

[64] DB13/T 909—2007《奶牛标准化养殖小区建设规范》——第四章第二节引用

[65] NY/T 1339—2007《肉牛育肥良好管理规范》——第四章第二节引用

[66]《中国动物保护法—动物的运输保护》——第四章第三节引用

[67] DB34T 321—2003《安徽省奶牛饲料安全使用标准》——第五章第一节引用

[68] NY/T 1242—2006《奶牛场 HACCP 饲养管理规范》——第五章第三节引用

[69] DB13/T 1066—2009《奶牛规模养殖场生产技术规范》——第五章第三节引用

[70] NY 5049—2001《无公害食品 奶牛饲养管理准则》——第五章第三节引用

[71] DB11/T 400—2006《肉牛生产技术规范》——第五章第三节引用

[72] NY/T 815—2004《肉牛饲养标准》——第五章第三节引用

[73] NY/T 5128—2002《无公害食品 肉牛饲养管理准则》——第五章第三节引用

[74] DB41/T 497—2007《无公害生鲜牛乳生产技术规范》——第六章第二节引用

[75] GB/T 20014《养猪良好农业规范》——第七章第二节引用

参 考 文 献

世界银行社会、环境与农村发展部 . 2010. 畜牧业管理实践手册 .

中国标准出版社第一编辑室编 . 2010. 中国农业标准汇编 [动物防疫卷 (下)] . 北京：中国标准出版社 .

王根林主编 . 2008. 养牛学 . 北京：中国农业出版社 .

王福兆主编 . 2004. 乳牛学 . 第 3 版 . 北京：科学技术文献出版社 .

邱怀主编 . 1995. 牛生产学、北京：中国农业出版社 .

王登林主编 . 2004. 无公害畜产品生产技术手册 . 兰州：甘肃科学技术出版社 .

农业部人事劳动司、农业职业技能培训教材编审委员会组织编写 . 2008. 动物疫病防治员 . 北京：中国农业出版社 .

李建国，安永福主编 . 2003. 奶牛标准化生产技术 . 北京：中国农业出版社 .

梁学武著 . 2003. 现代奶牛生产 . 北京：中国农业出版社 .

农业部畜牧兽医局编 . 2003. 动物防疫法律法规汇编 . 北京：中国农业出版社 .

朱杰，黄涛 . 2010. 畜禽养殖废水达标处理新工艺 . 北京：化学工业出版社 .

王凯军 . 2004. 畜禽养殖污染防治技术与政策 . 北京：化学工业出版社 .

张克强，高怀友 . 2004. 畜禽养殖业污染物处理与处置 . 北京：化学工业出版社 .

安恩科 . 2006. 城市垃圾的处理与利用技术 . 北京：化学工业出版社 .

李季，彭生平 . 2005. 堆肥工程实用手册 . 北京：化学工业出版社 .

刘凤华主编 . 2004. 家畜环境卫生学 . 北京：中国农业出版社 .

李建国，安永福主编 . 2003. 奶牛标准化生产技术 . 北京：中国农业人学出版社 .

尹兆正主编 . 2003. 奶牛标准化养殖技术 . 北京：中国农业大学出版社 .

刘国民主编 . 2007. 奶牛散栏饲养工艺及设计 . 北京：中国农业出版社 .

王俊东，刘岐主编 . 2005. 无公害奶牛安全生产手册 . 北京：中国农业出版社 .

李建国，曹玉凤主编 . 2003. 肉牛标准化生产技术 . 北京：中国农业大学出版社 .

魏建英，方占山主编 . 2005. 肉牛高效饲养管理技术 . 北京：中国农业出版社 .

冯仰廉主编 . 1995. 实用肉牛学 . 北京：科学出版社 .

安立龙主编 . 2004. 家畜环境卫生学 . 北京：高等教育出版社 .

Michael C. Appleby 主编 . 2010. 长途运输与农场动物福利 . 顾宪红，主译 . 北京：中国农业科学技术出版社 .

刘强主编 . 2007. 牛饲料 . 北京：中国农业大学出版社 .

阎萍，卢建雄主编 . 2005. 反刍动物营养与饲料利用 . 北京：中国农业科学技术出版社 .

曹宁贤主编 . 2008. 肉牛饲料与饲养新技术 . 北京：中国农业科学技术出版社 .

屠焰主编 . 2009. 新编奶牛饲料配方 600 例 . 北京：化学工业出版社 .

Robert A. Luening 编著 . 2009. 奶牛场经营与管理 . 李胜利，孙文志，主译 . 北京：中国农业大学出版社 .

秦志锐主编 . 1993. 奶牛的遗传改良 . 北京：中国农业科技出版社 .

宋洛文主编 . 1997. 肉牛繁育新技术 . 郑州：河南科学技术出版社 .

蒋洪茂主编 . 2005. 肉牛快速育肥实用技术 . 北京：金盾出版社 .

徐照学，兰亚莉 . 2005. 肉牛饲养实用技术手册 . 上海：上海科学技术出版社 .

韩静，王小宁 . 2008. 养殖场财务管理研究 . 会计之友，5（上）：25 - 26.

陈薇，赵慧峰，王伍祥，等 . 1999. 肉牛养殖场内部统计监测体系的组织设计 . 农业经济，12：43 - 44.

陈玉冰 . 2001. 浅谈影响养殖业经济效益的几个具体问题 . 农村科技开发，6：25 - 26.

卓志国，许晓曦 . 2008. 奶牛场 GAP 标准化数字管理系统的研究 . 乳业科学与技术，3：133 - 135.

张军民，张书义，邓丽青，等 . 2010. 推行良好农业规范管理提升牛奶质量安全 . 中国农业科技导报，12（1）：35 - 39.

Mojtaba Yegani, Gray D. Butcher 著 . 2010. 适宜于养殖场的卫生措施 . 黄柏成，磨美兰，编译 . 养禽与禽病防治，2：28 - 29.

威廉 . C. 雷布汉著 . 赵德明，沈建忠主译 . 1999. 奶牛疾病学 . 北京：中国农业大学出版社 .

杨公社主编 . 2002. 猪生产学 . 北京：中国农业出版社 .

李建国，安永富主编 . 2003. 奶牛标准化生产技术 . 北京：中国农业大学出版社 .

周元军编著 . 2010. 轻轻松松学养猪 . 北京：中国农业出版社 .

郭宗义，王金勇主编 . 2010. 现代实用养猪大全 . 北京：化学工业出版社 .

霍永久编著 . 2009. 猪健康高效养殖 . 北京：金盾出版社 .

李长军，华勇谋 . 2009. 规模化养猪与猪病防治 . 北京：中国农业大学出版社 .

刘继军，贾永全主编 . 2008. 畜牧场规划设计 . 北京：中国农业出版社 .

朱宽佑，潘琦主编 . 2007. 养猪生产 . 北京：中国农业大学出版社 .

董修建，李铁主编 . 2007. 猪生产学 . 北京：中国农业科学技术出版社 .

连森阳编著 . 2005. 养猪技术与编著 . 北京：中国农业出版社 .

张仲葛主编 . 1990. 中国实用养猪学 . 郑州：河南科学技术出版社 .

程德军主编 . 2005. 规模化养猪生产技术 . 北京：中国农业大学出版社 .

段诚中主编 . 2000. 规模化养猪新技术 . 北京：中国农业出版社 .

陈顺友，林万清，李迎霞，等 . 2009. "发酵床-零排放"养猪新工艺技术研究及其应用 . 第十届全国规模化猪场主要疫病监控与净化专题研讨会论文集，191 - 200.

栾柄志 . 2009. 厚垫料养猪模式垫料参数的研究 . 济南：山东农业大学 .

霍国亮，郑志伟，张建华，等 . 2009. 生物发酵床养猪垫料的选择与制作 . 河南畜牧兽医，30（4）：31 - 32.

郑志伟著 . 2010. 生物发酵床养猪新技术 . 北京：中国农业大学出版社 .

张洁，陈宗刚主编 . 2010. 发酵床养猪法实用技术 . 北京：科学技术文献出版社 .

吴金山著 . 2010. 干撒式发酵床养猪养鸡技术 . 郑州：河南科学技术出版社 .

肖光明，吴买生著.2010.发酵床养猪新技术.长沙：湖南科学技术出版社.

刘波，朱昌雄主编.2009.微生物发酵床零污染养猪技术研究与应用.北京：中国农业科学
技术出版社.

武英等主编.2011.图说生物发酵床养猪关键技术.北京：金盾出版社.

王少文编著.2010.发酵床养猪技术.北京：科学普及出版社.